新工科·普通高等教育机电类系列教材

工科大学化学

主　编　宿　辉

副主编　刘云夫　林　鹏

参　编　宋春来

机械工业出版社

本书立足于工程教育专业认证的理念，以培养车辆、土木、机械、材料等理工科专业学生的化学素养为目标，突出大学化学在工程实践中的实际应用，旨在拓展学生视野，启迪学生思维。全书共8章，包括物质的聚集状态与环境保护、化学反应的能量与方向、化学平衡和反应速率、水溶液中的化学平衡、物质结构基础、氧化还原反应与电化学基础、化学与工程材料以及化学安全知识与意外防护。

本书内容简练、实用性强，既具专业性又有科普性，不仅适用于普通高等院校非化学、化工类专业的基础课教学，也适用于各类成人教育、自学考试备考等，还可供相关工程技术人员参考使用。

图书在版编目（CIP）数据

工科大学化学/宿辉主编. —北京：机械工业出版社，2020.12
（2024.12重印）

新工科·普通高等教育机电类系列教材

ISBN 978-7-111-67236-4

Ⅰ.①工… Ⅱ.①宿… Ⅲ.①化学-高等学校-教材 Ⅳ.①O6

中国版本图书馆CIP数据核字（2021）第002301号

机械工业出版社（北京市百万庄大街22号　邮政编码100037）

策划编辑：段晓雅　责任编辑：段晓雅

责任校对：梁　静　封面设计：张　静

责任印制：常天培

固安县铭成印刷有限公司印刷

2024年12月第1版第8次印刷

184mm×260mm·13印张·321千字

标准书号：ISBN 978-7-111-67236-4

定价：39.80元

电话服务　　　　　　　　网络服务

客服电话：010-88361066　机 工 官 网：www.cmpbook.com

　　　　　010-88379833　机 工 官 博：weibo.com/cmp1952

　　　　　010-68326294　金 书 网：www.golden-book.com

封底无防伪标均为盗版　机工教育服务网：www.cmpedu.com

前言

随着国际竞争的日益加剧以及全球经济一体化进程的加快，我国人才培养迎来了新的挑战。要完成从"中国制造"到"中国创造"的飞跃，提升国际竞争优势，必须培养大批实践能力和创新能力强、具备国际竞争力的"新工科"人才。于是，国际工程教育专业认证标准成为高校工程教育质量评估的新要求，其要求学生既具有较扎实的专业理论知识，又具有较强的知识应用能力和工程实践意识，是工程教育国际互认的重要基础。

化学是最具有创新性的学科之一，是创造对人类更有用新物质的一门科学。大学化学是普通高等院校车辆、土木、机械、能源、材料等非化学、化工类专业的重要基础课程。本书立足于工程教育专业认证理念，密切联系工程实际应用问题讲授化学基本概念和基本理论，以培养学生的创新思维、探究意识，拓展学生视野，增强工程素养。通过学习本书，学生可以对物质的化学本性及其变化规律有比较系统、全面的认识，掌握必需的近代化学基本理论知识和技能，了解其在实际工程中的具体应用，从而培养他们观察问题、分析问题和解决问题的能力，为其学习后续课程和日后工作奠定较扎实的化学知识基础。

本书具有以下特点：

1）以培养学生的化学素养为目标，行文由浅入深，实用性强，突出化学在工程实践中的实际应用。

2）叙述力求简洁，适当压缩了篇幅，适应少学时的需要。

3）每章设有小结、思考与练习题，便于学生自学、复习。

4）双色印刷，图文并茂，可读性强。

本书绪论及第1章、第2章、第5章由黑龙江工程学院宿辉编写，第3章、第6章、第7章由黑龙江科技大学刘云夫编写，第4章由黑龙江工程学院林鹏编写，第8章由宿辉和刘云夫共同编写，宋春来参加了部分习题的编写。全体编写人员共同完成书稿的通读、整理和定稿工作。

在本书的编写过程中，白青子、刘英、原小寓等老师给予了大力支持，同时，编者参考了国内外同类文献的部分内容，在此一并表示衷心的感谢！

由于编者水平所限，书中疏漏之处在所难免，恳请使用本书的师生及其他读者提出宝贵意见。

编　者

目录

绪 论

0.1 化学的研究对象及作用

化学是研究物质组成、结构、性质和变化规律的科学，是自然科学领域的重要基础学科。化学研究原子、离子、分子和超分子，其中最低物质层次是原子。超分子是分子借助分子间的弱相互作用力，通过自组装构成的具有高级结构的聚集体。自 1987 年诺贝尔化学奖获得者法国莱恩（J. M. Lehn）教授首次提出"超分子化学"概念后，人们逐步认识到原来只在生命体中存在的自组装体，是完全可以在分子水平上通过人工合成而实现的。超分子化学的提出，扩大了化学的研究范围，超分子化学也成为 21 世纪化学的重要研究对象。综上，化学是一门在原子、分子和超分子层次研究物质组成、结构、性质和变化规律的科学。

化学是人类文明的基石，是人类认识世界、改造世界的重要方法和工具，与人类的衣食住行、社会发展、科技进步息息相关。当物质的尺度从微观过渡到宏观时，就进入到其他学科的研究范畴，例如：生物学、农学和医学研究的生物细胞、组织、器官和生命个体等；物理学和材料学研究的电路、芯片的结构和功能等；建筑学研究的房屋、道路、桥梁等。虽然研究对象的尺度不同，但其基本组成单元都是原子、分子及其聚集体。因此，化学为上述学科的研究提供了重要的理论基础。当化学研究者从分子水平深入认识研究对象时，化学就开始在这些领域发挥重要作用，并逐渐形成新的交叉学科。

化学是人类的无尽财富，引导着发现与创造，是最具有创新性的学科之一，是现代科学技术发展的重要基础。在工业文明高度发达的今天，人类的生存环境遇到了前所未有的挑战，能源与环境问题已经成为限制人类发展的瓶颈，而化学科学技术可以协助人类开辟出一条可持续发展的新路。太阳能、核能等新能源的开发、利用与化学密切相关，环境保护也需要化学工作者的不懈努力。因此，可以说化学是不断发明和制造对人类更有用的新物质的科学，化学带来重大的发明与创造，支撑了人类社会的可持续发展，引领了科学与技术进步。

0.2　化学的学科分支

从学科角度划分，化学属于一级学科，根据其研究对象和目的的不同，其分支学科主要包括无机化学、有机化学、分析化学、物理化学等。

无机化学（Inorganic Chemistry）是以 19 世纪 60 年代元素周期律的发现为标志，研究无机化合物性质、组成、结构和变化规律的分支学科。因其研究内容几乎涵盖所有化学元素及其单质和化合物，故常与元素化学同义。20 世纪以来，无机化学有了更加蓬勃的发展，航天航空、石油能源、信息科学等领域的进步，推动了无机化学与这些领域的交叉融合，出现了无机材料化学、生物无机化学、固体无机化学、无机金属化学等新兴学科。

有机化学（Organic Chemistry）是研究碳氢化合物及其衍生物组成、结构、性质、合成及其应用的分支学科。有机化学的结构理论和分类形成于 19 世纪下半叶。随着有机化学研究的不断深入，该学科与其他新兴学科交叉融合，又逐步诞生出新的学科分支，如天然有机化学、物理有机化学、金属有机化学等，使有机化学显现出强大的生命力。随着化学的发展，有机化学和无机化学的研究界限变得不再严格分明。例如，无机化学领域的重要分支配位化学，包含了数量巨大的配位化合物，这些化合物的组成单元既包含无机化合物（如金属离子），也包括有机化合物（如有机配体），成为联系无机化学和有机化学两大学科的重要桥梁。

分析化学（Analytical Chemistry）是研究物质组成、结构的分析方法及其理论的分支学科，是化学研究的重要支撑。无论无机化学还是有机化学，都需要对所研究的化学物质进行分离和表征。在化学研究中，每一次分析技术的重要革新，都推动着化学研究迈向更高的水平，并带来巨大的科学进步。分析化学根据研究方法和手段不同，可分为化学分析和仪器分析。近年来，随着新方法和新技术的逐步引入，分析化学学科也逐步细分出多个分支学科，如光谱分析、热谱分析、电化学分析、色谱分析和质谱分析等。

物理化学（Physical Chemistry）是用物理学的原理和实验手段研究化学变化基本规律的分支学科。1887 年，范特霍夫创办了《物理化学杂志》，标志着物理化学学科分支的形成。人们从物理学的发展中不断获得灵感，将其应用到更为复杂的化学领域，去揭示化学反应的原理和内在规律、化学物质的组成和结构、化学反应与外界环境因素（力、声、热、电、光、磁）的相互关系等，为深入理解化学本质提供了重要的理论基础。物理化学发展到今天，已逐渐形成了多个分支，如结构化学、化学热力学、化学动力学、催化化学、胶体与界面化学、光化学、磁化学和结晶化学等。

学科交叉是 21 世纪科学研究的重要特征之一。化学与多个学科交叉产生出许多新兴学科，如生命化学、农业化学、环境化学、地球化学、药物化学、固体化学和核化学等，这些学科依然以化学研究为主体，可认为是化学在某一学科中的研究拓展。

0.3　化学的学科特点

化学是一门理论和实践相结合的学科，遵循从实践中来、到实践中去、从个体到全面等原则，经历着对局部事实归纳和分类，提出规律、概念和假设，再对假设进行验证，当验证与事实不符时，又开始新的假设和验证的过程。

化学起源于实验又依赖于实验，是一门以实验为基础的自然科学。人们通过实验不断认识物质的化学性质，揭示化学反应规律，检验化学原理。在化学学科从确立到现在的 300 多年的历史中，有无数的实例证明化学实验对化学发展的重要性，例如门捷列夫元素周期律的提出，元素周期表的发现，居里夫人发现化学元素镭、钋等。大部分元素的发现和化学原理的提出都有着化学实验的贡献，可以说化学实验对化学学科的发展起着至关重要的作用。

化学理论研究对于化学探索具有重要的指导意义。在化学的发展历史中，每一次化学理论的突破都会促进化学学科的迅猛发展。例如化学键理论使人们对分子有了更深刻的认识，极大地推动了化学的发展。20 世纪末，计算机技术的快速发展，使利用量子学理论进行分子模拟和分子设计的研究崭露头角。以理论计算和定向设计为指导的化学合成减少了研究的盲目性，提高了化学研究的效率和精准性。

总之，化学是理论与实践紧密联系、共同发展的学科，在学习化学理论的同时，应重视实验技能的培养，促进化学学科的全面发展。

0.4 化学学科的发展趋势

化学自诞生以来，为人类文明的发展和进步起到了巨大的推动作用。进入 21 世纪，化学将在能源、资源、环境、健康等研究领域面临全新的任务和挑战。未来的几十年里，化学有三个主要的研究趋势：

1）以解决重大实际问题为目标。化学与人类社会生活密不可分，从目前人类最为关切的能源、资源、环境、健康等重大问题出发，开展研究，化学会有广阔的发展空间并取得重要的研究突破。

2）进一步与各学科交叉融合，拓展学科生长点。化学研究本身具有巨大的创新能力，与其他学科交叉融合，学习和借鉴相关学科的理论和实践成果，会使化学具有更持久的生命力。

3）全面深入开展超分子、介观领域、多尺度问题等方面的研究。20 世纪以来，化学家们在分子水平上对物质的组成、结构研究积累了大量的实践经验，但对超分子、介观领域和多尺度问题等复杂体系的研究才刚起步。这些体系的研究，将有利于人们对各种生命现象和材料性能进行深入理解，提炼出关键的化学问题并加以解决。

在未来，化学研究有望使人们看到更清洁的能源被开发，更高效的药物被合成，更绿色的产品被生产，环境污染逐步得到治理，人们的生活质量不断得到提高。化学的发展将为人类社会创造出一个个新的奇迹。

0.5 "工科大学化学"的学习内容

大学化学是化学相关专业的重要基础课程，是化学学科的导论课程，主要介绍化学的基础知识、基本原理和研究方法；而工科大学化学将在大学化学的基础上，密切结合工程实践需要，介绍物质的聚集状态与环境保护、化学反应的能量与方向、化学平衡和反应速率、水溶液中的化学平衡、物质结构基础、氧化还原反应与电化学基础、化学与工程材料等内容。通过本书的学习，学生可以在中学化学的基础上，掌握近代化学基本理论、基础知识及技能在工程实践中的基本应用，提高其发现问题、分析问题和解决问题的能力，为后续学习和工作奠定一定的化学基础。

第 1 章
物质的聚集状态与环境保护

物质在自然界中的存在形式是多样的。在一定温度和压强下，物质所处的相对稳定的状态称为聚集状态，也就是通常所说的气态、液态和固态，此外还有等离子体态、超固态和玻色-爱因斯坦凝聚态等，其中气体是一种最简单的聚集状态。

1.1 气体

气体的分子间作用力很小，没有固定的体积和形状，易流动，具有扩散性和可压缩性，这些物理特性给研究带来了很多困难。为了简化问题，人们提出了一种假想的气体模型——理想气体。

1.1.1 理想气体

理想气体指气体分子为没有体积的质点，分子之间没有相互作用力，分子之间的碰撞及分子与容器器壁间碰撞没有能量损失的气体。实际上，理想气体是不存在的。研究结果表明：在高温、低压条件下，气体分子间的距离增大，分子的体积和分子间作用力均可忽略，这时的气体可近似看作是理想气体。

对于气体的描述，经常会用到体积、温度和压强等物理量。对于理想气体，可用下式来描述：

$$pV = nRT \tag{1-1}$$

式（1-1）为理想气体状态方程。式中，p 是气体的压强，单位为 Pa；V 是气体的体积，单位为 m^3；n 是气体的物质的量，单位为 mol；T 是气体的热力学温度，单位为 K；R 是摩尔气体常数，常用值为 $8.314 J \cdot mol^{-1} \cdot K^{-1}$。

1.1.2 气体分压定律

实际生产过程中，经常遇到的是气体混合物。例如，空气是由氧气、氮气、二氧化碳和稀有气体等多种气体组成的混合物。通常，把组成混合气体的每一种气体称为混合气体的组分气体。混合气体中各组分气体的含量，可以用其分压来表示。

在混合气体中，某组分气体 B 对周围环境施加的压强 p_B 称为该组分气体 B 的分压，即气体 B 对总压的贡献。分压等于相同温度下，组分气体单独占有与混合气体相同体积时具有的压强。混合气体的总压等于各组分气体的分压之和，这种关系称为道尔顿分压定律。

如果以 p 表示总压，以 p_B 表示组分气体 B 的分压，则有以下关系式存在：

$$p = p_1 + p_2 + p_3 + p_4 + \cdots = \sum p_B \tag{1-2}$$

如果以 n_B、n 分别表示组分气体 B 和混合气体的物质的量，则有

$$p_B = \frac{n_B RT}{V_B}, \quad p = \frac{nRT}{V}$$

式中，V_B 是组分气体 B 的体积，V 是混合气体的总体积。因 $V_B = V$，故两式相除可得

$$p_B = \frac{n_B}{n} p$$

式中，$\frac{n_B}{n}$ 是组分气体 B 的摩尔分数，可用 y_B 表示，则 B 组分气体的分压为

$$p_B = y_B p \tag{1-3}$$

例 1.1 高压钢瓶内盛装体积为 $30.0 dm^3$ 的 CO_2（可认为是理想气体），在 298K 时，使用前压强为 $1.67 \times 10^7 Pa$，试求当钢瓶压强降为 $1.10 \times 10^7 Pa$ 时，用去 CO_2 的质量是多少？

解： 根据式（1-1）可求得使用前、后高压钢瓶中 CO_2 的物质的量。即由 $pV = nRT$ 可得

使用前　$n_1 = \dfrac{p_1 V}{RT} = \dfrac{1.67 \times 10^7 Pa \times 3.0 \times 10^{-2} m^3}{8.314 J \cdot mol^{-1} \cdot K^{-1} \times 298K} = 202.21 mol$

使用后　$n_2 = \dfrac{p_2 V}{RT} = \dfrac{1.10 \times 10^7 Pa \times 3.0 \times 10^{-2} m^3}{8.314 J \cdot mol^{-1} \cdot K^{-1} \times 298K} = 133.19 mol$

用去的 CO_2 质量为

$m = \Delta n M = (n_1 - n_2) M = (202.21 mol - 133.19 mol) \times 44 g \cdot mol^{-1} = 3.04 \times 10^3 g = 3.04 kg$

例 1.2 室温下，部分 NO_2 会聚合成 N_2O_4。设在高温状态下，将 $12.0 g NO_2$ 放在 $10 dm^3$ 容器中冷却至 293K，此时容器内的压强达到 $4.5 \times 10^4 Pa$，试求此时 NO_2 和 N_2O_4 的分压（可认为是理想气体）。

解： 反应前 NO_2 的物质的量为：$n = m/M = 12.0 g / 46 g \cdot mol^{-1} = 0.26 mol$

反应后容器内为 NO_2 和 N_2O_4 的混合气体，混合气体的总物质的量为

$$n = \frac{pV}{RT} = \frac{4.5 \times 10^4 Pa \times 1.0 \times 10^{-2} m^3}{8.314 J \cdot mol^{-1} \cdot K^{-1} \times 293K} = 0.18 mol$$

设反应后生成 N_2O_4 的物质的量为 x，则有

$$2NO_2 \rightleftharpoons N_2O_4$$

反应前	0.26mol	0
反应后	0.26mol−2x	x

$$n = (0.26 - 2x + x)\,\text{mol} = 0.18\,\text{mol}, \text{可得 } x = 0.08\,\text{mol}$$

反应后 NO_2 的分压 $\quad p_{NO_2} = y_{NO_2}p = \dfrac{0.10\,\text{mol}}{0.18\,\text{mol}} \times 4.5 \times 10^4\,\text{Pa} = 2.5 \times 10^4\,\text{Pa}$

N_2O_4 的分压 $\quad p_{N_2O_4} = y_{N_2O_4}p = \dfrac{0.08\,\text{mol}}{0.18\,\text{mol}} \times 4.5 \times 10^4\,\text{Pa} = 2.0 \times 10^4\,\text{Pa}$

1.1.3 大气污染与防治

大气是多种气体的混合物，其总质量约为 $6 \times 10^{15}\,t$，相当于地球质量的百万分之一。大气层的厚度在 1000km 以上，没有明显的界线，其中人类赖以生存的空气主要是在距地面 $10 \sim 12\,km$ 的范围内。

1. 大气污染的形成

大气污染的形成，有自然原因和人为原因。前者如火山爆发、森林火灾、岩石风化等；后者如燃烧物释放、工业废气排放等。目前，世界各地的大气污染主要是人为因素造成的。其中化石燃料的燃烧，向大气释放了大量二氧化硫、二氧化碳、氮氧化物等物质，这些物质严重影响了大气环境，会对人类造成危害。

形成大气污染的主要因素有污染源、大气状态和受体。大气污染分为污染物排放、大气运动的作用和相对受体的影响三个过程。因此，大气污染的程度与污染物的性质、污染源的排放、气象条件和地理条件等有关。

2. 大气污染的来源

大气污染历史始于取暖和煮食，到 14 世纪，燃煤释放的烟气已成为主要污染问题。18 世纪工业革命后，工业用的燃料燃烧、燃煤造成的空气污染更加严重。大气污染的来源有以下三种类型。

（1）工业污染源　工业污染源包括燃料燃烧排放的污染物，生产过程中的排气（如炼焦厂向大气排放硫化氢、酚、苯、烃类等有毒物质；化工厂排放的具有刺激性、腐蚀性、异味或恶臭的有机和无机气体；化纤厂排放的硫化氢、氨、二硫化碳、甲醇、丙酮等）以及生产过程中排放的矿物和金属粉尘。

（2）生活污染源　这种污染源主要为家庭炉灶排气，是一类排放量大、分布广、危害性不容忽视的空气污染源。

（3）汽车尾气　汽车尾气污染指由汽车排放的废气造成的环境污染，主要污染物为碳氢化合物、氮氧化物、一氧化碳、二氧化硫、含铅化合物等，可以引起光化学烟雾。

3. 大气污染物

目前对环境和人类产生危害的大气污染物中，影响范围广、具有普遍性的污染物有以下几种。

（1）颗粒物　颗粒物指除气体之外，包含于大气中的物质，包括各种固体、液体和气溶胶，其中有固体的灰尘、烟雾以及液体的云雾和雾滴，其粒径范围主要在 $0.1 \sim 200\,\mu m$ 之间。

（2）硫氧化物　硫常以 SO_2、H_2S 的形态进入大气，也有以亚硫酸及硫酸（盐）微粒的形式进入大气。大气中的硫约 2/3 来自自然界，其中经细菌活动产生的 H_2S 最多。SO_2 是人为产生硫排放的主要形式，主要来自含硫煤和石油的燃烧、石油炼制以及有色金属冶炼等。

（3）碳氧化物　碳氧化物主要是 CO 和 CO_2。CO 主要由含碳物质不完全燃烧产生。

1970 年，全世界排入大气中的 CO 约为 3.59 亿 t，其中 70%来自汽车等交通工具排放。

CO 对人类和动物的毒性很大，其与血红蛋白（Hb）的结合力比 O_2 大 200~300 倍，能使血红蛋白失去携氧能力，使人产生头晕、头痛、恶心等中毒症状。当空气中 CO 的体积分数达到 1%时，可使人在 2min 内死亡。CO_2 是大气中的"常规"成分，参与地球上的碳平衡，主要来源于生物的呼吸作用和化石燃料燃烧等。化石燃料的大量使用，使大气中的 CO_2 浓度逐渐增高，这将导致温室效应、两极地区冰川融化、海平面升高等。

（4）氮氧化物　氮氧化物是 NO、NO_2、N_2O、N_2O_3、N_2O_4 等的总称，统写为 NO_x。其中造成大气污染的主要是 NO 和 NO_2，主要来自煤、重柴油等矿物燃料的高温燃烧，以及汽车尾气、金属冶炼厂、化工厂的排放。NO 与血红蛋白的结合力是 CO 的近千倍，使人缺氧、窒息的危害性远超过 CO。NO_2 不仅会严重刺激呼吸系统，还可使血红素硝基化，危害性超过 NO。NO_x 还会在太阳光的作用下产生二次污染物，生成光化学烟雾。

4. 大气污染的治理方法

根据大气污染物的存在状态不同，大气污染的治理方法可分为以下两类。

（1）颗粒污染物　常采用除尘法来治理。除尘方法和设备的种类很多，选择适合的除尘方法和设备，除需考虑当地大气环境质量、尘的环境容许标准、排放标准、设备的除尘效率及有关经济技术指标外，还必须了解尘的特性，如粒径、粒度分布、形状、密度、黏性、可燃性及含尘气体的化学成分、温度、压力等。

（2）气态污染物　主要有吸收、吸附、催化、燃烧、膜分离等治理方法，这里简要介绍前几种方法。

1）吸收法。吸收是利用气体混合物中不同组分在吸收剂中的溶解度不同，与吸收剂发生选择性化学反应，从而将有害组分从气流中分离出来的过程。该方法具有捕集效率高、设备简单、一次性投资低等优点，广泛用于气态污染物的处理，例如对二氧化硫、硫化氢、氟化氢等污染物的净化。

吸收分为物理吸收和化学吸收。由于在大气污染过程中，一般废气量大、成分复杂、吸收组分浓度低，单靠物理吸收难以达到排放标准，故大多采用化学吸收。

2）吸附法。吸附法指气体混合物与多孔性固体接触时，利用固体表面存在的未平衡的分子引力或化学键力，把混合物中某组分吸留在固体表面的方法。吸附法现已广泛应用于化工、冶金、石油、食品等工业部门。由于吸附剂具有高选择性、分离效果好、能脱除痕量物质等优点，其常用于分离低浓度的有害物质和排放标准要求严格的废气处理，如回收或净化废气中有机污染物。

3）催化法。催化法指利用催化剂的催化作用，将废气中的有害物质转变为无害物质，或转化为易于去除物质的一种治理技术。催化法与吸收法、吸附法不同，在应用催化法治理污染物的过程中，无需将污染物与主气流分离，可直接将有害物转变为无害物，不仅可以避免产生二次污染，而且简化了操作过程。

4）燃烧法。燃烧法是通过热氧化作用将废气中的可燃性有害成分转化为无害物质的方法，如含烃废气在燃烧中被氧化成无害的二氧化碳和水。此外，燃烧法还可消烟、除臭等。

1.2　溶液

溶液是一种分散体系，由溶质和溶剂组成。许多化学反应都是在溶液中进行的，许多物质的性质也是在溶液中呈现的，其与人类的工农业生产、日常生活和生命现象都有极为密切的联系。溶液有许多种类，根据其聚集状态不同，可分为气态溶液、固态溶液和液态溶液。液态溶液是最常见的溶液体系，根据溶质不同，又可分为电解质溶液和非电解质溶液两大类。水溶液是最常用的溶液，有些物质可与水以任意比例混溶，如乙醇，但大多数溶质在溶剂中的溶解度是有限的。

1.2.1 溶液浓度的表示方法

溶液浓度的表示方法可分为两大类，一类是用溶质和溶剂的相对量表示；另一类是用溶质和溶液的相对量表示。由于溶质、溶剂或溶液使用的单位不同，浓度的表示方法也不同。

（1）**质量分数** 在混合物中，组分 B 的质量 m_B 与混合物总质量 $m_{总}$ 之比，即为该组分 B 的质量分数，用 w_B 表示，单位为 1。

$$w_B = m_B / m_{总} \tag{1-4}$$

（2）**摩尔分数** 在混合物中，组分 B 的物质的量 n_B 与混合物总的物质的量 $n_{总}$ 之比，即为组分 B 的摩尔分数，又称**物质的量分数**，用 x_B 表示，单位为 1。

$$x_B = n_B / n_{总} \tag{1-5}$$

对于液体和固体混合物，一般用 x_B 表示；对于气体混合物，一般改用 y_B 表示。

（3）**质量摩尔浓度** 在溶液中，溶质 B 的物质的量 n_B 除以溶剂 A 的质量 m_A，即为溶质 B 的质量摩尔浓度，用 b_B 表示，单位为 $mol \cdot kg^{-1}$。

$$b_B = n_B / m_A \tag{1-6}$$

（4）**摩尔浓度** 在溶液中，物质 B 的物质的量 n_B 除以溶液的体积 V，即为物质 B 的摩尔浓度，用 c_B 表示，单位为 $mol \cdot L^{-1}$。

$$c_B = n_B / V \tag{1-7}$$

1.2.2 稀溶液的依数性

溶液按溶质类型不同可以分为电解质溶液和非电解质溶液。非电解质稀溶液具有以下共同性质：溶液的蒸气压下降、沸点上升、凝固点下降以及产生渗透压。这些性质都与溶液中溶质的粒子数（浓度）有关，而与溶质的本性无关，这类性质称为**稀溶液的依数性**。

1. 稀溶液的蒸气压下降

（1）**液体的蒸气压** 一定温度下，置于密闭容器中的液体（如水）存在两个过程：①液面上能量较高的分子会克服液体分子间的引力，从液体表面逸出成为蒸气，即液体的蒸发或汽化；②气相中的蒸气分子在液面上不停地运动，碰撞到液面上被液体分子吸引而重新进入液相，即气体的凝结。例如

$$H_2O(l) \Longleftrightarrow H_2O(g)$$

在汽化刚开始时，气相中 H_2O 少，凝结速率远小于汽化速率。随着汽化的进行，气相中 H_2O 分子数量逐渐增加，凝结速率也随之提高，当凝结速率等于汽化速率时，液体与其蒸气处于平衡状态。此状态下的蒸气称为**饱和蒸气**，饱和蒸气所具有的压力称为该液体的**饱和蒸气压**，简称**蒸气压**。

液体的蒸气压是液体的重要性质。一般纯液体的蒸气压随温度的升高而增大，与液体的

数量、容器的形状、气相中是否存在其他惰性气体无关。在相同温度下，不同液体的蒸气压不同；液体的蒸气压越大，该液体越易挥发。

（2）蒸气压下降 实验发现，一定温度下，在纯溶剂（如水）中加入少量难挥发非电解质（如糖、甘油等），所形成稀溶液的蒸气压总是低于纯溶剂的蒸气压这种现象，称为溶液的蒸气压下降。如图1-1所示。

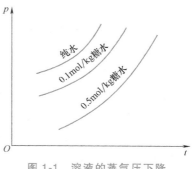

图1-1 溶液的蒸气压下降

这是由于难挥发非电解质溶质溶于溶剂后，溶剂的一部分表面被溶质颗粒所占据，阻碍了溶剂分子的蒸发，使达到平衡时蒸发出的溶剂分子数减少，产生的压力降低。显然，溶液的浓度越大，溶液的蒸气压就越低。设某温度下，纯溶剂的蒸气压为 p_A^*，溶液的蒸气压为 p，则 $\Delta p = p_A^* - p$。

法国物理学家拉乌尔（Raoult）对溶液的蒸气压下降进行了定量研究，得出如下结论：在一定温度下，难挥发非电解质稀溶液的蒸气压 p 等于纯溶剂的蒸气压 p_A^* 与溶液中溶剂的摩尔分数 x_A 的乘积，即

$$p = p_A^* x_A \qquad (1-8)$$

$$\Delta p = p_A^* - p = p_A^* - p_A^* x_A = p_A^* (1 - x_A) = p_A^* x_B \qquad (1-9)$$

式（1-9）也可以解释为：一定温度下，难挥发非电解质稀溶液的蒸气压下降与溶质的摩尔分数成正比，与溶质的本性无关。

2. 溶液的沸点上升和凝固点下降

（1）液体的沸点与凝固点 当液体的蒸气压等于外压时，液体就会沸腾，此时的温度称为液体的沸点，用 T_b 表示。液体的沸点随外压的升高而增大，例如：外压为93.3kPa时，H_2O 的沸点为97.7℃；外压为101kPa（即标准大气压）时，H_2O 的沸点为100℃。标准大气压下 H_2O 的沸点称为正常沸点，通常所说液体的沸点指正常沸点。

液体的正常凝固点指在101kPa外压下，该物质的液相与固相达到平衡时的温度。例如，H_2O 的正常凝固点是0℃，此时水与冰共存，建立了液-固两相平衡，水的蒸气压等于冰的蒸气压。即：凝固点是液相与固相蒸气压相等时的温度，用 T_f 表示。

（2）溶液的沸点上升 在纯溶剂中加入难挥发溶质时，溶液的蒸气压下降，引起溶液的沸点上升、凝固点下降，且溶液浓度越大，凝固点和沸点的改变越大。

固态纯溶剂、液态纯溶剂和溶液饱和蒸气压随温度变化的曲线如图1-2所示。

随着温度的升高，固态纯溶剂、液态纯溶剂和溶液饱和蒸气压都升高，同一温度下，溶液的饱和蒸气压<纯溶剂的饱和蒸气压。当溶液的温度达到纯溶剂的沸点 T_b^* 时，溶液的蒸气压仍低于外压，溶液不沸腾，必须提高温度，直至溶液的蒸气压等于外压时，溶液才能沸腾。

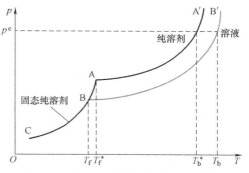

图1-2 固态纯溶剂、液态纯溶剂和
溶液饱和蒸气压随温度变化的曲线

可见，由于溶液的饱和蒸气压降低，引起其沸点上升，这是稀溶液的第二个通性。研究发现，难挥发非电解质稀溶液的沸点升高值与溶质的质量摩尔浓度成正比，即

$$\Delta T_b = T_b - T_b^* = K_b \cdot b_B \tag{1-10}$$

式中，ΔT_b 是难挥发非电解质的沸点升高值，单位为 K；K_b 是沸点升高系数，单位为 $K \cdot kg \cdot mol^{-1}$。常用溶剂的沸点升高系数见表 1-1。

式（1-10）要求溶质为难挥发性的，如果溶质是挥发性的，当其蒸气压与外压相等时，溶液就会沸腾，但沸点不一定升高。

有机化学实验常用测定化合物熔点或沸点的办法来检验化合物的纯度。以含有杂质的化合物为溶液，则其熔点比纯化合物低，沸点比纯化合物高，而且熔点的降低值和沸点的升高值均与杂质含量有关。在钢铁发黑工艺中所用的氧化液，因为加入了 NaOH、$NaNO_2$，加热至 140~150℃ 也不沸腾。

（3）凝固点下降　一定压强下，对于难挥发非电解质稀溶液，当达到纯溶剂的凝固点 T_f^* 时，溶液的蒸气压仍小于纯溶剂的蒸气压，溶液不会凝固，只有继续降低温度，达到 T_f 时，固体纯溶剂蒸气压才等于溶液的蒸气压，溶液才能凝固。由此可见，凝固点降低依然和溶液的蒸气压下降相关。凝固点下降是难挥发非电解质稀溶液的第三个通性。同理可推出，难挥发非电解质稀溶液的凝固点降低值与溶质的质量摩尔浓度成正比，即

$$\Delta T_f = T_f^* - T_f = K_f \cdot b_B \tag{1-11}$$

式中，ΔT_f 是难挥发非电解质稀溶液的凝固点降低值，单位为 K；K_f 称为凝固点降低系数，单位为 $K \cdot kg \cdot mol^{-1}$。常用溶剂的凝固点降低系数见表 1-1。

表 1-1　常用溶剂的凝固点降低系数和沸点升高系数

溶剂	凝固点/℃	$K_f/K \cdot kg \cdot mol^{-1}$	沸点/℃	$K_b/K \cdot kg \cdot mol^{-1}$
乙酸	17.0	3.9	118.1	2.93
苯	5.4	5.12	80.2	2.53
三氯甲烷	—	—	61.2	3.63
萘	80.0	6.8	218.1	5.80
水	0.01	1.86	100.0	0.51

例 1.3　1.35g 葡萄糖（$C_6H_{12}O_6$，$M = 180g \cdot mol^{-1}$）溶于 100cm³ 水中，试求该溶液的凝固点和沸点。已知水的 $K_f = 1.86K \cdot kg \cdot mol^{-1}$，$K_b = 0.512K \cdot kg \cdot mol^{-1}$。

解：葡萄糖的物质的量为

$$n_B = m_B/M_B = 5g/180g \cdot mol^{-1} = 0.028mol$$

葡萄糖水溶液的质量摩尔浓度为

$$b_B = \frac{n_B}{m_A} = \frac{0.028mol}{100cm^3 \times 1g \cdot cm^{-3} \times 10^{-3}kg \cdot g^{-1}} = 0.28mol \cdot kg^{-1}$$

由 $\Delta T_f = T_f^* - T_f = K_f \cdot b_B$，$K_f = 1.86K \cdot kg \cdot mol^{-1}$，可得

$$\Delta T_f = 1.86 \times 0.28K = 0.52K$$

$$T_f = T_f^* - \Delta T_f = 273.15K - 0.52K = 272.63K$$

由 $\Delta T_b = T_b - T_b^* = K_b \cdot b_B$，$K_b = 0.512K \cdot kg \cdot mol^{-1}$，可得

$$\Delta T_b = 0.512 \times 0.28K = 0.14K$$

$$T_b = \Delta T_b + T_b^* = 373.15K + 0.14K = 373.29K$$

因此，该溶液的凝固点为 272.63K，沸点为 373.29K。

利用凝固点降低原理可制作制冷剂。例如，汽车发动机冷却系统中需加入防冻液，常用防冻液的主要成分为乙二醇，浓度为 60% 的乙二醇水溶液的凝固点为 -40℃。$CaCl_2$、冰和丙酮混合物的凝固点可以达到 -70℃。溶液的凝固点降低和蒸气压下降还有助于说明植物的防寒抗旱功能。研究表明，当外界温度发生变化时，植物细胞内会生成可溶性的碳水化合物，使细胞液浓度增大，凝固点降低，保证在一定的低温条件下细胞液不致结冰，表现出相当强的防寒功能；同理，也可用来说明抗旱功能。

3. 渗透压

在图 1-3 所示的容器中，左边为溶剂（如纯水），右边为溶液（如糖水），中间用半透膜隔开。开始时两端液面高度相等，经过一段时间，可观察到左端纯水液面下降，右端糖水液面升高，说明纯水中的一部分水分子通过半透膜进入到溶液，这种溶剂分子通过半透膜向溶液中扩散的现象称为渗透。渗透现象产生的原因可简单解释为溶液的蒸气压小于纯溶剂的蒸气压，故纯水分子进入溶液的速率大于溶液中水分子进入纯水的速率，故糖水体积增大，

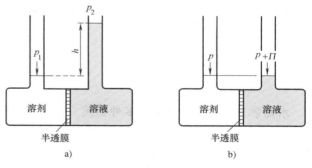

图 1-3 渗透压示意图

液面升高。随着渗透进行，右端水柱逐渐增高，当水柱达到一定的高度时，其产生的静水压恰好使半透膜两边水分子的渗透速率相等，渗透达到平衡。在一定温度下，为了阻止渗透作用的进行，必须向溶液施加的最小压力称为渗透压，用符号 Π 表示。

1886 年，荷兰物理学家范特霍夫在前人实验的基础上，得出了稀溶液的渗透压定律

$$\Pi V = n_B RT \tag{1-12a}$$

或

$$\Pi = c_B RT \tag{1-12b}$$

式中，Π 是溶液的渗透压，单位为 Pa；T 是溶液的热力学温度，单位为 K；R 是摩尔气体常数，常用值为 $8.314J \cdot mol^{-1} \cdot K^{-1}$。

如果溶液浓度很小，则上式可写为

$$\Pi = b_B RT \tag{1-12c}$$

即在一定温度下，非电解质稀溶液的渗透压与溶质的质量摩尔浓度成正比，而与溶质的本性无关。溶液的渗透压定律可用于测定溶质的摩尔质量，尤其适用于测定高聚物的摩尔质量。

如果在图 1-3 所示的装置中，半透膜一端不是纯水而是浓度较小的糖水溶液，渗透现象

也可以发生，此时水分子由稀溶液进入浓溶液，即由渗透压低的溶液移向渗透压高的溶液。渗透压高的溶液称为高渗溶液，渗透压低的溶液称为低渗溶液，如果溶液的渗透压相等，则称为等渗溶液。渗透压是溶液的一种性质，其产生需要两个条件：有半透膜存在；半透膜两侧溶液的浓度不同。

渗透现象和生命科学有着密切的联系，其广泛存在于动植物的生理活动中。例如动植物的体液和细胞液都是水溶液，通过渗透作用，水分可以从植物的根部输送到几十米高的顶部。人体血液的平均渗透压约为 760kPa，医院给病人进行大量补液时，常用质量分数为 0.9% 的氯化钠溶液或 5% 的葡萄糖溶液，以保持人体处于正常的渗透压范围。同理，淡水鱼不能在海水中养殖，盐碱地不利于植物生长，农作物施肥后必须立即浇水等。

如果外加在溶液上的压力超过渗透压，则会出现溶剂从高浓度溶液中渗出的现象，使纯溶剂的体积增加，这个过程称为反渗透。工业上常用反渗透技术进行海水的淡化或浓缩一些有特殊要求的溶液。

难挥发非电解质稀溶液的蒸气压下降、沸点上升、凝固点下降和产生渗透压，都与溶液中所含溶质 B 的数量有关，与其种类和本性无关，这称为溶液的依数性，也称为稀溶液通性或稀释定律。

虽然浓溶液、电解质溶液也有蒸气压下降、沸点上升、凝固点下降和产生渗透压的特点，但由于解离出的离子间、离子与溶剂分子间的相互作用力增大，上述定律的定量关系有不同程度的偏差。

1.2.3 水资源保护

1. 水污染

水是常见的溶剂，可溶解多种物质。当污染物质进入水体，将影响水质。当污染物含量过大，超出水体的自净能力，将破坏水体的生态平衡，使水体的物理、化学性质发生改变而降低水体的使用价值，称为水体污染。全世界约 75% 的疾病与水体污染有关，如伤寒、霍乱、痢疾等。

水体污染分为自然污染和人为污染两大类，以后者为主。自然污染是自然原因造成的，如天然植物腐烂产生的有毒物质经雨淋后带入水体等；人为污染是生产、生活中对水体的污染，污染源包括工业废水、农田排水、矿山排水、城市生活污水等。水体污染也可根据污染物种类、性质分为物理性污染（如热、放射性物质）、化学性污染（如无机物、有机物）、生物性污染（如细菌、霉素）。下面介绍几种主要的水体污染。

（1）重金属污染 有毒物质对水体的危害性非常大，例如重金属汞、镉、铅、铬、砷等，只需少量便可污染大片水体。部分重金属可在微生物作用下转化为金属有机化合物，产生更大的毒性，并通过食物链积累，进入人体，使蛋白质、酶失去活性，导致中毒。

震惊世界的日本水俣病事件就是居民长期食用汞含量超标的海产品所致，水俣病的发病症状为智力障碍、运动失调、听力受损等。水中的汞主要来源于汞极电解食盐场、汞制剂农药厂、用汞仪表厂等的废水。20 世纪 60 年代发生于日本的骨痛病是居民饮用水中镉含量超标造成的。当饮用水中的镉含量超过 $0.01mg \cdot L^{-1}$ 后，镉将积存于人体的肝、肾等器官，最终造成肾脏再吸收能力不全，干扰免疫球蛋白的制造，降低机体的免疫能力等。含镉污水主要来源于金属矿山、冶炼厂、电镀厂、电池厂及化工厂等。

铅及其化合物均有毒性，人体铅中毒后易引发贫血、肝炎、神经系统疾病等。含铅废水来源于金属矿山、冶炼厂、电池厂、油漆厂等废水及汽车尾气。铬可引起皮肤溃烂、贫血、肾炎、癌症等，水中的铬来源于冶炼厂、电镜厂及制革、颜料等废水。砷的有毒形态主要是As_2O_3（砒霜），对细胞有强烈的毒性，可致癌。人体砷中毒的表现为呕吐、腹泻、神经炎、肾炎等。

（2）**有机物污染** 自农药问世并大量使用后，有毒合成有机物成为水体污染的主要来源，主要有滴滴涕（DDT）、六六六、多氯联苯（PCB）等。这些物质性质稳定、难降解、对水体危害大、危及面广。曾经有人在生长于南极的企鹅体内测出DDT，在生长于北冰洋的鲸鱼中测出PCB。

除直接污染水体外，还有一类有机物通过消耗水中溶解的氧使水体性质改变而污染水体，这类有机物称为耗氧有机物。生活污水和工业废水中所含的碳水化合物、蛋白质、脂肪等都属于耗氧有机物，对饮用水、水养殖业危害甚大。

（3）**水体的富营养化** 污水中碳、氮、磷等植物生长所必需的营养物质过剩，使得藻类、浮游生物迅速繁殖，不但大量消耗掉水中的氧，而且遮挡阳光，导致水中的鱼类和其他生物大量死亡、腐烂，水质恶化，这种现象称为水体富营养化。富营养化污染发生于海洋，将使海洋中的浮游生物暴发性增殖、聚集而引起水体变色，称为赤潮。我国近年来频发赤潮，给海洋资源、渔业带来巨大损失。富营养化污染发生于淡水，将引起蓝藻、绿藻、硅藻等藻类迅速生长，使水体呈蓝色或绿色，称为水华。三峡工程蓄水后，支流水质有恶化趋势，部分区域出现水华，且发生范围、持续时间、发生频次明显增加。水质恶化使严重缺水的现状更加严峻，故保护水资源是关系国计民生的头等大事。

2. 水污染的防治

废水处理的主要原则是从清洁生产的角度，改革生产工艺和设备，减少污染物，防止废水外排，进行综合利用和回收。工业废水和城市污水的任意排放是造成水污染的主要原因。要控制、消除水污染，必须从污染源抓起，积极对各类废水实施有效的技术处理，并加强对水体及其污染源的监测和管理，将"防、治、管"三者结合起来。

污水处理通常分为三级处理：①一级处理，属于初级处理或预处理，目的是去除水中的悬浮物和漂浮物。经过一级处理后，悬浮固体去除率可达70%～80%。②二级处理，其目的是去除废水中呈胶体状态和溶解状态的有机物。经二级处理后，废水中有机物可除去80%～90%，通常能达到排放标准。③三级处理。主要是去除生物难降解的有机污染物和废水中溶解的无机污染物，属于深度处理，处理后的水通常可达到工业用水、农业用水和饮用水的标准，但成本高，一般只用于严重缺水的地区和城市。

城市污水处理以一级处理为预处理，二级处理为主体，三级处理较少使用。对污水的处理技术而言，要针对不同的污染物采取相应的处理方法，主要方法如下。

（1）**物理法** 通过物理作用，以分离、回收废水中不溶解的悬浮状态污染物（包括油膜和油珠）的处理方法，物理法使废水得到初步净化，包括沉淀、过滤、离心分离、气浮、反渗透、蒸发结晶等方法。

（2）**化学法** 化学法指通过化学反应分离或回收废水中的污染物，或将其转化为无害物质的方法。通常采用的方法有中和法、混凝法、氧化还原法等。中和法是针对污水排放前，pH值接近中性的要求而采取的化学处理方法。对于酸性污水，一般加入无毒的碱性物质如石灰、石灰石等；对于碱性污水，可加入酸性物质加以中和；对于碱性不太强的污水，可通入烟道气体、CO_2 气体。混凝法是在废水中加入明矾、聚合氯化铝、硫酸亚铁等可水解生成带电胶体的物质，利用其带电微粒沉淀污水中的细小悬浮物。氧化还原法是针对废水中污染物在氧化剂（如氧气、漂白粉、氯气等）或还原剂（如铁粉、锌粉等）的作用下，氧化或还原成无毒或微毒物质的治理手段。

（3）**物理化学法** 物理化学法包括萃取、吸附、离子交换、反渗透、电渗析等，该法主要是分离废水中的溶解性物质，同时回收其中的有用成分，从而使废水得到进一步处理。

（4）**生物处理法** 通过微生物的代谢作用，将废水中部分复杂的有机物、有毒物质分解为简单的、稳定的无毒物质。目前常用的方法有活性污泥法、生物滤池法、还原法等。生物处理法可处理多种废水，适于处理大量污水且效果好，是近年来处理生活污水、有机废水的主要方法。

要从根本上防治水体污染，还要以法律的形式进行约束，《中华人民共和国水污染防治法》的实施为我国水环境治理提供了有力的法律保障。

1.3 固体

当液体冷却到一定温度，便凝结为固体。固体具有一定的体积和形状，密度大，不易压缩。固体内部粒子受力相互抵消，而表面粒子受力不对称，使固体具有吸附能力，从而产生润滑、黏结和催化作用。

自然界的物质中，固体占绝大多数。工程材料以固态物质为主。

1.3.1 晶体和非晶体

固体可分为晶体和非晶体（或称无定形体）。自然界中绝大多数的固态物质是晶体，例如矿石、金属、食盐、明矾等，图 1-4 所示为晶体的照片。非晶体可看作是黏度很高的过冷液体。

a)   b)

图 1-4 晶体的照片

a) 食盐 b) 明矾

晶体与非晶体比较，有以下不同。

1. 几何形状

晶体具有整齐的、有规则的几何形状。例如，食盐结晶呈立方体形，如图 1-5a 所示，明矾结晶呈正八面体形，如图 1-5b 所示。有些晶体由于晶粒太小，肉眼看为粉末状，但在显微镜下能看到整齐规则的几何外形。非晶体则不具有规则的几何外形。

2. 各向异性

晶体有许多物理性质，如光学性质、导电性、导热性、溶解作用等，在晶体的不同方向各不相同，称作各向异性。例如石墨晶体在不同方向的导电能力相差很大；云母晶体在不同方向上的强度相差很远，容易沿着某一方向的平面分裂成薄片。非晶体物质则不同，与液体相似，表现为各向同性。

3. 熔点

非晶体没有固定的熔点，只有软化温度范围。如果将晶体加热，当温度升高到某一定值（晶体的熔点）时，晶体开始熔化，熔化过程中温度保持不变，直到晶体全部熔化后温度才重新上升，其全过程的时间-温度曲线为一折线，如图 1-6a 所示。将非晶体加热时，温度上升，固体先变热，然后慢慢变软开始流动，最后完全变成液体，其时间-温度曲线为一直线，如图 1-6b 所示。

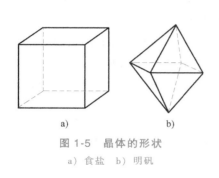

图 1-5　晶体的形状

a）食盐　b）明矾

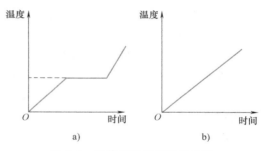

图 1-6　固体加热熔化升温曲线

a）晶体　b）非晶体

晶体和非晶体并非两种截然相反的物质。条件不同，同一物质可以形成晶体，也可以形成非晶体。例如二氧化硅可以形成晶体的石英，也可形成非晶体的石英玻璃。纯石英是无色晶体，棱柱状、大而透明的石英称为水晶。

1.3.2　固体表面的吸附与干燥

吸附现象是物质界面吸引周围介质的质点暂时停留或物质在相界面上浓度自动发生变化的现象。能把周围介质吸引在其表面的物质称为吸附剂。常用的固体吸附剂有活性炭、硅胶、活性氧化铝等。被吸附的物质称为吸附质。

固体表面能自发地产生吸附现象。被吸附的物质并非静止不动，随着分子热运动、气体分子的碰撞，吸附质分子还可以重新回到周围介质中，这种现象称为解吸。吸附与解吸为可逆过程，最后达到平衡。吸附是放热过程，解吸是吸热过程。

吸附现象分为物理吸附和化学吸附两类，二者对比见表 1-2。

表 1-2　物理吸附和化学吸附对比

各种特性	物理吸附	化学吸附
吸附力	范德华力或氢键力	化学键力
吸附热	较小,近于液化热	较大,近于反应热

（续）

各种特性	物理吸附	化学吸附
选择性	无	有
吸附层	单分子层或多分子层	单分子层
吸附速率	较快,不需要活化能	较慢,需要活化能
可逆性	可逆	不可逆为主

物理吸附和化学吸附往往同时进行，界限难以严格区分。例如镍对氢气的吸附：在低温时，发生物理吸附；当温度升高到一定程度时，既有物理吸附又有化学吸附；高温时，主要是化学吸附。

吸附作用与吸附剂的表面结构、孔隙结构、被吸附分子的极性等因素有关，是较为复杂的过程。固体物质的吸附作用，使其可用作多相催化剂（如铁催化剂）、干燥剂（如硅胶）、分子筛（$Na_2O \cdot Al_2O_3 \cdot 2SiO_2 \cdot 4.5H_2O$）、清洁剂、脱色剂（如活性炭）等。

干燥是将物质中的水分除去的过程。干燥方法可分为物理法与化学法两种。物理法有分子吸附、分馏等。近年来常用的离子交换树脂，是一种不溶于水、碱、酸和有机物的高分子聚合物。分子筛是多水硅酸铝盐的晶体，内部有许多孔径大小均一的孔道和孔穴，允许小的分子（如水分子）"躲"进去，从而达到将不同大小的分子"筛分"的目的。化学法是以干燥剂进行脱水，通过与水可逆结合生成水合物（如使用 $CaCl_2$、$MgSO_4$ 等）或不可逆反应生成新物质（如使用 Na、P_2O_5）等，以达到脱水目的的方法。当 $CaCl_2$、$MgSO_4$ 等易潮解物质与潮湿空气等接触后，其表面能从空气中吸收水蒸气，形成一层溶液（饱和薄膜）。干燥剂可使表面溶液的蒸气压显著下降，甚至低于空气中水的蒸气压，使水蒸气不断凝聚进入溶液，以达到干燥空气的目的。

1.3.3　固体废弃物的利用及处理

1. 固体废弃物的概念

固体废弃物指生产和生活活动中丢弃的固体、半固体物质。"废物"是一个相对的概念，在某种条件下称为废物，但在另一种条件下却可能成为宝贵的原材料，故固体废弃物有"放错地点的原料"之称。而在固体废弃物中，凡是具有易燃性、腐蚀性、毒性、反应性、感染性的废物，均称为危险废物。

2. 固体废弃物的产生

固体废弃物大部分来自人类生产活动，包括来自各种废物处理设施的排弃物，其余来自人类的生活活动等。随着经济的不断发展，工业生产规模不断扩大，废物排弃量与日俱增。20 世纪 70 年代以来，粗放型的资源消耗导致工业固体废弃物的数量越来越多，随着人们生活水平的不断提高，生活垃圾的排放量也日益增多，其发生量一般约为工业固体废弃物的 10%。

3. 固体废弃物的特点与分类

与废水、废气相比，固体废弃物具有以下显著特点。

1）固体废弃物是各种污染物的终态，特别是从污染控制设施排出的固体废弃物，汇集了许多污染成分。

2）在自然条件影响下，固体废弃物中的一些有害成分会转入大气、水体和土壤，参与生态系统的物质循环，因而具有潜在的、长期的危害性。

3）固体废弃物从产生到运输、处理、贮存、处置等每个环节都必须得到妥善控制，使其不危害人类环境，即具有全过程管理的特点。

固体废弃物的分类方法很多。日本将固体废弃物按来源分成产业固体废弃物和一般固体废弃物。前者指来自生产过程的固体废弃物，其中大部分对人和环境有害；后者指来自人类生活过程的固体废弃物。欧美等国将固体废弃物按来源分为工业固体废弃物、矿业固体废弃物、城市固体废弃物、农业固体废弃物、放射性固体废弃物五类。对于有放射性的固体废弃物，在国际上单列一类，另行管理。我国从固体废弃物管理需要出发，将其分为工矿业固体废弃物、有害固体废弃物和城市垃圾（包括粪便）三类。

4. 固体废弃物的处理和利用原则

固体废弃物处理指通过物理、化学、生物等不同方法使固体废弃物转化为适于运输、贮存、资源化利用及最终处置的一种过程。固体废弃物的物理处理包括破碎、分选、沉淀、过滤、离心分离等处理方式；化学处理包括焚烧、焙烧、热解、溶出等处理方式；生物处理包括好氧分解和厌氧分解等处理方式。固体废弃物的处理和利用原则如下。

（1）最小化原则 目前，固体废弃物排放量日趋增多，对环境造成巨大压力。以我国为例，随着城市化的发展和城市人口的增加，仅城市每年的垃圾排放量已达 3 亿 t，并且每年以 10% 的速度增加，而无害化处理率还不足 10%，工业固体废弃物的数量更大。因此，废物最小化处理极为重要。清洁生产是一种最小化处理方法，即在生产过程中不生产或少生产废物。

（2）资源化原则 综合利用固体废弃物，使废物变为资源，可以收到良好的经济效益和环境效益。例如对某些废金属、废纸等的再利用，对降低污染有明显的效果。综合利用固体废弃物除了可以增产原材料、节约投资外，环境效益也十分明显。

（3）无害化原则 固体废弃物可以通过多种途径污染环境、危害人体健康，因此，必须对其进行无害化处理。根据情况采取如上所述的物理、化学、生物等不同方法。

1.4 环境保护与可持续性发展

在全球范围内，可持续发展的解释有多种。1987 年世界环境与发展委员会的研究报告《我们共同的未来》中提出，可持续发展应是既满足当代人的需求，又不对后代人满足需求构成危害的发展。这一解释得到人们的广泛接受和认可，并在 1992 年联合国环境与发展大会上得到共识。

可持续发展的含义深刻、内容丰富，主要指社会、经济、人口、资源和环境的协调发展。目标是发展，必要条件是可持续，其主张世界上任何地区、任何国家的发展不能以损害别的地区、国家的发展能力为代价，当代人的发展不能以损害后代人的发展能力为代价。可持续发展的实质是协调人与自然的关系，从根本上缓解人口爆炸、资源短缺、环境污染、生态破坏的问题。

从废弃物的末端治理改为对生产全过程的控制，是符合可持续发展方向的战略性转变。可持续发展模式要求工农业发展、城市建设都改变其战略和战术，特别是将发展、建设与保护环境协调起来。具体来说，就是要从资源消耗型变为资源节约型，从损害环境型变为协调环境型，从技术落后型变为技术先进型，从经营粗放型变为科学管理型。清洁生产、绿色制造业、绿色化学等就是在这种新形势下产生的先进科学技术。

1. 清洁生产

清洁生产是对工业生产过程、产品及服务所采取的连续的环境战略。对于生产过程，清洁生产意味着节约原材料和能源，摒弃有毒有害原料，减少废弃物的排放量及其危害。对于产品，清洁生产意味着尽可能减少产品在整个生命周期中的不良影响，产品的生命周期即从原料的获取到废弃产品的最后处置的全过程。对于服务，清洁生产是指在设计和运送产品的过程中都应考虑其环境影响。清洁生产实质上是一种物耗量与能耗量少的人类生产活动规划、行动与管理，是对于生产过程、产品和服务所应用的一种整体性和预防性的环境保护策略。清洁生产技术应包括：产品设计时应禁止生产有毒产品，原料选择时应避免使用有毒原料；生产过程中的每个环节都应节约资源与能源，降低污染物排放量；生产全过程的管理应以提高效率减少排污为目标；应大力实施资源回收利用及循环用水、重复用水系统，对排放的污染物尽量进行综合利用并妥善处理。

清洁生产的研究和推广应用已成为联合国环境规划署的重点项目，各国也已积累了大量的经验，如开发氟氯烃的代用品，开发生物可降解塑料、生物可降解活化剂，研究开发煤的清洁燃烧技术等。

2. 绿色制造业

绿色制造业又称再制造业，是能够最大限度地降低成本、减少原材料消耗和消除环境污染的制造业。按照清洁生产理念，人们已经非常重视废旧产品的回收利用，如废旧报纸、塑料、钢铁的回收、再生和利用。绿色制造业基于废旧产品的回收、再利用，提倡机械设计时应考虑机械零件再次使用的可能性，整个机械失去原有功效时，其零部件仍可使用在新机械上。例如，美国伊斯曼柯达公司用不锈钢替代高速复印机中的一些塑料部件，以提高部件多次使用的概率。

尽管回收利用与再制造有共同的环境目标，但再制造所获得的效益将更高。回收利用往往是对废旧物品的重新利用，如将废旧钢铁熔化后重新炼制，将废旧纸张溶解后制成纸浆。但回收利用通常只能生产较低级的材料或产品，需要消耗能源，并有可能对环境造成污染。因此，可以说再制造是从机械部件中获得最高价值的方法。

3. 绿色化学

绿色化学是以保护环境为目标，设计、生产化学产品的最新科技成果，通过对化学原理的正确应用，尽可能地减少化学合成工业对环境所造成的危害。

传统化学工业设计的重点是：化学合成的步骤、原料的来源及费用、产品的产量。绿色化学设计时，除考虑上述因素外，还需慎重考虑生产过程、产品对环境的影响、实现环境标准所需的费用。绿色化学包含了化学过程的所有方面，如合成、催化、分析、监测、分离和反应条件的选择等。例如：优化反应条件以减少或消除有害物质的产生，提高产量的同时降低能耗和物耗；通过对化学产品分子结构的设计，减少或消除其对环境的危害；通过改进单一化学反应或整个合成途径，减少有害物质的使用和产生；开发即时在线监测软件，以加强对化学反应的控制，减少废物的产生等。

化学是为世界创造新物质的科学，而绿色化学则是在物质分子水平进行的污染预防。绿色化学给化学带来了灿烂前景，其不仅为人类提供更为丰富多彩的化学制品，还使污染消灭在制造过程之中，保护了环境和人类。美国石油化工工业已提出"环境保护不是发展工业的限制，而是发展工业的目标"。可见，经济发展和环境保护是相互促进、共同发展的。未来的新工业革命将以保护环境和可持续发展为主要变革目标。

本 章 小 结

在一定温度、压强下物质所处的相对稳定的状态称为聚集状态，通常包括气态、液态和固态，本章按此顺序介绍了相关的化学原理及污染物的防治方法。

气体是一种比较简单的聚集状态，本章先介绍了理想气体状态方程、理想气体分压定律，之后介绍了大气污染物的来源、形成、种类、防治方法等。

溶液是一种分散体系，由溶质和溶剂组成。本章分别介绍了溶液组成的表示方法（摩尔分数、质量分数、摩尔浓度、质量摩尔浓度）、稀溶液的依数性（蒸气压下降、沸点上升、凝固点下降、渗透压）、水资源污染的种类及其防治方法（物理法、化学法、物理化学法、生物处理法）。

固体可分为晶体和非晶体。固体具有吸附现象，吸附分为物理吸附和化学吸附两类。干燥是将物质中的水分除去的过程。本章介绍了固体废弃物的概念、产生、特点与分类以及处理和利用的原则。此外，要实现社会的可持续性发展，必须做好环境保护工作。

思考与练习题

一、填空题

1. 在_____、_____条件下，气体分子间体积和分子间作用力均可忽略，可近似看作是理想气体。

2. 大气污染源包括_____、_____、汽车尾气三种类型。

3. 水体污染根据污染性质不同，分为_____、物理性污染、_____及生物性污染。

4. 砷的有毒形态主要是_____，其对细胞有强烈的毒性，可致癌。

5. 富营养化污染使海洋中的浮游生物暴发性增殖、聚集而引起水体变色，称为_____。

6. _____是造成水污染的主要原因。

7. 吸附与解吸为_____过程，最后达到平衡。吸附是_____热过程，解吸是_____热过程。

8. "废物"是一个相对的概念，在某种条件下称为废物，但在另一种条件下却可能成为宝贵的原材料，故固体废弃物有"_____"之称。

二、选择题

1. 某碳氢化合物的经验式是 CH_2，且其密度与氮气的密度相等，则其分子式为（　　）。

A. C_3H_6　　　　B. C_2H_4　　　　C. C_4H_8　　　　D. C_3H_8

2. 某含有 O_2 和 O_3 的混合气体，O_2 的分压是 35.16kPa，O_3 的分压是 66.17kPa。当 O_3

完全分解后，O_2 的压力是（　　　）。

  A. 114.4kPa B. 134.42kPa C. 214.35kPa D. 175.16kPa

 3. 非电解质稀溶液的蒸气压下降、沸点上升、凝固点下降的数值取决于（　　　）。

  A. 溶液的体积   B. 溶液的质量浓度

  C. 溶液的温度   D. 溶液的质量摩尔浓度

 4. 将 2.00g 蔗糖（$C_{12}H_{22}O_{11}$）溶于水，配成 50mL 溶液，则该溶液在 25℃ 时的渗透压为（　　　）。

  A. 289.8kPa B. 298.8kPa C. 100kPa D. 不能确定

 5. 下列化合物中沸点最高的是（　　　）。

  A. C_2H_6 B. C_2H_5Cl C. CH_3OCH_3 D. C_2H_5OH

 6. 在 298.15K、10.0L 的容器中含有 1.00molN_2 和 3.00molH_2，若气体为理想气体，则容器中氮气的分压为（　　　）。

  A. 247.9kPa B. 347.9kPa C. 447.9kPa D. 147.9kPa

 7. 造成水体富营养化的最主要的三种元素是（　　　）。

  A. C、N、K B. C、P、S C. C、N、P D. N、P、K

 8. 某质量摩尔浓度为 b_B 的稀水溶液，其沸点上升值和凝固点下降值之间的关系是（　　　）。

  A. 大于   B. 等于   C. 小于   D. 没有关系

 9. 生物体可以富集重金属，20 世纪出现在日本的水俣病就是由（　　　）污染引起的。

  A. 镉   B. 汞   C. 砷   D. 铅

 10. 稀溶液依数性的本质是（　　　）。

  A. 渗透压 B. 蒸气压降低 C. 沸点升高 D. 沸点升高和凝固点降低

三、简述题

 1. 为什么植物具有防寒、抗旱功能？

 2. 简述废水处理的主要原则。

 3. $CaCl_2$ 为什么可以做干燥剂？

 4. 简述固体废弃物的处理和利用原则。

 5. 简述大气污染的形成及治理方法。

 6. 何为可持续发展？谈谈你的理解。

四、计算题

 1. 将 15.6g 苯溶于 400g 环己烷（C_6H_{12}）中，所得溶液的凝固点较纯溶剂的凝固点低 10.1℃，试计算环己烷的凝固点降低系数。[$M(C_6H_6) = 78g \cdot mol^{-1}$]

 2. 人的血浆在 272.44K 时结冰，求在体温为 310K 时的渗透压。已知 $K_f = 1.86K \cdot kg \cdot mol^{-1}$。

 3. 2.60g 尿素 [$CO(NH_2)_2$] 溶于 50.0g 水中，试计算此溶液在常压下的凝固点和沸点。[已知：$M[CO(NH_2)_2] = 60.0g \cdot mol^{-1}$；水的 $K_b = 0.512K \cdot kg \cdot mol^{-1}$；$K_f = 1.86K \cdot kg \cdot mol^{-1}$]

化学反应的能量与方向

化学反应过程通常伴随着能量的变化。那么，能否预测能量的改变，并对其进行合理利用？能否判断反应的方向，并因势利导合成新物质？本章将从化学反应的计量关系开始，先讨论反应中的能量变化，再讨论反应方向的判据，最后介绍分析能源的种类、特点及发展利用等问题。

2.1 化学反应中的质量关系

2.1.1 化学反应计量数

化学反应是化学研究的核心部分。物质发生化学反应时，遵循质量守恒定律。化学反应方程式是根据质量守恒定律，用元素符号和化学式表示化学变化中质量关系的式子。对于任意一个化学反应，其化学反应方程式可以写作

$$aA+bB = gG+hH$$

若将反应物的化学式移项，则有 $0 = gG+hH-aA-bB$

此式可简写作通式 $\qquad 0 = \sum \nu_B B$

式中，B 表示分子、离子或原子等反应物或生成物；ν_B 为物质 B 的化学计量数，量纲为 1。随着反应的进行，反应物不断减少，生成物不断增加。故对于反应物，ν_B 为负值；对于生成物，ν_B 为正值。

对于上述一般反应，则有 $\nu_A = -a$，$\nu_B = -b$，$\nu_G = g$，$\nu_H = h$。

当同一化学反应、方程式的写法不同时，同一物质的化学计量数不同。

例如，对于合成氨反应

$$N_2(g)+3H_2(g) \longrightarrow 2NH_3(g)$$

反应物和生成物的化学计量数：$\nu_{N_2} = -1$，$\nu_{H_2} = -3$，$\nu_{NH_3} = 2$

若方程式改为 $\frac{1}{2}N_2(g)+\frac{3}{2}H_2(g) \longrightarrow NH_3(g)$，则反应物和生成物的化学计量数：$\nu_{N_2} = -\frac{1}{2}$，$\nu_{H_2} = -\frac{3}{2}$，$\nu_{NH_3} = 1$

2.1.2 反应进度

为了表示化学反应进行的程度，我国国家标准 GB 3100~3102—1993《量和单位》中规定了反应进度 ξ 这一物理量及其单位。

对于任一化学反应

$$0 = \sum \nu_B B$$

$$\xi = \frac{\Delta n_B}{\nu_B} \tag{2-1}$$

随着反应的进行，反应进度逐渐增大。例如，对于合成氨反应

$$N_2(g) + 3H_2(g) \longrightarrow 2NH_3(g)$$

反应开始时 $n_{B,0}/mol$ 5.0   12.0   0.0

反应 t_1 时刻 $n_{B,t_1}/mol$ 4.0   9.0   2.0

反应 t_2 时刻 $n_{B,t_2}/mol$ 3.0   6.0   4.0

t_1 时的反应进度为

$$\xi_1 = \frac{\Delta n_{N_2}}{\nu_{N_2}} = \frac{4.0\,mol - 5.0\,mol}{-1} = 1.0\,mol$$

$$\xi_1 = \frac{\Delta n_{H_2}}{\nu_{H_2}} = \frac{9.0\,mol - 12.0\,mol}{-3} = 1.0\,mol$$

$$\xi_1 = \frac{\Delta n_{NH_3}}{\nu_{NH_3}} = \frac{2.0\,mol - 0\,mol}{2} = 1.0\,mol$$

由此可见，同一化学反应，用不同的反应物或生成物所计算出的反应进度数值相同。同理，可计算出 t_2 时的反应进度 $\xi_2 = 2.0\,mol$。

若化学反应方程式改为 $\frac{1}{2}N_2(g) + \frac{3}{2}H_2(g) \longrightarrow NH_3(g)$，则 t_1 时的反应进度 ξ_1' 为 ξ_1 的 2 倍。因此，计算反应进度时也必须写出相应的化学反应方程式。

2.2 化学反应中的能量关系

热力学是研究能量相互转化过程中所遵循规律的科学。热力学是建立在热力学第一定律、热力学第二定律和热力学第三定律的基础上的，适用于大量分子组成的宏观系统。化学反应都伴随着能量的变化，将热力学原理应用于化学过程，就形成了化学热力学，主要包括计算化学反应热、判断化学反应的方向和限度、化学平衡的有关计算。本书第 2 章和第 3 章将初步讨论化学热力学的基本内容。

2.2.1 热力学常用术语

1. 系统与环境

为了研究方便，人们常将研究的对象与周围其他部分区分开，被研究的对象称为系统（或体系），除系统之外，与系统密切相关的部分称为环境。例如，研究烧杯中的水，水即为系统，而烧杯及其他的相关物质或空间则为环境。根据系统与环境之间是否有物质和能量

交换，可以将系统分为三类。

（1）敞开系统 系统与环境之间既有物质交换又有能量交换的系统称为敞开系统，如敞口广口瓶内的热水。

（2）封闭系统 系统与环境之间无物质交换但有能量交换的系统称为封闭系统，如封口广口瓶内的热水。

（3）孤立系统 系统与环境之间既无物质交换也无能量交换的系统称为孤立系统，又称隔离系统，如保温瓶内的热水。

三种系统中，敞开系统最复杂，孤立系统最简单，但真正的孤立系统并不存在，它只是研究问题时的一种科学假设。研究最多的是封闭系统，也是本书主要研究的系统。

2. 状态和状态函数

系统都具有一定的宏观性质，如温度、压力、体积、质量、密度等，这些性质的综合表现称为系统的状态。这些描述系统宏观性质的物理量称为状态函数。当系统的宏观性质一定时，系统的状态就确定了；当系统的状态发生变化，系统的性质也会随之改变。

系统的性质是由系统的状态确定的，上述各项系统的性质都是状态函数。状态函数的数值只与状态有关，当系统发生变化时，状态函数的改变量取决于状态的始态和终态，而与变化的途径无关。

系统的状态函数之间是彼此关联的，故在确定系统的状态时，不需要对系统所有的性质逐一描述，只需确定几个性质即可。例如：描述理想气体 p、V、T、n 之间的关系式为 $pV = nRT$，如果知道了其中任意 3 个状态函数，就可以确定第 4 个状态函数。

3. 过程和途径

当系统从始态变化到终态时，其宏观性质也会发生变化，称这种变化为过程。系统从始态到终态所经历的过程总和称为途径。根据过程发生条件的不同，通常将过程分为以下几种。

（1）恒温过程 系统的始态温度与终态温度相等，并且过程中始终保持这一温度。

（2）恒压过程 系统的始态压力与终态压力相等，并且过程中始终保持这一压力。

（3）恒容过程 系统的始态容积与终态容积相等，并且过程中始终保持这一容积。

4. 相

系统中物理性质和化学性质完全相同的均匀部分称为相，有气相、液相和固相三种，不同的相之间存在着明显的相界面。同一种物质可因其聚集状态不同而形成不同的相，且能同时存在，例如，水、水蒸气、冰是同一物质水的不同相。同一相可能含有多种物质，例如，硫酸铜和氯化钠的混合溶液为一个相，但其中有三种物质。多种气相混合，只要相互间不发生化学反应生成非气相物质，可认为是一个单相系统。多种液相混合，可根据能否相互溶解来判断系统的相数，例如，水和乙醇可无限混溶，该系统为单相系统；水和油系统，彼此不溶，存在明显的分层、界面，则为两相系统。对于固相混合，若相互之间不形成固溶体合金（凝固时仍保持熔融时相互溶解分布的合金），有几种固相物质，则认为是几相。

2.2.2 热力学第一定律

1. 热和功

当系统的状态发生变化时，往往要与环境交换能量，所交换的能量有热和功两种形式。

（1）热　系统与环境之间由于温度不同而交换的能量称为热，用 Q 表示，单位为 J。热力学中，用 Q 值的正、负表示热传递的方向。系统吸热，Q 为正值；系统放热，Q 为负值。热不但与系统的始态、终态有关，还与变化的途径有关，故热不是状态函数。

（2）功　系统和环境之间除热外，所交换的其他形式的能量称为功，用 W 表示，单位为 J。热力学中，用 W 值的正、负表示功传递的方向。环境对系统做功，W 为正值；系统对环境做功，W 为负值。功也与变化的途径有关，不是状态函数。

功的种类很多，有体积功、表面功等。热力学上，将功分为体积功和非体积功。体积功指系统和环境之间因体积变化所交换的功，又称膨胀功。除体积功外其他形式的功都称为非体积功或非膨胀功。

例如，某气缸中的气体在恒压下克服外压 p 膨胀，推动截面面积为 A 的活塞移动距离 l，如图 2-1 所示。若忽略活塞的质量及活塞与气缸壁之间的摩擦力，则系统对环境所做的功为

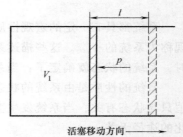

$$W = -p_{外} \cdot Al = -p_{外}\Delta V = -p_{外}(V_2 - V_1) \qquad (2-2)$$

式（2-2）为体积功的计算公式。式中，V_1、V_2 分别是膨胀前、后气体的体积，单位为 m^3。

活塞移动方向 ———→

图 2-1　系统膨胀做功示意图

2. 热力学能

任何物质都具有能量，系统内所含全部能量的总和称为热力学能，又称内能，用 U 表示，单位是 J 或 kJ。热力学能包括分子的平动能、转动能、振动能、分子间相互作用的热能、分子内原子间的键能、原子中电子的能量以及核能等。

热力学能是状态函数，其改变量只与系统的始态和终态有关，与变化所经历的途径无关。

由于系统内部质点运动及相互作用很复杂，所以热力学能的绝对值尚难以确定。但系统状态发生变化时，可通过热力学第一定律来确定系统热力学能的改变量。

3. 热力学第一定律

人们经过长期的实践证明：自然界的一切物质都具有能量，能量不会自生自灭，只能从一种形式转化为另一种形式，在转化过程中，能量的总值不变。此规律称为能量守恒定律，即热力学第一定律。

对于一封闭系统，若其始态的热力学能为 U_1，终态的热力学能为 U_2，在变化过程中系统从环境吸热 Q，同时环境对系统做功 W，则系统的热力学能改变量为

$$\Delta U = U_2 - U_1 = Q + W \qquad (2-3)$$

式（2-3）为热力学第一定律的数学表达式。它表明系统从始态到终态时，其热力学能的变化量等于系统吸收的热量和环境对系统做功之和，即系统和环境之间的净能量转移。

如系统从环境吸热 50J，而对环境做功 15J，则系统热力学能的改变量为

$$\Delta U_{系统} = Q + W = 50 + (-15) = 35J$$

这个变化中，环境放热 50J，接受系统做功 15J，因此环境热力学能的改变量为

$$\Delta U_{环境} = Q + W = (-50) + 15 = -35J$$

系统与环境的热力学能改变量之和为 $\Delta U_{系统} + \Delta U_{环境} = 0J$。

可见，系统与环境的能量变化之和等于零，这是能量守恒定律的结果。由式（2-3）还

可以看出，对于孤立系统，任何过程 $Q=0$、$W=0$、$\Delta U=0$，这是热力学第一定律的一个推论。

2.2.3　化学反应热和焓变

物质发生化学变化时，常常伴有热量的放出或吸收。在一定条件下，化学反应过程中系统吸收或放出的热量称为化学反应热，简称反应热。根据化学反应进行的条件不同，反应热分为恒容反应热与恒压反应热。

1. 恒容反应热

对于只做体积功的反应系统，在恒容条件下的反应热称为恒容反应热（Heat of Reaction at Constant Volume），用 Q_V 表示。

恒容过程中 $\Delta V=0$，且只做体积功，故 $W=0$。根据热力学第一定律可知

$$\Delta U = Q+W = Q_V - p\Delta V = Q_V \tag{2-4}$$

式（2-4）表明，在只做体积功的条件下，恒容反应热等于系统热力学能的改变量。

2. 恒压反应热

大部分化学反应是在恒压条件下（如在与大气相通的敞口容器中）进行的，系统的压力与环境的压力相等。对于只做体积功的反应系统，在恒压条件下的反应热称为恒压反应热（Heat of Reaction at Constant Pressure），用 Q_p 表示。

恒压过程中，p 为定值，且只做体积功，故系统对环境所做的功为 $p\Delta V$。根据热力学第一定律可知

$$\Delta U = Q+W = Q_p - p\Delta V$$
$$Q_p = \Delta U + p\Delta V = (U_2 - U_1) + p(V_2 - V_1)$$
$$= (U_2 + pV_2) - (U_1 + pV_1)$$

由于 U、p、V 都是状态函数，所以 $U+pV$ 也是状态函数，热力学中将这个组合后的状态函数定义为焓（Enthalpy），用符号 H 表示，即

$$H = U + pV \tag{2-5}$$

故可得

$$Q_p = (U_2 + pV_2) - (U_1 + pV_1)$$
$$= H_2 - H_1 = \Delta H \tag{2-6}$$

式（2-6）表明，在只做体积功的条件下，恒压反应热等于系统焓的改变量。

焓是状态函数，单位是 J 或 kJ，其绝对值无法求得，但可根据式（2-6）求出焓变（ΔH）。焓变只取决于系统变化的始态和终态，与变化途径无关。因此，如果一个反应分几步进行，则反应的总焓变等于各分步焓变之和。严格地说，温度对反应的焓变是有影响的，但一般影响不大。

反应热与反应进度有关。在恒压条件下，对于任一化学反应 $0 = \sum \nu_B B$，将进行 1mol 反应进度时的焓变称为反应的摩尔焓变，用符号 $\Delta_r H_m$ 表示，即

$$\Delta_r H_m = \frac{\Delta H}{\Delta \xi}$$

同理，在恒容条件下，反应的摩尔热力学能的改变量为

$$\Delta_r U_m = \frac{\Delta U}{\Delta \xi}$$

由式（2-3）、式（2-6）可推得，恒温恒压条件下，有

$$\Delta U = \Delta H + W \tag{2-7}$$

1）对于没有气体参加的反应，体积变化不大，体积功 $W = -p_{外} \Delta V \approx 0$，可得 $\Delta U \approx \Delta H$。

2）对于有气体参加的反应，体积功为

$$W = -p_{外} \Delta V = -p_{外}(V_2 - V_1) = -(n_2 - n_1)RT = -\Delta nRT$$

式中，Δn 是反应前、后气体物质的量的变化。可得：$\Delta U = \Delta H - \Delta nRT$。

当反应进行 1mol 反应进度时，则有

$$\Delta_r U_m = \Delta_r H_m - \sum_B \nu_{B(g)} RT$$

式中，$\sum_B \nu_{B(g)}$ 是反应前、后气体物质化学计量数的代数和。

例如，反应 $2H_2(g) + O_2(g) \rightarrow 2H_2O(g)$，$\sum_B \nu_{B(g)} = 2 - 2 - 1 = -1$。

经计算可知，W 与 ΔH 相比数值很小，因此通常可以认为 $\Delta U \approx \Delta H$ 或 $\Delta_r U_m \approx \Delta_r H_m$，故通常只考虑 $\Delta_r H_m$。

2.2.4　热化学方程式

热化学方程式指表示化学反应及其标准摩尔焓变之间关系的化学反应方程式。

例如：$2H_2(g) + O_2(g) \rightarrow 2H_2O(g)$，$\Delta_r H_m^{\ominus}$（298.15K）$= -483.64$ kJ·mol^{-1}；表示在 298.15K 的恒压过程中，反应物和生成物均处于标准状态，反应进行 1mol 反应进度时，反应的标准摩尔焓变为 -483.64kJ·mol^{-1}。热化学方程式中，$\Delta_r H_m^{\ominus}$ 右上角标"$\ominus$"表示热力学标准状态。

1. 热力学对标准状态（简称为标准态）有严格的规定

1）规定标准压力 $p^{\ominus} = 100$kPa，标准质量摩尔浓度 $b^{\ominus} = 1$mol·kg^{-1}，标准摩尔浓度 $c^{\ominus} = 1$mol·L^{-1}。

2）气体的标准态。具有理想气体特性的纯气体或气体混合物中的组分气体 B，在温度 T、标准压力 $p^{\ominus}$ 时的（假想）状态。

3）液体和固体的标准态。纯液体和纯固体在温度 T、标准压力 $p^{\ominus}$ 时的状态。

4）溶液中溶质 B 的标准态。在温度 T、压力 $p^{\ominus}$、质量摩尔浓度为 $b^{\ominus}$ 且表现出无限稀释特征时溶质 B 的（假想）状态。在本书中，溶液浓度一般比较小，故通常用 $c^{\ominus}$ 代替 $b^{\ominus}$。

2. 热化学方程式书写时的注意事项

1）要注明反应物和生成物的聚集状态。物质的聚集状态不同，则反应的标准摩尔焓变不同。例如

$$2H_2(g) + O_2(g) \rightarrow 2H_2O(g) \quad \Delta_r H_m^{\ominus}(298.15K) = -483.64 \text{ kJ·mol}^{-1} \tag{2-8a}$$

$$2H_2(g) + O_2(g) \rightarrow 2H_2O(l) \quad \Delta_r H_m^{\ominus}(298.15K) = -571.66 \text{ kJ·mol}^{-1} \tag{2-8b}$$

产物 H_2O 的聚集状态不同，$\Delta_r H_m^{\ominus}$ 的值也不同。

2）$\Delta_r H_m^{\ominus}$ 表示反应进行 1mol 反应进度时反应的标准焓变，而反应进度与化学计量数有关，所以用不同化学计量式表示同一反应时，$\Delta_r H_m^{\ominus}$ 也不同。例如

$$H_2(g) + \frac{1}{2}O_2(g) \rightarrow H_2O(g) \quad \Delta_r H_m^{\ominus}(298.15K) = -241.82 \text{ kJ·mol}^{-1} \tag{2-8c}$$

与式（2-8a）相比，式（2-8c）中各物质的化学计量数均为式（2-8a）的 $\frac{1}{2}$，$\Delta_r H_m^{\ominus}$ 值也为式（2-8a）中的 $\frac{1}{2}$。

3）要注明反应温度。温度变化时，反应的标准摩尔焓变会随之改变。但若温度和压力分别为 298K 和 $p^{\ominus}$，可以不注明。还应当注意，逆反应的 $\Delta_r H_m^{\ominus}$ 与正反应的 $\Delta_r H_m^{\ominus}$ 数值相同，正、负号相反。例如

$$2H_2O(g) \rightarrow 2H_2(g) + O_2(g) \quad \Delta_r H_m^{\ominus}(298.15K) = 483.64 \text{kJ} \cdot \text{mol}^{-1} \tag{2-8d}$$

式（2-8d）是式（2-8a）的逆反应。

2.2.5 化学反应的焓变

1. 盖斯定律

1840 年，俄国化学家盖斯（G. H. Hess）根据大量的实验总结出：在恒压或恒容条件下，一个化学反应无论一步完成还是分几步完成，其反应热相等。这个经验规律称为**盖斯定律**。从热力学角度分析，盖斯定律是热力学第一定律的必然结果，是状态函数特性的体现，适用于所有状态函数，其中，反应热一般用焓变来表示。

盖斯定律的建立，使热化学方程式可以像普通代数方程式一样进行计算，还可以从已知的反应热数据计算出难以实验测定的反应热数据。

例 2.1　已知 298.15K、100kPa 时，

（1）$C(\text{石墨}) + O_2(g) = CO_2(g)$，$\Delta_r H_m^{\ominus}(1) = -393.51 \text{kJ} \cdot \text{mol}^{-1}$

（2）$CO(g) + \frac{1}{2}O_2(g) = CO_2(g)$，$\Delta_r H_m^{\ominus}(2) = -282.98 \text{kJ} \cdot \text{mol}^{-1}$

计算反应（3）$C(\text{石墨}) + \frac{1}{2}O_2(g) = CO(g)$ 的标准摩尔焓变 $\Delta_r H_m^{\ominus}(3)$。

解：三个反应有下面所示的关系，碳燃烧生成 CO_2 的反应可以按两种不同途径来进行

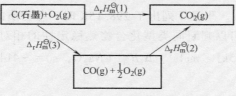

根据盖斯定律

$$\Delta_r H_m^{\ominus}(1) = \Delta_r H_m^{\ominus}(2) + \Delta_r H_m^{\ominus}(3)$$

$$\Delta_r H_m^{\ominus}(3) = \Delta_r H_m^{\ominus}(1) - \Delta_r H_m^{\ominus}(2)$$

$$= -393.51 \text{kJ} \cdot \text{mol}^{-1} - (-282.98) \text{kJ} \cdot \text{mol}^{-1}$$

$$= -110.53 \text{kJ} \cdot \text{mol}^{-1}$$

也可以像代数式一样计算，方程（1）－方程（2）得方程（3）

$$C(石墨) + \frac{1}{2}O_2(g) = CO(g)$$

单质碳与氧气不可能控制到完全生成 CO 而无 CO_2 的程度，故实验无法准确测得反应式（3）的反应热数据。利用盖斯定律，则很容易解决。

例 2.2　已知在温度为 298K、压力为 100kPa 的条件下，

（1）$2P(s) + 3Cl_2(g) = 2PCl_3(g)$，$\Delta_r H_m^{\ominus}(1) = -574kJ \cdot mol^{-1}$

（2）$PCl_3(g) + Cl_2(g) = PCl_5(g)$，$\Delta_r H_m^{\ominus}(2) = -88kJ \cdot mol^{-1}$

试求反应（3）$2P(s) + 5Cl_2(g) = 2PCl_5(g)$ 的标准摩尔焓变 $\Delta_r H_m^{\ominus}(3)$。

解：显然，反应式（3）= 反应式（1）+ 2 × 反应式（2）

由盖斯定律得 $\Delta_r H_m^{\ominus}(3) = \Delta_r H_m^{\ominus}(1) + 2 \times \Delta_r H_m^{\ominus}(2)$

$$= -574kJ \cdot mol^{-1} + 2 \times (-88kJ \cdot mol^{-1})$$

$$= -750kJ \cdot mol^{-1}$$

2. 标准摩尔生成焓与化学反应热

应用盖斯定律计算反应热，需要将该反应分解成几个相关反应，有时这个过程很复杂。人们通常采用一种相对的方法去定义物质的焓值，从而较简便地求出反应的焓变。

（1）标准摩尔生成焓　热力学规定，将标准状态下由元素最稳定单质生成 1mol 物质 B 时反应的焓变称为该物质 B 的标准摩尔生成焓，用 $\Delta_f H_m^{\ominus}$（B，相态，T）表示。下标 f 表示生成，温度为 298K 时，T 可以省略。$\Delta_f H_m^{\ominus}$ 的单位为 $kJ \cdot mol^{-1}$ 或 $J \cdot mol^{-1}$。

例如　$H_2(g) + \frac{1}{2}O_2(g) \rightarrow H_2O(g)$，$\Delta_f H_m^{\ominus}(298.15K) = -241.82kJ \cdot mol^{-1}$

则 $H_2O(g)$ 的标准摩尔生成焓 $\Delta_f H_m^{\ominus}(H_2O, g, 298.15K) = -241.82kJ \cdot mol^{-1}$。

规定表明，在标准状态下，元素最稳定单质的标准摩尔生成焓为零，例如，$\Delta_f H_m^{\ominus}$（H_2，g，298.15K）$= 0kJ \cdot mol^{-1}$。对于存在同素异形体的单质，热力学上习惯将 O_2、石墨、白磷、正交硫作为最稳定状态的单质。如 $\Delta_f H_m^{\ominus}$（石墨，s，T）$= 0kJ \cdot mol^{-1}$，而 $\Delta_f H_m^{\ominus}$（金刚石，s，T）$\neq 0kJ \cdot mol^{-1}$。附录 1 列出了 298.15K 时一些物质的标准摩尔生成焓数据。

根据 $\Delta_f H_m^{\ominus}$ 值的大小可以判断同类型化合物热稳定性的相对强弱，例如，298.15K 时，$\Delta_f H_m^{\ominus}$（Ag_2O，s）$= -31.05kJ \cdot mol^{-1}$，$\Delta_f H_m^{\ominus}$（$Na_2O$，s）$= -414.22kJ \cdot mol^{-1}$，由此可知，$\Delta_f H_m^{\ominus}$ 值小的 Na_2O 更稳定。

（2）由标准摩尔生成焓计算化学反应热

例 2.3　298.15K 时氨的催化氧化反应为

$$4NH_3(g) + 5O_2(g) \rightarrow 4NO(g) + 6H_2O(g)$$

由附录 1 中反应物和生成物的标准摩尔生成焓，计算标准摩尔反应焓。

解：298.15K 时

$$\Delta_f H_m^{\ominus}(NH_3, g) = -46.11kJ \cdot mol^{-1}，\Delta_f H_m^{\ominus}(O_2, g) = 0kJ \cdot mol^{-1}$$

$$\Delta_f H_m^{\ominus}(NO, g) = 90.25kJ \cdot mol^{-1}，\Delta_f H_m^{\ominus}(H_2O, g) = -241.82kJ \cdot mol^{-1}$$

根据质量守恒定律和标准摩尔生成焓的定义，将反应物和生成物都认为由元素最稳定的单质生成，则反应有下列两种途径。

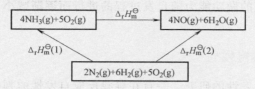

根据盖斯定律有

$$\Delta_r H_m^{\ominus} = \Delta_r H_m^{\ominus}(2) - \Delta_r H_m^{\ominus}(1)$$

其中

$$\Delta_r H_m^{\ominus}(1) = 4\Delta_f H_m^{\ominus}(NH_3,g) + 5\Delta_f H_m^{\ominus}(O_2,g)$$

$$\Delta_r H_m^{\ominus}(2) = 4\Delta_f H_m^{\ominus}(NO,g) + 6\Delta_f H_m^{\ominus}(H_2O,g)$$

代入上式得

$$\Delta_r H_m^{\ominus}(298.15K) = \left[4\Delta_f H_m^{\ominus}(NO,g) + 6\Delta_f H_m^{\ominus}(H_2O,g) \right] - \left[4\Delta_f H_m^{\ominus}(NH_3,g) + 5\Delta_f H_m^{\ominus}(O_2,g) \right]$$

$$= \left[4\times90.25 + 6\times(-241.82) - 4\times(-46.11) - 5\times0 \right] kJ \cdot mol^{-1}$$

$$= -905.48 kJ \cdot mol^{-1}$$

由例 2.3 可以看出，在恒温恒压条件下，反应的标准摩尔焓变等于生成物的标准摩尔生成焓之和减去反应物的标准摩尔生成焓之和。

对于任一化学反应

$$aA + bB = gG + hH$$

$$\Delta_r H_m^{\ominus} = \left[g\Delta_f H_m^{\ominus}(G) + h\Delta_f H_m^{\ominus}(H) \right] - \left[a\Delta_f H_m^{\ominus}(A) + b\Delta_f H_m^{\ominus}(B) \right]$$

$$= \sum \nu_B \Delta_f H_m^{\ominus}(B,相态,T) \tag{2-9}$$

式中，ν_B 是化学反应计量数，对于反应物取负值，对于生成物取正值。

式（2-9）表明，反应的标准摩尔焓变等于反应物与生成物的标准摩尔生成焓与相应化学反应计量数乘积的和。

2.3 化学反应的方向

2.3.1 自发过程

自然界中发生的一切过程都有一定的方向。例如，物体在重力作用下自发地由高处落到低处；热自动地从高温物体传到低温物体；水自动地从高处向低处流动。这种在一定条件下，不需要环境对系统做功就能自动进行的过程称为自发过程。需要环境对系统做功才能进行的过程称为非自发过程。自发过程具有一些共同特点。

（1）自发过程具有方向性 自发过程的逆过程是非自发的，若要逆过程进行，必须消耗能量，对系统做功。如利用水泵做功将水从低处送到高处；冰箱需要耗电才能制冷等。

（2）自发过程具有一定的限度 自发过程不会永远进行，达到一定程度会自动停止。

自发过程进行的最大限度是系统达到平衡。

（3）自发过程具有做功的能力　如高处流下的水可以推动水轮机做功；化学反应可以设计成电池做功等。系统的做功能力随自发过程的进行而逐渐减小，当系统达到平衡后，其不再具有做功能力。

2.3.2　焓变与反应的自发性

人们十分重视反应自发性的研究，一直在寻找反应自发性的判据。一百多年前，人们发现很多系统能量降低的过程是自发的。例如，水从势能高处自动流向势能低处；很多放热反应可以自发进行等。1878年，贝塞洛（M. Bethelot）和汤姆孙（J. Thomsen）提出，自发的化学反应趋向于使系统放出最多的热。反应放热越多，系统的能量降低也越多，即系统有趋向于最低能量状态的倾向，称为最低能量原理。对于放热反应，$\Delta H < 0$，系统的焓减少，反应将会自发进行。以反应的焓变作为判断反应自发性的依据称为反应的焓判据。

最低能量原理是从许多实验事实中总结出来的，对于多数放热反应是适用的。如

$$2H_2(g) + O_2(g) \rightarrow 2H_2O(l)，\Delta_r H_m^{\ominus}(298.15K) = -571.66 kJ \cdot mol^{-1}$$

但实践表明，有些吸热过程、吸收反应（$\Delta_r H_m^{\ominus} > 0$）也能自发进行，如水的蒸发、碳酸钙分解等。

$$H_2O(l) \rightarrow H_2O(g)，\Delta_r H_m^{\ominus} = 44.0 kJ \cdot mol^{-1}$$

$$CaCO_3(s) \rightarrow CaO(s) + CO_2(g)，\Delta_r H_m^{\ominus} = 178.32 kJ \cdot mol^{-1}$$

当温度升高到1111K时，反应可以自发地进行。由此可见，放热（$\Delta H < 0$）只是反应自发进行的有利因素之一，但不是唯一的因素。反应的自发性还与其他因素有关。

2.3.3　混乱度与熵

人们在研究反应自发性的过程中发现，许多自发过程都向混乱程度（简称混乱度）增大的方向进行，例如，水的三态变化。水分子在冰中有规则地排列，处于较有序的状态。当温度升高到0℃以上时，冰自动地融化为水，水分子的混乱度增大。当温度再升高，水变为水蒸气时，水分子的混乱度更大。再如，$CaCO_3$受热分解后，气相中分子数的增加使系统的混乱度增大。由此可见，系统有趋向于最大混乱度的倾向。系统混乱度的增大有利于反应自发地进行。

1. 熵

热力学将系统中微观粒子的混乱度用物理量熵来表示，符号是S，单位是$J \cdot K^{-1}$。物质的混乱度越大，其熵值也越大。熵是状态函数，其改变量只与系统的始态和终态有关，而与变化途径无关。在孤立系统中，系统与环境没有能量交换，系统总是自发地向熵值增大的方向变化，达到平衡时，系统的熵达到最大值。因此，孤立系统中，熵值增加的方向总是自发的，这被称为熵增原理。孤立系统的熵值永不减少，这就是热力学第二定律。由此可知

$\Delta S_{\text{孤立系统}} > 0$，自发过程；$\Delta S_{\text{孤立系统}} = 0$，达到平衡；$\Delta S_{\text{孤立系统}} < 0$，非自发过程

与热力学能U和焓H不同，熵的绝对值是可以确定的。科学家们通过研究提出了热力学第三定律：0K时，任何纯净物质完美晶体的熵值等于零，即$S^*(0K) = 0$。以此为基准可以确定温度T时物质的熵值$S(T)$，又称规定熵。温度升高，熵值增大。若某纯净物质的温度从0K升高到T，则此过程的熵变为

$$\Delta S = S(T) - S(0K) = S(T)$$

标准状态下，1mol 纯物质 B 的规定熵称为该物质 B 的 标准摩尔熵，用符号 $S_m^{\ominus}$（B，相态，T）表示，单位为 $J \cdot mol^{-1} \cdot K^{-1}$。附录 1 列出了一些物质在 298.15K 时的标准摩尔熵。由表中数据可见，大多数物质的 $S_m^{\ominus}$（298.15K）大于零，单质的 $S_m^{\ominus}$（298.15K）不等于零。通过分析物质的标准摩尔熵数据可以发现如下规律：

1）同一物质的聚集状态不同时，$S_m^{\ominus}(g) > S_m^{\ominus}(l) > S_m^{\ominus}(s)$。

2）分子结构相似的同类物质，摩尔质量越大，其标准摩尔熵值越大。例如，298.15K 时，$S_m^{\ominus}(HF) < S_m^{\ominus}(HCl) < S_m^{\ominus}(HBr) < S_m^{\ominus}(HI)$。

3）摩尔质量相同的物质，结构越复杂，其标准摩尔熵值越大。例如，$S_m^{\ominus}$（C_2H_5OH，g，298.15K）$= 282.70 J \cdot mol^{-1} \cdot K^{-1}$，$S_m^{\ominus}$（$CH_3COOH$，g，298.15K）$= 266.381 J \cdot mol^{-1} \cdot K^{-1}$，因为后者的对称性比前者高。

另外，压力对固态、液态物质的熵值影响较小，但对气态物质的熵值影响较大。压力增大，气态物质的熵值减小。

2. 反应的标准摩尔熵变

熵是状态函数，其变化只与始态和终态有关，而与变化的途径无关。在标准状态下，反应进行 1mol 反应进度时的熵变称为该反应的 标准摩尔熵变。298.15K 时，化学反应的标准摩尔熵变可以由反应物与生成物的标准摩尔熵求得。对于任一化学反应

$$aA + bB = gG + hH$$

温度 T 时，反应的标准摩尔熵变为

$$\Delta_r S_m^{\ominus} = [gS_m^{\ominus}(G) + hS_m^{\ominus}(H)] - [aS_m^{\ominus}(A) + bS_m^{\ominus}(B)]$$
$$= \sum \nu_B S_m^{\ominus}(B，相态，T) \tag{2-10}$$

即反应的标准摩尔熵变等于反应物与生成物的标准摩尔熵与其化学计量数乘积的和。

例 2.4　试计算 298.15K 时，反应 $2NO(g) + O_2(g) \rightarrow 2NO_2(g)$ 的标准摩尔熵变。

解：由附录 1 查得

$$2NO(g) + O_2(g) \rightarrow 2NO_2(g)$$

$$S_m^{\ominus}/J \cdot mol^{-1} \cdot K^{-1} \quad 210.65 \quad 205.03 \quad 240.0$$

根据式（2-10）得

$$\Delta_r S_m^{\ominus} = \sum \nu_B S_m^{\ominus} = 2S_m^{\ominus}(NO_2,g) - 2S_m^{\ominus}(NO,g) - S_m^{\ominus}(O_2,g)$$
$$= (2 \times 240.0 - 2 \times 210.65 - 205.03) J \cdot mol^{-1} \cdot K^{-1} = -146.3 J \cdot mol^{-1} \cdot K^{-1}$$

$\Delta_r S_m^{\ominus} < 0$，该反应为熵减小的反应，即系统的混乱度减小。从自发过程倾向于混乱度增大这一判据来看，$\Delta S < 0$ 不利于反应自发进行。然而在常温下，NO 与 O_2 很容易反应生成红棕色的 NO_2 气体。因此，仅用系统熵值增大作为反应自发性的判据是不全面的。

2.4　吉布斯函数与反应方向的判据

2.4.1　吉布斯函数

1. 自发过程的判据和吉布斯函数

为寻找过程自发进行的普遍性判据，1878 年，美国物理化学家吉布斯（J. W. Gibbs）提

出了一个综合考虑焓、熵和温度三个因素的新热力学函数——吉布斯函数（或称吉布斯自由能），用符号 G 表示。可以用吉布斯函数的变化量 ΔG 判断恒温、恒压下反应自发进行的方向。

吉布斯函数的定义式为

$$G = H - TS \tag{2-11}$$

由于 H、T 和 S 都是状态函数，其线性组合 $H-TS$ 也是状态函数。系统的吉布斯函数与热力学能、焓一样，其绝对值无法确定，但系统经历一过程后，可以求得其改变量 ΔG。

根据吉布斯函数的定义式 $G = H - TS$，在恒温、恒压条件下有

$$\Delta G = \Delta H - T\Delta S \tag{2-12}$$

式（2-12）称为吉布斯-亥姆霍兹（Gibbs-Helmholtz）方程，是热力学中非常重要的公式。

对于恒温、恒压条件下的化学反应，当反应进行到 1mol 反应进度时，反应的摩尔吉布斯函数变为

$$\Delta_r G_m(T) = \Delta_r H_m(T) - T\Delta_r S_m \tag{2-13}$$

如果化学反应在恒温、恒压且标准状态下，进行了 1mol 反应进度，则式（2-13）可写作

$$\Delta_r G_m^{\ominus}(T) = \Delta_r H_m^{\ominus}(T) - T\Delta_r S_m^{\ominus}(T) \tag{2-14}$$

式中，$\Delta_r G_m^{\ominus}$ 是反应的标准摩尔吉布斯函数变，单位为 $\text{kJ} \cdot \text{mol}^{-1}$。

由式（2-14）可知，$\Delta_r G_m$ 随温度改变而改变，温度不同时，$\Delta_r G_m$ 的数值也不同。但由于 $\Delta_r H_m^{\ominus}$ 和 $\Delta_r S_m^{\ominus}$ 随温度的变化很小，因此在温度变化范围不大时，常用 $\Delta_r H_m^{\ominus}$（298.15K）和 $\Delta_r S_m^{\ominus}$（298.15K）代替其他温度时的 $\Delta_r H_m^{\ominus}$（T）和 $\Delta_r S_m^{\ominus}$（T）。式（2-14）可以改写为

$$\Delta_r G_m^{\ominus}(T) \approx \Delta_r H_m^{\ominus}(298.15\text{K}) - T\Delta_r S_m^{\ominus}(298.15\text{K}) \tag{2-15}$$

应用式（2-15），可以通过 $\Delta_r H_m^{\ominus}$（298.15K）和 $\Delta_r S_m^{\ominus}$（298.15K）近似求得温度 T 时反应的标准摩尔吉布斯函数变。

2. 标准摩尔生成吉布斯函数

标准状态下，由元素最稳定单质生成 1mol 物质 B 时反应的吉布斯函数变，称为该物质 B 的**标准摩尔生成吉布斯函数**，用符号 $\Delta_f G_m^{\ominus}$（B，相态，T）表示，其单位是 $\text{kJ} \cdot \text{mol}^{-1}$。附录 1 列出了 298.15K 时，部分物质的标准摩尔生成吉布斯函数。由定义可知，元素最稳定单质的标准摩尔生成吉布斯函数为零。

与计算反应的标准摩尔焓变方法类似，用参加化学反应各物质的标准摩尔生成吉布斯函数可以计算反应的标准摩尔吉布斯函数变。

对于任一化学反应

$$a\text{A} + b\text{B} = g\text{G} + h\text{H}$$

标准摩尔吉布斯函数变为

$$\begin{aligned}\Delta_r G_m^{\ominus} &= \left[g\Delta_f G_m^{\ominus}(\text{G}) + h\Delta_f G_m^{\ominus}(\text{H}) \right] - \left[a\Delta_f G_m^{\ominus}(\text{A}) + b\Delta_f G_m^{\ominus}(\text{B}) \right] \\ &= \sum v_B \Delta_f G_m^{\ominus}\end{aligned} \tag{2-16}$$

即反应的标准摩尔吉布斯函数变＝生成物的 $\Delta_f G_m^{\ominus}$ 总和－反应物的 $\Delta_f G_m^{\ominus}$ 总和＝反应物与生成物的标准摩尔生成吉布斯函数与其化学计量数乘积的和。

例2.5 试计算298.15K时过氧化氢分解反应的标准摩尔吉布斯函数变。

解： 由附录1知

$$2H_2O_2(l) \longrightarrow 2H_2O(l) + O_2(g)$$

$\Delta_f G_m^{\ominus}/kJ \cdot mol^{-1}$ $\qquad$ -120.35 $\qquad$ -237.129 $\qquad$ 0

$$\Delta_f G_m^{\ominus}(298.15K) = [2\Delta_f G_m^{\ominus}(H_2O,l) + \Delta_f G_m^{\ominus}(O_2,g)] - 2\Delta_f G_m^{\ominus}(H_2O_2,l)$$

$$= [2 \times (-237.129) - 2 \times (-120.35)]kJ \cdot mol^{-1}$$

$$= -233.56 kJ \cdot mol^{-1}$$

2.4.2 吉布斯函数变与反应的方向

热力学研究表明，在恒温、恒压、不做非体积功的条件下，任何自发过程总是向吉布斯函数减少的方向进行。对于化学反应，可以用 $\Delta_r G_m$ 判断反应自发进行的方向，即反应的吉布斯函数判据。

$\qquad \Delta_r G_m < 0 \qquad$ 反应正向自发进行

$\qquad \Delta_r G_m = 0 \qquad$ 反应处于平衡状态

$\qquad \Delta_r G_m > 0 \qquad$ 反应正向非自发进行，逆向可自发进行

利用式（2-15）可计算温度 T 时反应的标准摩尔吉布斯函数变 $\Delta_r G_m^{\ominus}(T)$，但 $\Delta_r G_m^{\ominus}(T)$ 只能判断标准状态下反应的方向，实际上，很多化学反应是在非标准状态下进行的。根据热力学推导，非标准态下反应的摩尔吉布斯函数变 $\Delta_r G_m(T)$ 与标准态下反应的摩尔吉布斯函数变 $\Delta_r G_m^{\ominus}(T)$ 之间的关系为

$$\Delta_r G_m(T) = \Delta_r G_m^{\ominus}(T) + RT\ln J \qquad (2-17)$$

式（2-17）称为化学反应等温方程。式中，J 称为反应商。对于任意状态的气相间反应

$$aA(g) + bB(g) \longrightarrow gG(g) + hH(g)$$

$$J_p = \frac{\left[\dfrac{p(G)}{p^{\ominus}}\right]^g \left[\dfrac{p(H)}{p^{\ominus}}\right]^h}{\left[\dfrac{p(A)}{p^{\ominus}}\right]^a \left[\dfrac{p(B)}{p^{\ominus}}\right]^b}$$

对于任意状态的液相间反应

$$J_p = \frac{\left[\dfrac{c(G)}{c^{\ominus}}\right]^g \left[\dfrac{c(H)}{c^{\ominus}}\right]^h}{\left[\dfrac{c(A)}{c^{\ominus}}\right]^a \left[\dfrac{c(B)}{c^{\ominus}}\right]^b}$$

应当注意，在反应商 J 的表达式中不包括纯固态或纯液态的分压或浓度。

例2.6 已知723K时，$p(SO_2) = 10.0kPa$，$p(O_2) = 10.0kPa$，$p(SO_3) = 1.0 \times 10^5 kPa$。试计算此温度下，反应 $2SO_2(g) + O_2(g) \longrightarrow 2SO_3(g)$ 的摩尔吉布斯函数变，并判断该反应进行的方向。

解： 由**附录1**查得

$$2SO_2(g) + O_2(g) \longrightarrow 2SO_3(g)$$

$$\Delta_f H_m^{\ominus}/kJ \cdot mol^{-1} \qquad -296.83 \qquad 0 \qquad -395.72$$

$$S_m^{\ominus}/J \cdot mol^{-1} \cdot K^{-1} \qquad 248.22 \quad 205.138 \quad 256.76$$

$$\Delta_r H_m^{\ominus}(298.15K) = \sum \nu_B \Delta_f H_m^{\ominus}$$

$$= 2\Delta_f H_m^{\ominus}(SO_3) - 2\Delta_f H_m^{\ominus}(SO_2) - \Delta_f H_m^{\ominus}(O_2)$$

$$= [2 \times (-395.72) - 2 \times (-296.83) - 0] kJ \cdot mol^{-1}$$

$$= -197.78 kJ \cdot mol^{-1}$$

$$\Delta_r S_m^{\ominus}(298.15K) = \sum \nu_B S_m^{\ominus}$$

$$= 2S_m^{\ominus}(SO_3) - 2S_m^{\ominus}(SO_2) - S_m^{\ominus}(O_2)$$

$$= (2 \times 256.76 - 2 \times 248.22 - 205.138) J \cdot mol^{-1} \cdot K^{-1}$$

$$= -188.06 J \cdot mol^{-1} \cdot K^{-1}$$

根据式（2-15），$\Delta_r G_m^{\ominus}(T) \approx \Delta_r H_m^{\ominus}(298.15K) - T\Delta_r S_m^{\ominus}(298.15K)$

$$\Delta_r G_m^{\ominus}(723K) \approx -197.78 kJ \cdot mol^{-1} - 723K \times (-188.06 J \cdot mol \cdot K^{-1})$$

$$= -61.81 kJ \cdot mol^{-1}$$

该反应处于非标准态，其反应商为

$$J_p = \frac{\left[\dfrac{p(SO_3)}{p^{\ominus}}\right]^2}{\left[\dfrac{p(SO_2)}{p^{\ominus}}\right]^2 \left[\dfrac{p(O_2)}{p^{\ominus}}\right]} = \frac{(1.00 \times 10^5/100)^2}{(10.0/100)^2(10.0/100)} = 1.00 \times 10^9$$

代入式（2-17）有

$$\Delta_r G_m(723K) = \Delta_r G_m^{\ominus}(723K) + RT\ln J_p$$

$$= -61.81 kJ \cdot mol^{-1} + 8.314 J \cdot mol^{-1} \cdot K^{-1} \times 723K \times \ln(1.00 \times 10^9)$$

$$= 62.76 kJ \cdot mol^{-1}$$

结果表明，在此非标准状态下该反应正向不能自发进行，逆向能自发进行。

由吉布斯-亥姆霍兹方程可以分析 ΔH、ΔS 和 T 对反应方向的影响。对于熵变、熵变不同的任意反应，熵变、熵变可正、可负，温度也可高、可低。表 2-1 为不同条件下反应方向的判断。

在后两种情况下，温度的高低决定了反应的方向，所以总存在一个反应方向发生转变时的温度，称为转变温度。根据式（2-17）可以估算这一温度。

表 2-1　不同条件下反应方向的判断

类型	ΔH	ΔS	$\Delta G = \Delta H - T\Delta S$	反应的自发性	举例
1	−	+	永远是−	任何温度下都是自发反应	$2H_2O_2(g) = 2H_2O(g) + O_2(g)$
2	+	−	永远是+	任何温度下都是非自发反应	$2CO(g) = 2C(s) + O_2(g)$

（续）

类型	ΔH	ΔS	$\Delta G = \Delta H - T\Delta S$	反应的自发性	举例
3	−	−	低温为− 高温为+	低温为自发反应,高温 为非自发反应	$HCl(g)+NH_3(g)=NH_4Cl(s)$
4	+	+	低温为+ 高温为−	低温为自非发反应,高 温为自发反应	$CaCO_3(s)=CaO(s)+CO_2(g)$

例 2.7　估算碳酸钙分解反应自发进行的最低温度。

解：由附录 1 查得

$$CaCO_3(s) \longrightarrow CaO(s) + CO_2(g)$$

$\Delta_f H_m^{\ominus}/kJ\cdot mol^{-1}$　　-1206.92　　-635.09　　-393.51

$S_m^{\ominus}/J\cdot mol^{-1}\cdot K^{-1}$　　92.88　　39.75　　213.64

$$\Delta_r H_m^{\ominus}(298.15K) = \sum \nu_B \Delta_f H_m^{\ominus} = \Delta_f H_m^{\ominus}(CaO) + \Delta_f H_m^{\ominus}(CO_2) - \Delta_f H_m^{\ominus}(CaCO_3)$$

$$= [(-635.09) + (-393.51) - (-1206.92)]kJ\cdot mol^{-1}$$

$$= 178.32kJ\cdot mol^{-1}$$

$$\Delta_r S_m^{\ominus}(298.15K) = \sum \nu_B S_m^{\ominus} = S_m^{\ominus}(CaO) + S_m^{\ominus}(CO_2) - S_m^{\ominus}(CaCO_3)$$

$$= (39.75 + 213.64 - 92.88)J\cdot m^{-1}\cdot K^{-1}$$

$$= 160.51J\cdot mol^{-1}\cdot K^{-1}$$

$$\Delta_r G_m^{\ominus}(298.15K) = \Delta_r H_m^{\ominus}(298K) - T\Delta_r S_m^{\ominus}(298K)$$

$$= (178.32 - 298 \times 160.51 \times 10^{-3})kJ\cdot mol^{-1} = 130.49kJ\cdot mol^{-1}$$

$\Delta_r G_m^{\ominus}(298K) > 0$，故在 298K 时该反应不能自发进行。

设在温度 T 时反应可自发进行，则

$$\Delta_r G_m^{\ominus}(T) \approx \Delta_r H_m^{\ominus}(298K) - T\Delta_r S_m^{\ominus}(298K) \leqslant 0$$

$$178.32 \times 10^3 - T \times 160.51 \leqslant 0$$

$$T \geqslant 1111K$$

当温度高于 1111K 时，反应可以自发进行，即转变温度为 1111K。

2.5　能源开发利用

能源是人类社会赖以生存和发展的重要物质基础，是国民经济持续发展的原动力。人类历史表明，每次能源科技的突破都带来了生产力的巨大飞跃和社会的进步。建立在煤炭、石油、天然气等化石燃料基础上的能源系统极大地推动了人类社会的发展，但化石燃料的大规模使用也带来了严重的后果——资源日益枯竭，环境不断恶化，诱发政治经济纠纷甚至冲突和战争。随着全球人口和经济的增长，对能源的需求日益增大，能源供需之间的矛盾越发尖锐。因此，如何合理利用现有能源，不断开发新能源，保障能源安全供应，实现能源、经济、环境的协调与可持续发展成为人类社会十分关注的问题。

化学对于能源开发与利用具有重要的意义。无论是煤、石油等化石燃料的高效洁净转化、核能的控制利用，还是绿色化学电源的研制、氢能源、太阳能、生物质能的开发，都离不开化学的理论指导。能源科学技术发展的每一重要环节都与化学息息相关。本节将从能源的基本概念出发，介绍各种能源的利用现状及发展前景，从中了解化学在满足社会能源需求方面所起的关键作用。

2.5.1 能源概述

1. 能源及其分类

能源指能够提供能量的资源，包括物质资源（如煤炭、石油、天然气、氢能等）以及提供能量的物质运动形式（如太阳能、风能等）。能源的种类繁多，可从不同角度进行分类。

按能源的来源不同，可将能源分为三类。①来自地球以外天体的能源，主要指太阳的辐射能。此外，地球上的绝大部分能源，如煤炭、石油、天然气、生物质能、水能和风能等，源头都来自太阳热核反应所释放的能量，即"万物生长靠太阳"。②来自地球本身的能源，包括地球内部蕴藏的地热能，如地下热水、地下蒸汽、干热岩体和地壳内铀、钍等核燃料所蕴藏的原子核能。③源于月球和太阳等天体对地球引力产生的能源，如潮汐能。

按能源的形成方式不同，可将能源分为两类。①一次能源，指在自然界中存在的、可直接利用的能源，如煤炭、天然气、石油、地热能、水能、风能、太阳能等。②二次能源，指依靠其他能源，经加工、转换而得到的能源，如电能、焦炭、汽油、柴油、氢能等。能源的分类见表2-2。

表 2-2 能源的分类

种类	一次能源	二次能源	种类	一次能源	二次能源
常规能源	煤炭 石油 天然气 植物秸秆 水能	煤气、煤油、焦炭、汽油、柴油、液化气、甲醇、酒精、电能、蒸汽	新能源	核能 风能 生物质能 太阳能 地热能、潮汐能	氢能 沼气 激光 化学电源

按能源能否再生，可将能源分为两类。①可再生能源，指不随人类的使用而减少的能源，如太阳能、生物质能、风能、潮汐能、水能等。②非再生能源，指随着人类的使用而逐步减少的能源，如煤炭、石油、天然气等。

按能源的使用程度不同，可将能源分为两类。①常规能源（传统能源），指被人类长期使用、技术比较成熟的能源，如煤炭、石油、天然气等。②新能源，指目前尚未大规模利用，有待进一步研究、开发和利用的能源，如太阳能、氢能等。注意，"常规"与"新"是相对的概念，随着科技进步，其内涵将不断发生变化。

按能源的性质不同，可将能源分为两类。①含能体能源，指能够提供能量的物质资源，如煤炭、石油、天然气等。这种能源可以保存或直接运输。②过程性能源，指能够提供能量的物质运动形式，如太阳能、风能等。这种能源不能保存，也很难直接运输。

按能源消耗后是否污染环境，可将能源分为两类。①污染型能源，如煤炭和石油。②清洁型（绿色）能源，如水能、电能、太阳能、氢能和燃料电池。

此外，还有商品能源与非商品能源之分等。

2. 能量的转化

能源在一定条件下可以释放能量。能量有多种不同的形式，如机械能、势能、动能、热能、化学能、光能、电能等。各种形式的能量可以相互转化，转化过程服从热力学第一定律——能量守恒定律。化学反应是能量转换的重要方式，包括热化学反应（燃烧）、光化学反应（光合作用、光化学电池）、电化学反应（电池、电解）和生物化学反应（发酵）等。

实际上能量转化很难彻底，例如，火力发电的效率通常为30%～40%，有些能量理论上已经证明不可能100%地转化（如热能无法完全转化为机械能），未做有用功的能量常以热的形式散失。研究发现，有用功的效率常与所用工具、设备和技术有关。因此，人类目前除了迫切需要开发新型清洁能源外，还需要开发高效率的能量转换技术，以充分发挥能源的作用。

2.5.2 常规能源

煤炭、石油、天然气、电力等都属于常规能源，被人类广泛利用，并在生产、生活中起着重要的作用。2018年世界一次能源消费中，石油位列第一，占比31%；煤炭位列第二，占比26%；天然气位列第三，占比23%。三种传统化石能源合计占一次能源消费总量的80%，可见当今世界的能源消费仍处于传统的化石能源时代。我国是煤炭、石油和天然气发现和使用较多的国家，煤炭的消耗居能源消费之首。

1. 煤炭

煤炭（Coal）有"黑色金子"之称，是古代植物随地壳变动被埋入地下，经过数亿年的地热高温、高压和细菌作用演化形成的可燃性固体矿物。根据煤化程度不同，可将煤炭大致分为泥煤、褐煤、烟煤和无烟煤，其煤化程度依次增高。

煤炭是由有机物和无机物组成的一种复杂混合物，以有机物为主。C、H、O及少量N、S和P是构成有机物的主要元素，目前公认的平均组成为C—85.0%、H—5.0%、O—7.6%、N—0.7%、S—1.7%，折算成原子比可用 $C_{135}H_{96}O_9NS$ 表示。煤中的无机物所含元素多达数十种，如Ca、Mg、Fe、Al等常以硫酸盐和碳酸盐形式存在，Al、Ca、Mg、Na、K常以硅酸盐形式存在，Fe还可以硫化物和氧化物等形式存在等，这些无机物构成煤的灰分。因此，煤燃烧后的残余灰分主要含 SiO_2、Al_2O_3、Fe_2O_3、CaO 和 MgO 等。煤的灰分越多，其可燃成分则越少，灰分达到40%以上的煤为劣质煤。泥煤、褐煤都属于劣质煤。煤的等级由其煤化程度所决定，而从化学角度来说，主要根据煤中的含碳量、燃烧热和挥发组分含量来划分。

2. 石油

石油（Petroleum）又称为"工业的血液"，是当今世界的主要能源，在国民经济中占有非常重要的地位。石油是由远古大批冲至海底或湖泊中的动植物遗体在地下经漫长的复杂变化而形成的棕黑色、黏稠状的液态混合物。石油的组成元素为C、H及O、N、S等微量非金属元素，其中平均含碳量（质量分数）为83%～87%，含氢量为11%～14%。石油是多种碳氢化合物的混合物，主要是烷烃、环烷烃、芳香烃、烯烃，以及少量有机硫化物、有机氧化物、有机氮化物、水分和矿物质等。

与煤炭相比，石油的含氢量较高而含氧量较低。在石油中以直链烃为主，而煤中以芳香烃为主，未经处理的石油称为原油。由于原油所含化合物的种类繁多，其中有宝贵的化工原料，如乙烯、丙烯、丁烯、低碳烷烃等，可用于制造纤维、合成橡胶、树脂等。因此，一般不直接用原油做燃料，而需经过炼制加工等处理，将其组分分离后使用。原油的炼制过程有分馏、裂化、催化重整、加氢精制等。利用石油产品可生产多种重要的有机合成原料，它们广泛应用于合成纤维、橡胶、树脂、塑料及农药、化肥、炸药、医药、染料、油漆等产品的生产。

3. 天然气

天然气（NaturalGas）指储藏于地层较深部位的可燃性气体，其主要成分为甲烷，含量可达 80%~90%，还含有少量乙烷、丙烷和其他碳氢化合物。

当甲烷的体积分数高于 50% 时，称为干天然气；当甲烷的体积分数低于 50% 时，称为湿天然气。天然气是一种几乎无需加工、易于管道输送、热值高的优质清洁燃料，日益受到人们的重视。

据国际权威机构预测，天然气是 21 世纪消费量增长最快的能源，石油和煤炭消费领域的 70% 以上都可以用天然气取代。随着天然气勘探、开发和储运技术的进步，预计天然气将超过石油，成为能源构成中的"第一能源"。我国四川、新疆是世界上著名的天然气产地，"西气东输"工程就是将西部储量丰富的天然气运送到东部城市。天然气也是制造炭黑、合成氨、甲醇等化工产品的重要原料。

随着煤炭、石油等传统能源的大量消耗，产生的废气、废物已严重超出环境的自净能力，导致生态系统失衡，使环境问题进一步恶化。汽车排放的尾气、冬季燃煤的废气及工业产生的废气和废物，使雾霾现象日趋严重；传统能源消耗造成的酸雨、臭氧层空洞等环境问题也日益严峻，这些问题都亟待解决。同时，石油和天然气的储量是有限的，据专家估计，全世界的石油总储量在 2700 亿 t~6500 亿 t 之间。按照目前的消耗速度，再有 50 到 60 年，全世界的石油资源将消耗殆尽。因此，为了人类的可持续发展，必须开发持久、多样、可再生的新型能源，建立新的能源体系。

2.5.3 新型能源

开发新型能源体系，将从以石油为主干、煤炭为基础的矿物能源体系向非矿物能源体系（太阳能、水能、风能、地热能、海洋能、生物质能、氢能等）过渡，从根本上解决能源危机和环境危机。

1. 太阳能

太阳能（Solar Energy）是太阳内部核聚变反应产生的能量，既是一次能源，又是可再生能源，是地球上最丰富的能源，取之不尽、用之不竭，无需运输，对环境无任何污染，成为新能源重点发展的领域。太阳辐射到地球大气层的能量仅为其总辐射能（约为 3.75×10^{14} TW）的 22 亿分之一，但其辐射通量已高达 1.73×10^5 TW，即每秒投射的能量相当燃煤 5.9×10^6 t。太阳一年辐射到地球的能量，约为全球能源消耗总量的上万倍。我国幅员广阔，有着十分丰富的太阳能资源。据估算，我国陆地表面每年接受的太阳能约为 50×10^{18} kJ，可较好利用太阳能资源的地区约占我国陆地总面积的 2/3。

但太阳能的利用率却很低，要把太阳能这种低密度的能量收集起来并储存然后加以利用存在着很多困难，并且太阳能随昼夜、气候和季节的变化而变化。因此，要获取更多的有效能量，就必须解决太阳能的收集、转换、储存、输送等一系列技术问题。太阳辐射能的直接利用有三种方式，即太阳能直接转换成热能，光—热转换；太阳能直接转换成电能，光—电转换；太阳能直接转换成化学能，光—化学转换。

2. 核能

核能（Nuclear Energy），俗称原子能，指原子核里的中子或质子重新分配、组合时释放出来的能量。核能分为两类：①核裂变能，指重元素（铀或钍等）的原子核在发生裂变时所释放的能量。②聚变能，指轻元素（氘和氚）的原子核在发生聚变反应时所释放的能量。

核能有巨大的威力，1kg铀原子核全部裂变释放出的能量约等于2700t标准煤燃烧时放出的化学能。一座功率为100万kW的核电站，每年只需25~30t低浓度铀核燃料，10辆货车运输即可，而相同功率的煤电站每年则需要300多万t原煤，需要1000列火车进行运输。核聚变反应释放的能量更加可观。有人曾比喻：1kg煤能使一列火车行驶8m，1kg铀可使一列火车行驶4万km；而1kg氘化锂和氚化锂的混合物，则可使一列火车从地球行驶到月球，行程40万km。地球上蕴藏着数量可观的铀、钍等核裂变资源，如果把这些裂变能充分地利用起来，可满足人类上千年的能源需求。在汪洋大海里，蕴藏着20万亿t氘，其聚变能相当于几万亿亿t煤蕴藏的能量，可满足人类百亿年的能源需求。

核能除可用于核电站发电（图2-2）、制造核武器外，还可直接用作交通运输工具的推动力，如核潜艇、核航空母舰、核破冰船等。核能是人类最终解决能源问题的希望，其技术开发将对现代社会产生深远的影响。

图2-2 核电站发电

3. 生物质能

生物质能（Biomass Energy）指由太阳能转化并以化学能形式贮藏在生物质中的能量，即以生物质为载体的能量。生物质能直接或间接来源于绿色植物的光合作用，可转化为常规的固态、液态及气态燃料，取之不尽、用之不竭，是一种可再生能源，也是唯一的可再生碳源。

有机物中除矿物燃料外，来源于动植物的能源物质均属于生物质能，包括木材、森林废弃物、农业废弃物、水生植物、油料植物、城市和工业有机废弃物、动物粪便等。地球上，每年经光合作用产生的物质有1730亿t，其中蕴含的能量相当于全世界能源消耗总量的10~20倍，但平均利用率不到3%。

传统的生物质取能方式为直接燃烧，如燃烧薪柴、秸秆等，其能量的利用率低且污染环境。目前所采用的取能方式有：热化学转换法——获得木炭、焦油和可燃气体等高品位的能源产品；生物化学转换法——生物质在微生物的发酵作用下，生成沼气、酒精等能源产品；把生物质压制成块型、棒型燃料，以便集中利用和提高热效率等，如图2-3所示。

生物质能蕴藏丰富，人们预测，到21世纪中叶，采用新技术生产的生物质替代燃料将占全球总能耗的40%以上，成为可持续能源系统的重要组成部分。

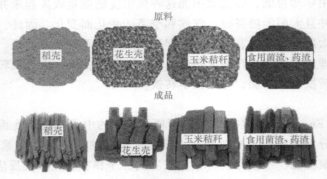

原料

稻壳　花生壳　玉米秸秆　食用菌渣、药渣

成品

稻壳　花生壳　玉米秸秆　食用菌渣、药渣

图 2-3　把生物质压制成块型、棒型燃料

4. 氢能

氢能（Hydrogen Energy）是公认的清洁能源，被誉为 21 世纪最具发展前景的二次能源，有助于解决能源危机、全球变暖以及环境污染，其开发利用得到了全世界的高度关注。

在对新能源的探索中，氢气被认为是一种理想的、极有前途的清洁二次能源。氢气作为动力燃料有很多优点：资源丰富，可由水分解制得；燃烧焓大，每千克氢燃烧能释放出 7.09×10^4 kJ 的热量，约为汽油的 3 倍，酒精的 3.9 倍，焦炭的 4.5 倍；燃烧温度可在 200～220℃之间选择，满足热机对燃料的使用要求；氢燃烧后的唯一产物是水，无环境污染问题。开发利用氢能需要解决三个问题：廉价易行的制氢工艺；方便和安全的储运；有效的利用。"储氢合金"的发现使氢气的储存和输送有了保证。燃料电池是水电解的逆反应，使氢和氧化合可获得水和电，热效应可达 70% 以上。

氢能源在航天、航空、电池发电、车辆等领域的应用广泛，得到世界各国的重视。日本、美国、德国、韩国等国家均将氢能发展上升到战略高度，出台政策支持氢能产业的发展。日本发布了新版《氢能与燃料电池路线图》，明确氢燃料电池汽车产能将在 2025 年达 20 万辆，2030 年达 80 万辆。图 2-4 所示为氢燃料电池汽车（FCEV）。国际能源署的数据显示，世界各国的氢能政策主要集中在乘用车、车辆加油站、公共汽车、电解装置、货车五大应用领域。

5. 天然气水合物

天然气水合物（Natural Gas Hydrate/Gas Hydrate），又称"可燃冰"（Combustible Ice），指分布于深海沉积物或陆域的永久冻土中，由天然气与水在高压、低温条件下形成的类冰状结晶物质，如图 2-5 所示。因其外观像冰一样且遇火即可燃烧，故又被称作"可燃冰""固体瓦斯"。"可燃冰"是一种潜在的能源，其主要成分为甲烷与水，甲烷含量占 80%～99.9%。可燃冰的形成过程与海底石

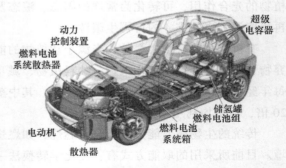

图 2-4　氢燃料电池汽车（FCEV）

油、天然气相仿，分布在大陆永久冻土、岛屿斜坡地带、活动和被动大陆边缘的隆起处、极地大陆架及海洋和一些内陆湖的深水环境。

图 2-5 可燃冰

据专家介绍，1m³ 可燃冰释放出的能量相当于 164m³ 天然气，且燃烧污染比煤、石油、天然气小得多。国际科技界公认的全球可燃冰总能量是煤、石油、天然气总和的 2~3 倍。海底可燃冰分布的范围约 4000 万平方公里，占海洋总面积的 10%，海底可燃冰的储量可供人类使用 1000 年。可燃冰的发现，让陷入能源危机的人类看到了希望，可燃冰被各国视为未来石油、天然气的替代能源。

自 20 世纪 60 年代起，中国、美国、日本、德国、韩国等国家都制订了可燃冰的研究计划，积极进行可燃冰物理性质、勘探技术、开发工艺、经济评价及环境影响等方面的研究工作。迄今，人类已发现的水合物矿点超过 230 处，显现出一大批"可燃冰"热点研究区。

2.5.4 人类利用能源的历史及现状展望

能源的利用伴随着人类文明的进步，具有划时代的重要意义。学会用火之后，人类开始以树枝、杂草等为燃料煮食和取暖，提高支配自然的能力。从远古到中世纪，薪柴在世界一次能源消费结构中长期居于首位。

18 世纪，蒸汽机的发明和使用，使煤炭成为生产动力。据统计，1860~1920 年，煤炭在世界一次能源消费结构中的占比由 24% 上升到 62%。煤炭取代薪柴成为主要能源，促使世界能源利用发生了第一次大转变，世界进入了煤炭时代。

20 世纪后，随着内燃机、柴油机的发明和广泛应用，石油化工得到快速发展。以内燃机为动力的机械设备使人类的活动范围空前扩大。新的、洁净的二次能源——电力的普及改变了人类的生活方式，极大地推动了社会生产力的发展。新技术革命创造了人类历史上空前灿烂的物质文明，世界范围内石油开发利用的数量和规模急剧上升。1965 年，石油在世界一次能源消费结构中的占比首次超过了煤炭，居第一位，世界开始进入了石油时代。1979 年，世界能源消费结构的比例是：石油——54%、天然气——18%、煤炭——18%。石油取代了煤炭，完成了能源的第二次大转变。

20 世纪 70 年代以来，世界能源利用开始第三次大转变，即从以石油、天然气等为主的能源系统，转向以可再生、清洁能源为基础的可持续发展的能源系统。这是因为石油、天然气、煤炭等化石能源均储量有限，且不可再生。《2003 年世界能源统计年鉴》显示，世界石油可采储量为 1567 亿 t，天然气可采储量为 176 万亿 m³，煤炭可采储量为 9845 亿 t。按照已探明能源储量和能源开发速度，石油可利用 41 年，天然气为 60 年，煤炭为 204 年，化石燃料已濒临开采枯竭的危险境地。同时，煤炭和石油的大量消耗，造成了严重的全球环境问题，如酸雨、温室效应、光化学烟雾等。1972 年 6 月，联合国召开第一次"人类与环境会议"，通过了著名的《人类环境宣言》，提出"只有一个地球"的口号。至此，第三次能源变革开始以可持续发展为主题。

世界能源结构转变到以可再生能源为主，将是一个漫长的过程。1977~2040 年世界能源消费结构及预测如图 2-6 所示。世界能源委员会（WEC）和国际应用系统分析研究所（HA-SA）认为：在 21 世纪上半叶，石油、煤炭和天然气等化石燃料仍为世界一次能源构成的主体；到 21 世纪下半叶，随着石油和天然气资源的枯竭，太阳能、生物质能、风能等可再生能源将获得迅速发展；到 2100 年，可再生能源将约占世界一次能源构成的 50%。在此过渡时期，天然气因其对环境影响小，将日益受到重视；煤炭将因其储量丰富及洁净技术的推广，成为过渡时期能源结构的重要支柱。在开发利用新能源的同时，节能也是解决能源危机的重要途径。"开源节流"是 21 世纪解决世界能源问题的明智的选择，节能技术被誉为"第五能源"而备受重视。安全可靠的能源供应也是社会经济发展的重要保证。

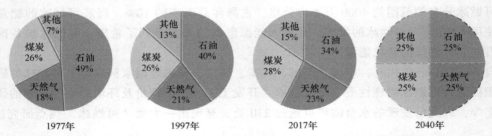

图 2-6　1977~2040 年世界能源消费结构及预测（数据来源：前瞻产业研究院）

2.5.5　我国能源现状及面临的挑战

《中国能源发展报告 2018》指出，改革开放 40 年来，我国能源行业发生巨变，取得了举世瞩目的成就，能源生产和消费总量跃升世界首位，能源基础设施建设突飞猛进；能源消费结构持续优化，清洁能源消费比重持续提升；能源科技创新日新月异，一大批技术成果开始领跑国际；能源体制市场化改革在探索中前行，市场资源配置能力大幅增强。能源发展给社会经济发展注入源源不断的动力。

在能源供应方面，2018 年，我国能源生产总量达 37.7 亿 t 标准煤，是 1978 年的 6.0 倍，位居世界第一。2018 年，煤炭、石油、天然气产量分别比 1978 年增长 5.9 倍、1.9 倍和 11.7 倍。

在能源消费方面，2018 年，我国能源消费总量达 46.4 亿 t 标准煤，比 1978 年增长 7.7 倍，位居世界第一。图 2-7 所示为 2018 年各国或地区对世界一次能源消费的贡献率。煤炭、石油、天然气产量分别是 1978 年的 6.5 倍、6.8 倍和 20.3 倍。

在清洁能源发展方面，2018 年，天然气、核电、风电等清洁能源消费量占能源消费总量的 22.1%，非化石能源消费占比达 14.3%。但受我国特殊国情等限制，我国能源系统的特征和不足如下。

1. 能源总量大，但人均不足且分布不均衡

我国地大物博，资源丰富。据统计，能源可采储量

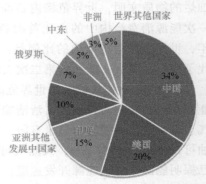

图 2-7　2018 年各国或地区对世界一次能源消费的贡献率（数据来源：2018 年 BP 世界能源统计年鉴）

中，煤炭达 6000 亿 t，居世界第 3 位；石油达 115 亿 t，居世界第 9 位；天然气达 5.5 万亿 m³，约占世界总量的 2.8%。但我国人口基数偏大，人均能源占有量偏低。国内能源供应面临总量短缺的问题，尤其是石油供应方面。图 2-8 所示为 2010～2016 年我国人均能源生产量与人均能源消费量的比较。从 1993 年起，中国成为石油净进口国，而且进口量增长迅猛，2002 年石油净进口量 8130 万 t，石油进口依存度为 32.8%；2018 年进口石油 4.62 亿 t，同比增长 10.1%，相当于日进口量 924 万桶，依存度达 70.9%；2019 年进口石油约 5 亿 t，依存度达 72%。

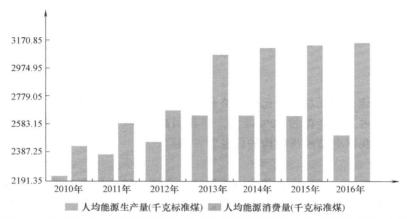

图 2-8 2010～2016 年我国人均能源生产量与人均能源消费量的比较（数据来源：国家统计局）

我国能源分布不均，北多南少、西富东贫。90% 的煤炭资源分布在西部和北部，85% 的石油资源分布在长江以北地区，2/3 的水利资源集中在西南地区。而能源消耗地区主要集中在经济较发达的东部和中部。资源分布的不均衡性决定了能源运输的特点，如"北煤南运""西煤东运""西电东送""西气东输"。

2. 能源人均消费水平低

据统计，2009 年中国能源消耗总量相当于 22.52 亿 t 原油，高出美国 4%，成为世界第一大能源消耗国。但我国的人均能耗只相当于 1.5t 原油，是美国的 1/5，也低于很多发达国家。

从世界范围来看，经济越发达，人均能源消费量越大。这意味着我国能源消费总量还会有大幅度的上升，随之而来的能源供应、环境问题将成为严峻考验。

3. 能源利用效率低

改革开放 40 多年来，我国节能工作取得了巨大成绩，主要工业产品能耗水平不断降低，单位 GDP 能耗指标大幅度降低，1980～2015 年我国及世界单位 GDP 能耗曲线如图 2-9 所示。2000 年，我国单位 GDP 能耗是世界平均水平的 3.4 倍，美国的 3.5 倍，日本的 9.7 倍。2017 年，我国单位 GDP 能耗为每美元消耗 152g 标准油当量，较 2016 年下降了 5g，较 1980 年下降了 691g，能耗水平明显改善，但该水平仍高于世界 127g/美元的平均水平。这表明我国在能源利用方面仍有较大的增效空间。

4. 工业能耗比重偏大

2017 年，我国能源消费总量为 448529.14 万 t 标准煤，其中工业能耗 294488 万 t 标准煤，占总量的 65.66%；农、林、牧、渔、水利业用能占 2%；生活用能占 12.84%。1990 年

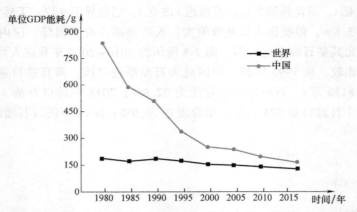

图 2-9 1980~2015 年我国及世界单位 GDP 能耗曲线（数据来源：世界银行 WDI，中国国家统计局）

以来，我国工业用能占能耗总量的比例始终保持在 70% 左右，其中钢铁、有色金属、化工、建材等行业的能耗占工业能耗的 70% 以上，即我国高耗能行业的能耗几乎占全国能耗总量的一半，这意味着我国调整经济结构的任务非常艰巨。

5. 以煤为主的能源生产和消费结构不合理

我国煤炭资源丰富，以煤为主是我国能源生产和消费结构的最主要特征。随着经济结构的调整，煤炭在能源消费中所占比例逐步降低，油气所占比例升高。但以煤炭为主的能源结构没有发生根本性变化，2013 年中国与世界能源消费结构对比如图 2-10 所示。我国是世界上最大的煤炭生产国，生产的煤炭以国内消费为主，少量出口，煤炭的生产量取决于国内的需求。

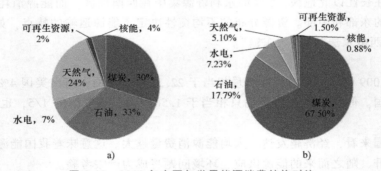

图 2-10 2013 年中国与世界能源消费结构对比
a）世界 b）中国

以煤炭为主体的能源生产和消费结构带来了一系列社会和经济问题，例如能源利用率低，单位 GDP 能耗高，特别是生态、环境污染严重等。

综上所述，我国的能源问题仍然很严峻。能源问题涉及经济、社会和人民生活的诸多方面，关系到我国可持续发展的长远利益，采取正确的能源战略具有决定性的意义。

我国 2004 年发布的《能源中长期发展规划纲要（2004—2020 年）》强调，要解决我国的能源问题，必须切实转变经济增长方式，坚定不移地走新型工业化道路。要大力调整产业结构、产品结构、技术结构和企业组织结构，依靠技术创新、体制创新和管理创新，在全国形成有利于节约能源的生产模式和消费模式，发展节能型经济，建设节能型社会。

2017 年，党的十九大提出"两步走"新战略，强调到 2035 年确保生态环境根本好转，美丽中国目标基本实现，并要求推进能源生产和消费革命，构建绿色低碳、安全高效的能源体系，为我国能源发展改革指明了战略方向，我国的能源政策目标如图 2-11 所示。

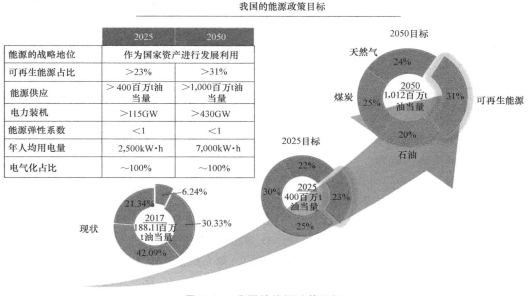

图 2-11　我国的能源政策目标

发展清洁能源，走低碳化经济发展道路，正成为国际共识和潮流。我国将持续增强能源供给，优化供给质量，秉承开源节流、立足国内、多元发展、保护环境、加强国际互利合作的能源发展理念；在新能源领域，与世界各国开展广泛的交流与合作，携手应对资源和环境的挑战，促进人类文明和可持续发展。

本 章 小 结

本章主要运用热力学的基本原理和方法，研究化学反应过程中的能量变化与方向判断问题。理论基础是热力学第一定律、热力学第二定律和热力学第三定律，重要物理量为焓、熵、吉布斯函数等。热力学第一定律即能量守恒与转化定律，其主要任务是确定反应过程中，系统与环境之间的能量交换。由第一定律引出两个热力学函数——热力学能和焓，通过热力学能变和焓变可以计算化学反应的热效应。由热力学第二定律和热力学第三定律引出了自发过程的判据、焓与反应的自发性、熵与反应的自发性及吉布斯函数与反应的自发性等，之后推导出吉布斯-亥姆霍兹方程。

本章还介绍了能源的分类、特点、发展利用的历史及我国能源的特点、发展及举措。

思 考 与 练 习 题

一、填空题

1. 热力学是研究_____中所遵循规律的科学。

2. 同一化学反应、方程式的写法不同时，同一物质的化学计量数_____。

3. 恒容反应热等于系统_____的改变量，恒压反应热等于系统_____的改变量。

4. 理想气体绝热向真空膨胀，则 Q _____ 0、ΔU _____ 0、ΔH _____ 0、ΔS _____ 0。

5. 在25℃时，1.00g铝在常压下燃烧生成 Al_2O_3，释放出 30.92kJ 的热，则 Al_2O_3 的标准摩尔生成焓为_____。

6. 反应 $\frac{1}{2}N_2(g) + \frac{1}{2}O_2(g) = NO(g)$ 的 $\Delta_r G_m^{\ominus}$（298K）= 87.6kJ·mol^{-1}，则 NO 的 $\Delta_f G_m^{\ominus}$（298K）= _____。

7. _____ 又称为"工业的血液"，是当今世界的主要能源，在国民经济中占有非常重要的地位。

8. 生物质能直接或间接来源于绿色植物的_____，可转化为常规的固态、液态及气态燃料，是唯一的可再生碳源。

二、选择题

1. 化学热力学的主要内容不包括（　　）。

A. 计算反应热 　　　　　　B. 计算平衡常数

C. 判断化学反应的方向 　　D. 判断反应速率

2. 系统对环境做功 20kJ，且向环境放热 10kJ，则系统热力学能的变化为（　　）。

A. +30kJ 　　　B. −30kJ 　　　C. 10kJ 　　　D. −10kJ

3. 某热力学系统，经一系列变化后，又变回到起始状态，此时，系统的（　　）。

A. $Q=0$，$W=0$，$\Delta H=0$，$\Delta U=0$ 　　B. $Q\neq0$，$W\neq0$，$\Delta H=Q$，$\Delta U=0$

C. $Q=-W$，$\Delta H=0$，$\Delta U=Q+W$ 　　D. $Q\neq-W$，$\Delta H=0$，$\Delta U=Q+W$

4. 盖斯定律所表明的规律适用于（　　）。

A. ΔH 　　B. ΔH，Q 　　C. ΔH，ΔU，ΔS 　　D. 所有状态函数

5. 已知下列三个反应的标准焓变

$C(s)+O_2(g)\rightarrow CO_2$，　　$\Delta_r H_m^{\ominus}=-393.1kJ\cdot mol^{-1}$

$2S(s)+2O_2(g)\rightarrow 2SO_2(g)$，　　$\Delta_r H_m^{\ominus}=-593.7kJ\cdot mol^{-1}$

$CO_2(g)+2SO_2(g)\rightarrow CS_2(l)+3O_2(g)$，　　$\Delta_r H_m^{\ominus}=1075.4kJ\cdot mol^{-1}$

则反应 $C(s)+2S(g)\rightarrow CS_2(l)$ 的标准焓变为（　　）。

A. 101.1kJ·mol^{-1} 　　　　　　B. 88.6kJ·mol^{-1}

C. −101.1kJ·mol^{-1} 　　　　　D. −202.2kJ·mol^{-1}

6. 已知反应 $CO(g)=C(s)+1/2O_2(g)$ 的 $\Delta_r H_m^{\ominus}>0$、$\Delta_r S_m^{\ominus}<0$，则此反应（　　）。

A. 低温下自发变化 　　　　　　B. 低温下非自发变化，高温下自发变化

C. 高温下自发变化 　　　　　　D. 任何温度下都是非自发的

7. 关于熵的说法，不正确的是（　　）。

A. 熵是描述混乱度的函数 　　　B. 熵是状态函数

C. 绝对零度时熵必为 0 　　　　D. 熵增原理是指孤立系统

8. 恒温下，下列相变中，$\Delta_r S_m^{\ominus}$ 最大的是（　　）。

A. $H_2O(l)\rightarrow H_2O(g)$ 　　　　B. $H_2O(s)\rightarrow H_2O(g)$

C. $H_2O(s)\rightarrow H_2O(l)$ 　　　　D. $H_2O(l)\rightarrow H_2O(s)$

三、简述题

1. 按物质和能量交换不同，热力学系统可分为几种类型？分别是什么？

2. 熵的绝对值是否可测？是否只有在恒压变化时才有意义？

3. 化学热力学上，系统传递的能量有几种？分别是什么？

4. 熵判据可否单独判断化学反应的方向？

5. 简述能源的发展过程。

6. 简述我国能源的特征和现状。

四、计算题

1. 在标准压力 $p^\ominus$ 和 373.2K 下，$1mol\ H_2O(l)$ 变化为 $H_2O(g)$ 的过程所做的体积功为多少？设水蒸气为理想气体，由于水的摩尔体积小得多，可以忽略不计。

2. 制取半导体材料硅可以利用以下反应。

$$SiO_2(s,石英)+2C(s,石墨)=Si(s)+2CO(g)$$

	$SiO_2(s,石英)$	$C(s,石墨)$	$Si(s)$	$CO(g)$
$\Delta_f H_m^\ominus/kJ \cdot mol^{-1}$	−910.94			−110.52
$S_m^\ominus/J \cdot mol^{-1} \cdot K^{-1}$	41.84	5.74	18.8	197.56

请计算：1）反应的 $\Delta_r G_m^\ominus$（1000K），并判断此反应在标准态、1000K 条件下可否自发进行？2）计算用该反应制取硅时，反应自发进行的温度条件。

3. 已知反应 $MgCO_3(s)=CO_2(g)+MgO(s)$，试判断：

1）100kPa、500K 时，此反应能否自发进行？

2）该反应自发进行的温度是多少？（假设 $\Delta_r H_m^\ominus$，$\Delta_r S_m^\ominus$ 不随温度而改变）

在 100kPa、298K 时的有关数据如下。

	$MgCO_3(s)$	$CO_2(g)$	$MgO(s)$
$\Delta_f H_m^\ominus/kJ \cdot mol^{-1}$	−1113	−393.5	−601.8
$\Delta_f G_m^\ominus/kJ \cdot mol^{-1}$	−1029	−394.4	−569.6

第 3 章

化学平衡和反应速率

为了提高化学反应的效率，人们不仅要研究反应进行的方向性和反应的最大限度，还要研究反应变化的快慢和机理，即化学平衡问题和化学反应速率问题。本章将讨论化学反应达到平衡的条件，如何使化学平衡发生移动，并探究提高反应速率的因素和理论。

3.1 化学平衡

3.1.1 化学平衡概述

1909 年，德国化学家哈伯（F. Haber，1918 年的诺贝尔化学奖得主）在 600℃、200 个标准大气压下，以铁为催化剂，将氮气和氢气合成了氨气。化学反应方程式为

$$N_2(g) + 3H_2(g) \rightleftharpoons 2NH_3(g) \tag{3-1}$$

通常将反应物向右进行生成产物的化学反应称为正反应；而将产物向左进行生成反应物的化学反应称为逆反应。在相同条件下，既可以发生正反应，又可以发生逆反应的化学反应称为可逆反应。而只能够发生正反应，使反应物完全转化为产物的化学反应称为不可逆反应，如镭、钍、铀等放射性元素发生的蜕变反应，燃烧、爆炸等瞬间使反应物完全转化为产物的反应。对于大多数化学反应，反应物不可能完全转化为产物，因此它们均为可逆反应。

可逆反应进行到一定程度后，反应物和生成物的浓度将保持不变，宏观上反应"停止"，但实际上正、逆反应仍在进行，只是正、逆反应速率相等，这种状态即为化学平衡。化学平衡是一种动态平衡，是有条件的、暂时的，是可逆反应进行的最大限度。

习惯上，将酸碱平衡、配位平衡、沉淀溶解平衡和氧化还原平衡称为"四大化学平衡"。酸碱平衡，如醋酸的水解反应

$$CH_3COOH(aq) + H_2O(aq) \rightleftharpoons H_3O^+(aq) + CH_3COO^-(aq)$$

配位平衡，如 $[Cu(NH_3)_4]^{2+}$ 的解离反应

$$[Cu(NH_3)_4]^{2+}(aq) \rightleftharpoons Cu^{2+}(aq) + 4NH_3(aq)$$

沉淀溶解平衡，如难溶金属氢氧化物的溶解反应

$$Mg(OH)_2(s) \rightleftharpoons Mg^{2+}(aq) + 2OH^-(aq)$$

氧化还原平衡，如 SO_2 氧化反应

$$2SO_2(g) + O_2(g) \rightleftharpoons 2SO_3(g)$$

对于实际生产，由热力学原理预测出，在一定条件下，化学反应进行的方向和最大程度有着重要的意义；但不同化学反应或同一反应在不同条件下，反应能达到的最大限度是不同的，故需通过化学平衡常数进行定量描述。

3.1.2 化学平衡常数

1. 理想气体的标准平衡常数

在一定温度 T 下，理想气体反应

$$cC(g) + dD(g) \rightleftharpoons pP(g) + sS(g)$$

达到化学平衡，由吉布斯函数判据可知，该反应的 $\Delta_r G_m = 0$。由化学反应等温方程，有

$$\Delta_r G_m = \Delta_r G_m^{\ominus} + RT\ln J_P^{eq} = 0$$

$$J_P^{eq} = \exp(-\Delta_r G_m^{\ominus}/RT) \tag{3-2}$$

式中，J_P^{eq} 是反应的平衡压力商。温度 T 一定时，J_P^{eq} 为确定值，不受系统的压力和组成影响；J_P^{eq} 又称为标准平衡常数，以 $K^{\ominus}$ 表示之。

$K^{\ominus}$ 的定义式为

$$K^{\ominus} = \exp(-\Delta_r G_m^{\ominus}/RT) = \frac{\left(\dfrac{p_P^{eq}}{p^{\ominus}}\right)^p \left(\dfrac{p_S^{eq}}{p^{\ominus}}\right)^s}{\left(\dfrac{p_C^{eq}}{p^{\ominus}}\right)^c \left(\dfrac{p_D^{eq}}{p^{\ominus}}\right)^d} = \prod_B (p_B^{eq}/p^{\ominus})^{\nu_B} \tag{3-3}$$

式中，p_B^{eq} 是理想气体反应中任一组分 B 的平衡分压。由式（3-3）可以看出，$K^{\ominus}$ 是量纲为一的物理量。对于指定反应来说，$K^{\ominus}$ 只受温度的影响。

理想气体的化学反应等温方程也可表示为

$$\Delta_r G_m = \Delta_r G_m^{\ominus} + RT\ln J_P = -RT\ln K^{\ominus} + RT\ln J_P = RT\ln(J_P/K^{\ominus}) \tag{3-4}$$

则在一定的温度和压力下，理想气体反应有：

若 $K^{\ominus} > J_P$，则 $\Delta_r G_m < 0$，表示反应自发向正反应方向进行，即向生成产物的方向进行；

若 $K^{\ominus} < J_P$，则 $\Delta_r G_m > 0$，表示反应自发向逆反应方向进行，即向反应物的方向进行；

若 $K^{\ominus} = J_P$，则 $\Delta_r G_m = 0$，表示正、逆反应速率相等，反应达到平衡。

例 3.1 理想气体反应

$$2CO(g) + O_2(g) \rightleftharpoons 2CO_2(g)$$

在 298.15K 时，$\Delta_r G_m^{\ominus} = -514.45 \text{kJ} \cdot \text{mol}^{-1}$。试判断在此温度下，CO 分压为 100kPa，$O_2$ 分压为 100kPa，CO_2 分压为 1000kPa，反应进行的方向。

解：

$$K^{\ominus} = \exp\left(-\frac{\Delta_r G_m^{\ominus}}{RT}\right) = \exp\left(-\frac{-514.45 \times 10^3}{8.314 \times 298.15}\right) = 1.3575 \times 10^{90}$$

$$J_P = \frac{(p_{CO_2}/p^{\ominus})^2}{(p_{CO}/p^{\ominus})^2 (p_{O_2}/p^{\ominus})} = \frac{(1000 \times 10^3/100 \times 10^3)^2}{(100 \times 10^3/100 \times 10^3)^2 (100 \times 10^3/100 \times 10^3)} = 100$$

$J_P < K^{\ominus}$，所以正向反应能自发进行，即向生成 CO_2 的方向进行。

2. 理想气体反应平衡常数的不同表示式

由式（3-3）得

$$K^{\ominus} = \frac{(p_P^{eq}/p^{\ominus})^p(p_S^{eq}/p^{\ominus})^s}{(p_C^{eq}/p^{\ominus})^c(p_D^{eq}/p^{\ominus})^d} = \frac{(p_P^{eq})^p(p_S^{eq})^s}{(p_C^{eq})^c(p_D^{eq})^d} \times \frac{(1/p^{\ominus})^p(1/p^{\ominus})^s}{(1/p^{\ominus})^c(1/p^{\ominus})^d} = K_P(p^{\ominus})^{-\sum \nu_B} \quad (3\text{-}5)$$

式中，K_P 是以平衡时气体混合物各组分的分压表示的平衡常数；$\sum \nu_B$ 是反应方程式中计量数的代数和。

若 $K^{\ominus}$ 用平衡时气体混合物各组分的摩尔分数表示，有

$$K^{\ominus} = \frac{(p_P^{eq}/p^{\ominus})^p(p_S^{eq}/p^{\ominus})^s}{(p_C^{eq}/p^{\ominus})^c(p_D^{eq}/p^{\ominus})^d} = \frac{(y_P p/p^{\ominus})^p(y_S p/p^{\ominus})^s}{(y_C p/p^{\ominus})^c(y_D p/p^{\ominus})^d} = \frac{y_P^p y_S^s}{y_C^c y_D^d}\left(\frac{p}{p^{\ominus}}\right)^{\sum \nu_B} = K_y\left(\frac{p}{p^{\ominus}}\right)^{\sum \nu_B} \quad (3\text{-}6)$$

式中，K_y 是以摩尔分数表示的平衡常数。

若 $K^{\ominus}$ 用平衡时气体混合物各组分的物质的量表示，有

$$K^{\ominus} = \frac{(p_P^{eq}/p^{\ominus})^p(p_S^{eq}/p^{\ominus})^s}{(p_C^{eq}/p^{\ominus})^c(p_D^{eq}/p^{\ominus})^d} = \frac{\left(\dfrac{n_P p}{p^{\ominus}\sum\limits_B n_B}\right)^p\left(\dfrac{n_S p}{p^{\ominus}\sum\limits_B n_B}\right)^s}{\left(\dfrac{n_C p}{p^{\ominus}\sum\limits_B n_B}\right)^c\left(\dfrac{n_D p}{p^{\ominus}\sum\limits_B n_B}\right)^d} = \frac{n_P^p n_S^s}{n_C^c n_D^d}\left(\frac{p}{p^{\ominus}\sum\limits_B n_B}\right)^{\sum \nu_B}$$

$$= K_n\left(\frac{p}{p^{\ominus}\sum\limits_B n_B}\right)^{\sum \nu_B} \quad (3\text{-}7)$$

式中，K_n 是以物质的量表示的平衡常数。

根据理想气体状态方程 $pV = nRT$，则任一气体分压与其浓度的关系为 $p_B = c_B RT$。

若 $K^{\ominus}$ 用平衡时气体混合物各组分的浓度表示，有

$$K^{\ominus} = \frac{(p_P^{eq}/p^{\ominus})^p(p_S^{eq}/p^{\ominus})^s}{(p_C^{eq}/p^{\ominus})^c(p_D^{eq}/p^{\ominus})^d} = \frac{(c_P RT/p^{\ominus})^p(c_S RT/p^{\ominus})^s}{(c_C RT/p^{\ominus})^c(c_D RT/p^{\ominus})^d} = \frac{c_P^p c_S^s}{c_C^c c_D^d}\left(\frac{RT}{p^{\ominus}}\right)^{\sum \nu_B}$$

$$= K_c\left(\frac{RT}{p^{\ominus}}\right)^{\sum \nu_B} \quad (3\text{-}8)$$

式中，K_c 是以气体浓度表示的平衡常数。

K_P、K_y、K_n、K_c 称为经验平衡常数或实验平衡常数，可用式（3-9）描述它们与 $K^{\ominus}$ 之间的关系。

$$K^{\ominus} = K_P(p^{\ominus})^{-\sum \nu_B} = K_c\left(\frac{RT}{p^{\ominus}}\right)^{\sum \nu_B} = K_y\left(\frac{p}{p^{\ominus}}\right)^{\sum \nu_B} = K_n\left(\frac{p}{p^{\ominus}\sum\limits_B n_B}\right)^{\sum \nu_B} \quad (3\text{-}9)$$

当 $\sum \nu_B = 0$ 时，有 $K_P = K_y = K_n = K_c = K^{\ominus}$。此时，这些常数仅受温度的影响。

3. 溶液反应的标准平衡常数

对于稀溶液中的反应 $a\mathrm{A(aq)} + b\mathrm{B(aq)} \rightleftharpoons g\mathrm{G(aq)} + h\mathrm{H(aq)}$，在一定温度 T 下，达到化学平衡。由热力学研究表明，反应物与生成物之间有如下关系：

$$K^{\ominus} = \frac{\left(\dfrac{c_G^{eq}}{c^{\ominus}}\right)^g \left(\dfrac{c_H^{eq}}{c^{\ominus}}\right)^h}{\left(\dfrac{c_A^{eq}}{c^{\ominus}}\right)^a \left(\dfrac{c_B^{eq}}{c^{\ominus}}\right)^b} \qquad (3\text{-}10)$$

式中，$K^{\ominus}$ 为溶液反应的标准平衡常数，量纲为一；c_A、c_B、c_G 和 c_H 为反应系统中各组分的平衡浓度；$c^{\ominus}$ 为标准浓度，$c^{\ominus} = 1\,mol \cdot L^{-1}$。

4. 多相反应的标准平衡常数

若化学反应为多相反应

$$c\mathrm{C}(g) + d\mathrm{D}(aq) \rightleftharpoons g\mathrm{G}(g) + h\mathrm{H}(s)$$

当 $\Delta_r G_m = 0$ 时，反应达到化学平衡。若反应组分中有纯固体或纯液体，由于它们是其相应的固体或液体的标准态，标准平衡常数 $K^{\ominus}$ 的计算只涉及反应中理想气体的平衡分压。

$$K^{\ominus} = \frac{(p_G^{eq}/p^{\ominus})^g}{(p_C^{eq}/p^{\ominus})^c} \qquad (3\text{-}11)$$

金属的碳酸盐、硫酸盐、氧化物等在高温反应中的稳定性，常常与其分解压力有关。例如：温度为 383K 时，碳酸银的分解反应

$$\mathrm{Ag_2CO_3(s)} = \mathrm{Ag_2O(s)} + \mathrm{CO_2(g)}$$

其标准平衡常数可写为

$$K^{\ominus} = p_{CO_2}^{eq}/p^{\ominus}$$

式中，$p_{CO_2}^{eq}$ 是 $\mathrm{Ag_2CO_3(s)}$ 的分解压力。温度为 383K 时，$\mathrm{Ag_2CO_3(s)}$ 的分解压力为 0.963kPa。当温度一定时，$K^{\ominus}$ 为定值，进而 $p_{CO_2}^{eq}$ 也为定值，与 $\mathrm{Ag_2CO_3(s)}$ 的物质的量多少无关。通常金属化合物的分解压力越小，化合物的稳定性越高。

例 3.2 已知反应 $\mathrm{CuS(s)} + \mathrm{O_2(g)} = \mathrm{Cu(s)} + \mathrm{SO_2(g)}$ 在一定温度下，$K^{\ominus} = 0.5$，如果 $\mathrm{O_2}$ 和 $\mathrm{SO_2}$ 的初始浓度分别为 $0.05\,mol \cdot L^{-1}$ 和 $0.01\,mol \cdot L^{-1}$，求：1）反应物、产物的平衡浓度各是多少？2）$\mathrm{O_2}$ 的转化率是多少？3）增加 CuS 的量，对平衡有什么影响？

解：1）由于温度一定，$K^{\ominus}$ 为定值，与参加反应的固相 CuS 和 Cu 的物质的量多少无关，因而有

$$\mathrm{CuS(s)} + \mathrm{O_2(g)} = \mathrm{Cu(s)} + \mathrm{SO_2(g)}$$

初始浓度/mol·L⁻¹	0.05	0.01
平衡浓度/mol·L⁻¹	0.05-x	0.01+x x 为 $\mathrm{O_2}$ 的消耗量

$$K^{\ominus} = \frac{p_{SO_2}/p^{\ominus}}{p_{O_2}/p^{\ominus}} = \frac{c_{SO_2}^{eq} RT}{c_{O_2}^{eq} RT} = \frac{0.01+x}{0.05-x} = 0.5$$

$x = 0.01\,mol \cdot L^{-1}$；则 $c_{O_2}^{eq} = 0.04\,mol \cdot L^{-1}$，$c_{SO_2}^{eq} = 0.02\,mol \cdot L^{-1}$

2）$\mathrm{O_2}$ 的转化率 $= \dfrac{\mathrm{O_2}\ 已转化的量}{\mathrm{O_2}\ 的初始量} = \dfrac{0.01}{0.05} \times 100\% = 20\%$

3）增加 CuS 的量，对平衡无影响。

5. 相关化学反应标准平衡常数之间的关系

1）同一理想气体反应，若反应方程式的化学计量数不同，则 $K^\ominus$ 也不同。如

① $N_2(g) + 2O_2(g) \rightleftharpoons 2NO_2(g)$，　　$K_1^\ominus = \exp(-\Delta_r G_{m,1}^\ominus / RT)$

② $\frac{1}{2}N_2(g) + O_2(g) \rightleftharpoons NO_2(g)$，　　$K_2^\ominus = \exp(-\Delta_r G_{m,2}^\ominus / RT)$

由反应① = 2×反应 ②，有 $\Delta_r G_{m,1}^\ominus = 2\Delta_r G_{m,2}^\ominus$，进而有 $K_1^\ominus = (K_2^\ominus)^2$。

2）当若干个反应方程式相加或相减，得到另一反应式时，其平衡常数为这几个反应平衡常数之积或商。

① $H_2(g) + CO_2(g) = H_2O(g) + CO(g)$，　　$K_1^\ominus = \exp(-\Delta_r G_{m,1}^\ominus / RT)$

② $CoO(s) + H_2(g) = Co(s) + H_2O(g)$，　　$K_2^\ominus = \exp(-\Delta_r G_{m,2}^\ominus / RT)$

③ $CoO(s) + CO(g) = Co(s) + CO_2(g)$，　　$K_3^\ominus = \exp(-\Delta_r G_{m,3}^\ominus / RT)$

反应③ = 反应② − 反应①，有 $\Delta_r G_{m,3}^\ominus = \Delta_r G_{m,2}^\ominus - \Delta_r G_{m,1}^\ominus$，进而有 $K_3^\ominus = K_2^\ominus / K_1^\ominus$。由此，无需通过实验测定，就可从一些已知反应的平衡常数，推知未知反应的平衡常数。

6. 平衡常数的实验测定

实验测定平衡常数的方法分为物理法和化学法两类。物理法是测定与体系中组分浓度线性相关的某一物理量（体系的电导率、折射率、吸光度、溶液的 pH 值、密度、压力或体积等），可连续测量，不会干扰体系的平衡。化学法是利用化学分析方法直接测定体系中各组分的平衡浓度。为避免所加入的分析试剂对反应平衡的干扰，在测定前，针对不同的化学反应，相应地采用将体系骤冷、移除催化剂或加入大量溶剂稀释等方法，使平衡移动接近于停止。此时，所测组分的真实浓度可视为平衡浓度。

3.1.3 化学平衡的移动

化学平衡是动态平衡，当浓度、压力、温度等外界条件发生变化时，可逆反应将打破原有条件下的平衡，经过一个非平衡过程，再在新的条件下，建立起一个新的平衡，这个转变过程称为化学平衡移动。法国化学家勒夏特列（Le Châtelier）于 1888 年提出的勒夏特列原理——"如果改变平衡系统的条件之一（浓度、压力和温度），平衡向能减弱这种改变的方向移动"，定性地描述了化学平衡移动的规律。

1. 温度对化学平衡的影响

由式（3-3）和式（2-12）有

$$\Delta_r G_m^\ominus = -RT\ln K^\ominus$$

$$\Delta_r G_m^\ominus = \Delta_r H_m^\ominus - T\Delta_r S_m^\ominus$$

则

$$\ln K^\ominus = -\frac{\Delta_r H_m^\ominus}{RT} + \frac{\Delta_r S_m^\ominus}{R} \tag{3-12}$$

在温度变化范围不大时，$\Delta_r H_m^\ominus$ 和 $\Delta_r S_m^\ominus$ 可近似看作常数；而可逆反应在温度 T_1 和 T_2 时的标准平衡常数分别为 $K_1^\ominus$ 和 $K_2^\ominus$，由式（3-12）有

$$\ln K_1^\ominus = -\frac{\Delta_r H_m^\ominus}{RT_1} + \frac{\Delta_r S_m^\ominus}{R} \tag{3-13}$$

$$\ln K_2^{\ominus} = -\frac{\Delta_r H_m^{\ominus}}{RT_2} + \frac{\Delta_r S_m^{\ominus}}{R} \qquad (3\text{-}14)$$

将以上二式相减得

$$\ln \frac{K_2^{\ominus}}{K_1^{\ominus}} = \frac{\Delta_r H_m^{\ominus}}{R} \left(\frac{T_2 - T_1}{T_1 T_2} \right) \qquad (3\text{-}15)$$

式（3-15）称为范特霍夫（Van't Hoff）方程，表明了温度对平衡常数的影响。对于吸热反应，$\Delta_r H_m^{\ominus} < 0$，当温度升高，$T_2 > T_1$，则 $K_2^{\ominus} < K_1^{\ominus}$，有利于正反应进行；对于放热反应，$\Delta_r H_m^{\ominus} < 0$，当温度升高，$T_2 > T_1$，则 $K_2^{\ominus} < K_1^{\ominus}$，有利于逆反应进行。

例 3.3　理想气体反应

$$CH_4(g) + 2H_2O(g) = CO_2(g) + 4H_2(g)$$

若温度在 1000K 时 $K^{\ominus}$ 为 2.505，温度在 1200K 时 $K^{\ominus}$ 为 38.08。设 $\Delta_r H_m^{\ominus}$ 不随温度而变化，试计算：1）此温度范围内标准摩尔反应焓 $\Delta_r H_m^{\ominus}$；2）温度在 1100K 时，反应的标准平衡常数 $K^{\ominus}$。

解：1）由式（3-15）

$$\ln \frac{K_2^{\ominus}}{K_1^{\ominus}} = \frac{\Delta_r H_m^{\ominus}}{R} \left(\frac{T_2 - T_1}{T_1 T_2} \right)$$

$$\Delta_r H_m^{\ominus} = \frac{RT_1 T_2}{T_2 - T_1} \ln \frac{K_2^{\ominus}}{K_1^{\ominus}} = \frac{8.314 \times 1000 \times 1200}{1200 - 1000} \ln \frac{38.08}{2.505} \text{kJ} \cdot \text{mol}^{-1} = 135 \text{kJ} \cdot \text{mol}^{-1}$$

2）$K_3^{\ominus} = K_1^{\ominus} \exp \left[\frac{\Delta_r H_m^{\ominus}(T_3 - T_1)}{RT_1 T_3} \right] = 2.505 \times \exp \left[\frac{135 \times 10^3 \times (1100 - 1000)}{8.314 \times 1000 \times 1100} \right]$

$$= 10.96$$

2. 压力对化学平衡的影响

由式（3-6）

$$K^{\ominus} = K_y (p/p^{\ominus})^{\sum \nu_B}$$

对于理想气体反应，一定温度 T 下，$K^{\ominus}$ 为定值，与系统总压无关。当 $\sum \nu_B < 0$，如反应 $PCl_5(g) = PCl_3(g) + Cl_2(g)$，反应后气体分子数增加。因 $K^{\ominus}$ 为定值，K_y 随着总压 p 的增加而减小，即平衡向逆反应方向移动，使 PCl_5 平衡分压增大；当 $\sum \nu_B < 0$，如反应 $N_2(g) + 3H_2(g) = 2NH_3(g)$，反应后气体分子数减少。$K_y$ 随着 p 的增加而增加，即平衡向正反应方向移动，使 NH_3 平衡分压增大。

例 3.4　298K 时反应 $N_2O_4(g) \rightleftharpoons 2NO_2(g)$ 的 $K^{\ominus} = 0.155$。计算：1）总压为 $p^{\ominus}$ 时 N_2O_4 的解离度；2）总压为 $\frac{1}{2}p^{\ominus}$ 时 N_2O_4 的解离度。

解: 1) N_2O_4 的解离度 $\alpha = \dfrac{n_{N_2O_{4,0}} - n_{N_2O_{4,t}}}{n_{N_2O_{4,0}}}$

式中, $n_{N_2O_{4,0}}$ 是反应开始时 N_2O_4 的物质的量, 单位为 mol; $n_{N_2O_{4,t}}$ 是反应进行 t 时 N_2O_4 的物质的量, 单位为 mol。

假设 $n_{N_2O_{4,0}} = 1\text{mol}$, 则有 $n_{N_2O_{4,t}} = (1-\alpha)$ mol

$$N_2O_4(g) \rightleftharpoons 2NO_2(g)$$

开始	1	0
平衡	$1-\alpha$	2α 平衡体系 $n_t = 1+\alpha$

平衡 $\quad y_{N_2O_4} = \dfrac{1-\alpha}{1+\alpha} \qquad y_{NO_2} = \dfrac{2\alpha}{1+\alpha}$

$$K^{\ominus} = \frac{(p_{NO_2}^{eq}/p^{\ominus})^2}{p_{N_2O_4}^{eq}/p^{\ominus}} = \frac{\left[\left(\dfrac{2\alpha}{1+\alpha}\right)p^{\ominus}/p^{\ominus}\right]^2}{\left(\dfrac{1-\alpha}{1+\alpha}\right)p^{\ominus}/p^{\ominus}} = \frac{4\alpha^2}{1-\alpha^2} = 0.155, \alpha = 0.193$$

2) 当总压为 $\dfrac{1}{2}p^{\ominus}$ 时,

$$K^{\ominus} = \frac{(p_{NO_2}^{eq}/p^{\ominus})^2}{p_{N_2O_4}^{eq}/p^{\ominus}} = \frac{\left[\left(\dfrac{2\alpha}{1+\alpha}\right)\times\dfrac{1}{2}p^{\ominus}/p^{\ominus}\right]^2}{\left(\dfrac{1-\alpha}{1+\alpha}\right)\times\dfrac{1}{2}p^{\ominus}/p^{\ominus}} = \frac{2\alpha^2}{1-\alpha^2} = 0.155, \quad \alpha = 0.268$$

因反应的 $\sum \nu_B = 1 > 0$, 总压减小时, 平衡向生成 NO_2 的方向移动。所以, N_2O_4 的解离度增加。

3. 惰性气体对化学平衡的影响

惰性气体是指不参加化学反应的气体。系统中加入惰性气体可使平衡发生移动, 改变平衡组成。由式 (3-7) 可得

$$K^{\ominus} = K_n \left(\frac{p}{p^{\ominus} \sum\limits_{B} n_B}\right)^{\sum \nu_B}$$

若向原料气体中加入 $n_0\text{mol}$ 的惰性气体, 则系统总的物质的量变为 $\left(n_0 + \sum\limits_{B} n_B\right)$ mol。上式变为

$$K^{\ominus} = K_n \left[\frac{p}{p^{\ominus}(n_0 + \sum\limits_{B} n_B)}\right]^{\sum \nu_B}$$

一定温度 T 下, 理想气体反应的 $K^{\ominus}$ 为定值。当 $\sum \nu_B > 0$, 即气体分子数增加的反应, 若加入 n_0 越多, 则 K_n 越大, 平衡向生成产物的方向移动; 当 $\sum \nu_B < 0$, 即气体分子数减小的反应, 加入 n_0 越多, 而 K_n 越小, 平衡则向生成反应物的方向移动。当 $\sum \nu_B = 0$, 加入惰性组分并不影响气相反应的平衡组成。

例3.5 工业上制备苯乙基烯，主要采用乙基苯脱氢法，反应式为

$$C_6H_5C_2H_5(g) = C_6H_5C_2H_3(g) + H_2(g)$$

反应体系的压力为 $p^{\ominus}$，温度为923K，该温度下 $K^{\ominus} = 0.576$。原料气中乙基苯与过热水蒸气的物质的量之比为 $1:9$，试求乙基苯的转化率。若不加入过热水蒸气，则乙基苯的转化率为多少？

解：设原料乙基苯的物质的量为 1mol，则过热水蒸气的物质的量 9mol，平衡时乙基苯转化掉的物质的量为 $x$mol。

	$C_6H_5C_2H_5(g)$	$= C_6H_5C_2H_3(g)$	$+ H_2(g)$	$H_2O(g)$
开始	1	0	0	9
平衡	$1-x$	x	x	9

平衡体系 $n_t = 10+x$

平衡 $y_{C_6H_5C_2H_5} = \dfrac{1-x}{10+x}$，$y_{C_6H_5C_2H_3} = \dfrac{x}{10+x}$，$y_{H_2} = \dfrac{x}{10+x}$

$$K^{\ominus} = \frac{(p_{C_6H_5C_2H_3}^{eq}/p^{\ominus})(p_{H_2}^{eq}/p^{\ominus})}{(p_{C_6H_5C_2H_5}^{eq}/p^{\ominus})} = \frac{\left[\left(\dfrac{x}{10+x}\right)p^{\ominus}/p^{\ominus}\right]^2}{\left(\dfrac{1-x}{10+x}\right)p^{\ominus}/p^{\ominus}} = \frac{x^2}{(10+x)(1-x)} = 0.576$$

则 $x = 0.877$mol

乙基苯的转化率 $= \dfrac{n_{B,0}-n_{B,t}}{n_{B,0}} = \dfrac{x}{1} \times 100\% = 87.7\%$

若不加过热水蒸气，则平衡后物质的量 $n_t = 1+x$，进而有

$$K^{\ominus} = \frac{\left[\left(\dfrac{x}{1+x}\right)p^{\ominus}/p^{\ominus}\right]^2}{\left(\dfrac{1-x}{1+x}\right)p^{\ominus}/p^{\ominus}} = \frac{x^2}{(1+x)(1-x)} = 0.576$$

则 $x = 0.605$mol

乙基苯的转化率 $= \dfrac{\text{乙基苯已转化的量}}{\text{乙基苯的起始量}} = \dfrac{x}{1} \times 100\% = 60.5\%$

因反应的 $\sum\nu_B = 1 > 0$，加入惰性组分（过热水蒸气）后，平衡向生成 $C_6H_5C_2H_3$ 的方向移动，使 $C_6H_5C_2H_5$ 的转化量增加，从而提高其原料利用率。

4. 浓度对化学平衡的影响

对于理想气体反应

$$cC(g) + dD(g) \rightleftharpoons pP(g) + sS(g)$$

由式（3-8）得

$$K^{\ominus} = \frac{(p_P^{eq}/p^{\ominus})^p(p_S^{eq}/p^{\ominus})^s}{(p_C^{eq}/p^{\ominus})^c(p_D^{eq}/p^{\ominus})^d} = \frac{c_P^{p}c_S^{s}}{c_C^{c}c_D^{d}}\left(\frac{RT}{p^{\ominus}}\right)^{\sum\nu_B}$$

在恒温、恒容的条件下，若将平衡系统中的反应组分 C 的浓度 c_C 增加或提高其分压

p_C，因 $K^\ominus$ 在一定温度下为定值，则平衡向生成产物 P 和 S 的方向移动。由此，在生产实践中，常增加廉价原料的使用量，进而使价格高的原料得到充分利用，以提高经济效益。

例 3.6　对于气体反应

$$2NO_2(g) \rightleftharpoons 2NO(g) + O_2(g)$$

一定温度下，$K^\ominus = 2 \times 10^{-3}$。反应开始时，$p_{NO_2} = p_{NO} = p_{O_2} = 248kPa$。试判断可逆反应进行的方向。如果通过只改变反应开始时的 p_{NO_2}，使反应向相反方向进行，p_{NO_2} 的最小值是多少？

解：$J_P = \dfrac{(p_{NO}/p^\ominus)^2(p_{O_2}/p^\ominus)}{(p_{NO_2}/p^\ominus)^2} = \dfrac{(248 \times 10^3/100 \times 10^3)^2(248 \times 10^3/100 \times 10^3)}{(248 \times 10^3/100 \times 10^3)^2} = 248$

$J_P < K^\ominus$，反应向生成 NO_2 的方向进行。

若使反应向正反应的方向进行，则

$$\frac{(p_{NO}/p^\ominus)^2(p_{O_2}/p^\ominus)}{(p_{NO_2}/p^\ominus)^2} = \frac{(248 \times 10^3/100 \times 10^3)^2(248 \times 10^3/100 \times 10^3)}{(p_{NO_2}/100 \times 10^3)^2} = K^\ominus = 2 \times 10^{-3}$$

$$p_{NO_2} = 8.73 \times 10^3 kPa$$

5. 催化剂对化学平衡的影响

对于化学反应，可以通过添加催化剂来改变化学反应速率。但是，对于可逆反应，加入催化剂既改变正反应速率，又改变逆反应速率。而反应前后催化剂的化学组成、物质的量均保持不变。也就是说，可逆反应无论是否添加催化剂，反应的始、终态都是一样的，反应的 $\Delta_r G_m^\ominus$ 不变，进而 $K^\ominus$ 也不变。可见，催化剂不会影响化学平衡状态。由于催化剂能改变可逆反应的反应速率，能缩短反应达到平衡的时间，故可以提高实际反应的生产效率。

3.2　化学反应速率

3.2.1　化学反应速率的定义

各种化学反应都是以一定的速率进行，有的反应极快，如爆炸反应、离子反应、酸碱中和反应等都是瞬间完成反应，有的反应缓慢，如金属的腐蚀、橡胶和塑料的老化等。反应进行的快慢程度，通常可用化学反应速率来衡量。

1. 化学反应速率的定义

对于任一化学反应

$$\nu_C C + \nu_D D = \nu_Y Y + \nu_Z Z$$

$t = 0$	$n_{C,0}$	$n_{D,0}$	$n_{Y,0}$	$n_{Z,0}$
t	$n_{C,t}$	$n_{D,t}$	$n_{Y,t}$	$n_{Z,t}$

式中，$n_{C,0}$、$n_{D,0}$、$n_{Y,0}$、$n_{Z,0}$ 是反应开始时反应物和产物的物质的量；$n_{C,t}$、$n_{D,t}$、$n_{Y,t}$、$n_{Z,t}$ 是反应进行到 t 时反应物和产物的物质的量。则反应在 Δt 时间内，反应物的消耗量或产

物的生成量可表示为：$\Delta n_C = n_{C,t} - n_{C,0}$、$\Delta n_D = n_{D,t} - n_{D,0}$、$\Delta n_Y = n_{Y,t} - n_{Y,0}$、$\Delta n_Z = n_{Z,t} - n_{Z,0}$。

化学反应速率可定义为单位体积内某一反应物的消耗量或产物的生成量随时间的变化率，用 r 来表示，单位为（浓度）·（时间）$^{-1}$。由此，上述反应中各组分的化学反应速率可以表示为

$$r_C = -\frac{1}{V}\frac{\Delta n_C}{\Delta t}, \quad r_D = -\frac{1}{V}\frac{\Delta n_D}{\Delta t}, \quad r_Y = \frac{1}{V}\frac{\Delta n_Y}{\Delta t}, \quad r_Z = \frac{1}{V}\frac{\Delta n_Z}{\Delta t}$$

一定条件下，反应过程中反应物不断地被消耗，转化为产物。为使化学反应速率恒为正值，在反应物的消耗量与时间的变化率前加上负号。反应物的消耗量和产物的生成量符合化学计量关系，则有

$$\Delta n_C : \Delta n_D : \Delta n_Y : \Delta n_Z = v_C : v_D : v_Y : v_Z$$

因而
$$(-r_C) : (-r_D) : r_Y : r_Z = v_C : v_D : v_Y : v_Z \tag{3-16}$$

由此可知，只有在不同的反应组分的化学计量数都相等时，各组分的化学反应速率才相等。而在实际应用中，反应体系中各组分化学反应速率的数值，在大多数的情况下是不相等的，但是它们所描述的都是同一客观事实，只是说明了不同组分有着不同的表示方式。

式（3-16）也可变化为

$$\frac{-r_C}{v_C} = \frac{-r_D}{v_D} = \frac{r_Y}{v_Y} = \frac{r_Z}{v_Z} > 0$$

因反应物的化学计量数是负值，故反应系统中任一组分 B 的化学反应速率与其化学计量数之比永远是大于零的恒定值，进而得到化学反应速率的普遍定义式

$$\bar{r} = \frac{1}{v_B V}\frac{\Delta n_B}{\Delta t} \tag{3-17}$$

因不受选取反应组分的限制，$\bar{r}$ 可使复合反应中组分的消耗速率或生成速率的计算更为便利。

2. 化学反应速率的表达形式

根据实际应用的不同要求，还可以采用不同的表达形式来描述化学反应速率。

（1）以浓度表示的化学反应速率　由 $n_B = V c_B$，则对于恒容过程，反应体系中任一反应物的化学反应速率可表示为

$$r_B = -\frac{1}{V}\frac{\Delta n_B}{\Delta t} = -\frac{1}{V}\frac{\Delta(V c_B)}{\Delta t} = -\frac{\Delta c_B}{\Delta t} \tag{3-18}$$

式（3-18）常用于表示密闭容器中进行的气相反应或液相反应（反应过程中体积不发生明显变化）的化学反应速率。

（2）以相界面积表示的化学反应速率　多相催化反应的催化剂表面活性和电化学反应的电极表面积，是影响这两类反应的化学反应速率的重要因素。因此，常用单位相界面积 S 上反应物的消耗量与时间的变化率来描述化学反应速率。

$$r_B = -\frac{1}{S}\frac{\Delta n_B}{\Delta t} \tag{3-19}$$

（3）以固相质量表示的化学反应速率　为了讨论问题方便，对于有固相参加的化学反应，常采用固体的质量 w 来表示化学反应速率。

$$r_B = -\frac{1}{w}\frac{\Delta n_B}{\Delta t} \tag{3-20}$$

均相反应往往是以反应体积为基准来描述化学反应速率，而多相反应则可采用反应体积、固体质量或相界面积中的任意一种方式来描述其化学反应速率，并且这三种表示方式之间存在着一定的换算关系。

例 3.7 常压下，在固定床反应器中进行的水煤气变换反应方程式为

$$CO(g) + H_2O(g) = CO_2(g) + H_2(g)$$

已知采用圆形铁铬催化剂的堆密度 $\rho_b = 1.13g \cdot cm^{-3}$，比表面积 $a = 30m^2 \cdot g^{-1}$。若一定温度下，以催化剂固体质量为基准表示的化学反应速率常数 $r_w = 0.0482 kmol \cdot (kg \cdot h)^{-1}$。问：1）基于反应体积表示的化学反应速率常数 r_V 是多少？2）以反应相界面积为基准表示的化学反应速率常数 r_S 是多少？

解：1）由式（3-17）和式（3-18），有

$$r_{V,A} = -\frac{1}{V}\frac{\Delta n_A}{\Delta t} = -\rho_b \frac{1}{w}\frac{\Delta n_A}{\Delta t} = \rho_b r_{w,A} = \frac{1.13 \times 10^{-3}}{1 \times 10^{-6}} \times 0.0482 kmol \cdot (m^3 \cdot h)^{-1}$$

$$= 54.466 kmol \cdot (m^3 \cdot h)^{-1}$$

2）由式（3-18）和式（3-19），有

$$r_{S,A} = -\frac{1}{S}\frac{\Delta n_A}{\Delta t} = -\frac{1}{S/w}\frac{1}{w}\frac{\Delta n_A}{\Delta t} = \frac{r_{w,A}}{a} = \frac{0.0482}{30/1 \times 10^{-3}} kmol \cdot (m^3 \cdot h)^{-1} = 1.607 kmol \cdot (m^2 \cdot h)^{-1}$$

3.2.2 影响化学反应速率的因素

化学反应速率方程是描述温度、压力、催化剂、溶剂性质、反应组分的物质结构和浓度等因素与化学反应速率之间关系的数学方程。本节着重介绍温度和反应组分的浓度对反应速率的影响，而催化剂对化学反应速率的影响将在 3.2.4 节中进行叙述。

1. 温度对化学反应速率的影响

均相反应的化学反应速率方程可表示为式（3-21），它描述了化学反应速率与温度和浓度之间的函数关系。

$$r = f(T) \cdot f(c) = k \cdot f(c) \tag{3-21}$$

式中，k 是反应速率常数，也称为比反应速率，其物理意义是体系中各反应组分的浓度均为单位浓度时的化学反应速率。k 的数值与浓度无关，只受温度影响。研究温度对化学反应速率的影响，实质上是讨论 k 与化学反应速率之间的关系。对于不同的化学反应，相应的 k 值也不同，反应的快慢程度也不同。

N_2O_5 在四氯化碳溶剂中发生以下分解反应：

$$2N_2O_5 = 4NO_2 + O_2$$

该分解反应的温度 T 与反应速率常数 k 之间的关系可用图 3-1 中所示曲线表明。

当 $T = 293K$ 时，$k = 0.235 \times 10^{-4} s^{-1}$，$T = 303K$ 时，$k = 0.933 \times 10^{-4} s^{-1}$，于是有 $k_{303K}/k_{293K} = 3.97$；当 $T = 308K$ 时，$k = 1.820 \times 10^{-4} s^{-1}$，$T = 318K$ 时，$k = 6.29 \times 10^{-4} s^{-1}$，则 $k_{318K}/k_{308K} = $

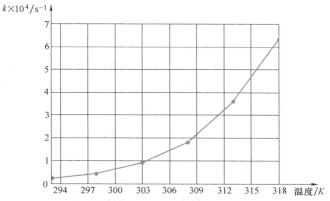

图 3-1 N_2O_5 在溶剂 CCl_4 中发生分解反应的 T 与 k 的曲线

3.46。当分解反应的温度分别升高 10K 时，反应速率常数相应地变为原来的 3.97 倍和 3.46 倍。这符合范特霍夫规则，它是由荷兰化学家范特霍夫（J. Van'tHoff，1901 年诺贝尔化学奖得主）于 1884 年提出，是根据大量实验数据归纳出来的一个近似规则，即在一定温度范围内，随着化学反应温度升高 10℃，反应速率常数大约变为原来的 2~4 倍。即

$$\frac{k_{T+10}}{k_T} = 2 \sim 4$$

上式中反应速率常数增加的倍数，称为化学反应的温度系数。利用该规则可近似地估算出温度对化学反应速率的影响。

从图 3-1 中还可以观察出：当 N_2O_5 的分解温度从 298K 升高至 303K 时，反应速率常数是从 $0.469 \times 10^{-4} s^{-1}$ 增加到 $0.933 \times 10^{-4} s^{-1}$，它们之间的差值为 $0.464 \times 10^{-4} s^{-1}$；而当温度从 308K 升高至 313K 时，反应速率常数是从 $1.820 \times 10^{-4} s^{-1}$ 增加到 $3.62 \times 10^{-4} s^{-1}$，它们之间的差值为 $1.8 \times 10^{-4} s^{-1}$。很明显，在相同的温升范围内，反应速率常数的增加量不同，并不是线性增加。而精确描述反应速率常数随温度升高而快速增加的数学方程，是由瑞典物理化学家阿伦尼乌斯（Arrhenius）于 1889 年提出的，可用下式表示

$$k = A\exp(-E_a/RT) \tag{3-22}$$

式中，A 是指前因子或频率因子，是与温度无关的经验常数，单位与 k 的单位相同；E_a 是阿伦尼乌斯活化能，也可称为实验或经验活化能，是与温度无关的经验常数，单位为 $kJ \cdot mol^{-1}$；R 是摩尔气体常数。

若将式（3-22）两边取自然对数，则得

$$\ln k = -\frac{E_a}{RT} + \ln A \tag{3-23}$$

假设在不同温度 T_1 和 T_2 时，相对应的反应速率常数分别为 k_1 和 k_2，则有

$$\ln k_1 = -\frac{E_a}{RT_1} + \ln A, \quad \ln k_2 = -\frac{E_a}{RT_2} + \ln A$$

将两式相减，则有

$$\ln \frac{k_2}{k_1} = \frac{E_a}{R}\left(\frac{T_2 - T_1}{T_1 T_2}\right) \tag{3-24}$$

若已知温度 T_1 和反应速率常数 k_1，由式（3-24）可计算出在温度为 T_2 时的反应速率常数 k_2；如已知温度 T_1 和 T_2、反应速率常数 k_1 和 k_2，可得出化学反应的活化能 E_a。

E_a 是影响 k 的重要因素，其决定了化学反应速率随温度变化的程度。一般地，当 $E_a < 63\text{kJ} \cdot \text{mol}^{-1}$，在室温下，化学反应就可以进行；当 $E_a \approx 100\text{kJ} \cdot \text{mol}^{-1}$，反应需稍微加热就可以进行；当 $E_a \approx 300\text{kJ} \cdot \text{mol}^{-1}$，反应则需加热到温度达 800℃ 以上才能进行。可见，E_a 的值越大，k 随 T 升高而显著地提高；而 E_a 的值较小时，k 随 T 升高而变化较小。

例 3.8　气相反应

$$H_2(g) + I_2(g) = 2HI(g)$$

在温度为 373.15K 时，反应速率常数为 $8.74 \times 10^{-13}\text{m}^3 \cdot (\text{mol} \cdot \text{s})^{-1}$，在温度为 473.15K 时，反应速率常数为 $9.53 \times 10^{-7}\text{m}^3 \cdot (\text{mol} \cdot \text{s})^{-1}$。试求该反应的活化能和指前因子各为多少？

解：由式（3-22），有

$$k_1 = A\exp(-E_a/RT_1), \quad k_2 = A\exp(-E_a/RT_2)$$

将两式相除，得

$$\frac{k_2}{k_1} = \exp\left[\frac{E_a}{R}\left(\frac{T_2 - T_1}{T_1 T_2}\right)\right]$$

$$E_a = \left(\frac{T_2 - T_1}{T_1 T_2}\right)\frac{\ln(k_2/k_1)}{R} = \frac{(473.15 - 373.15)\ln(9.53 \times 10^{-7}/8.74 \times 10^{-13})}{8.314 \times 373.15 \times 473.15}\text{J} \cdot \text{mol}^{-1}$$

$$= 1.70 \times 10^5 \text{J} \cdot \text{mol}^{-1}$$

$$A = k_1/\exp(-E_a/RT_1) = 8.74 \times 10^{-13}/\exp[-1.70 \times 10^5/(8.314 \times 373.15)]\text{m}^3 \cdot (\text{mol} \cdot \text{s})^{-1}$$

$$= 5.47 \times 10^6 \text{m}^3 \cdot (\text{mol} \cdot \text{s})^{-1}$$

例 3.9　已知反应 I 的活化能为 $100\text{kJ} \cdot \text{mol}^{-1}$，反应 II 的活化能为 $300\text{kJ} \cdot \text{mol}^{-1}$。分别在温度 300K 和 600K 的基础上增加 10K，试计算化学反应速率增加的倍数。

解：温度为 300K 时，如将温度增加到 310K，则有

反应 I

$$\frac{r_{310K}}{r_{300K}} = \frac{k_{310K}}{k_{300K}} = \frac{A\exp(-E_a/RT_2)}{A\exp(-E_a/RT_1)} = \exp\left[\frac{E_a}{R}\left(\frac{T_2 - T_1}{T_1 T_2}\right)\right] = \exp\left(\frac{100 \times 10^3}{8.314} \times \frac{310 - 300}{300 \times 310}\right) = 3.64$$

反应 II

$$\frac{r_{310K}}{r_{300K}} = \frac{k_{310K}}{k_{300K}} = \frac{A\exp(-E_a/RT_2)}{A\exp(-E_a/RT_1)} = \exp\left[\frac{E_a}{R}\left(\frac{T_2 - T_1}{T_1 T_2}\right)\right] = \exp\left(\frac{300 \times 10^3}{8.314} \times \frac{310 - 300}{300 \times 310}\right) = 48.42$$

温度为 600K 时，如将温度增加到 610K，则有

反应 I

$$\frac{r_{610K}}{r_{600K}} = \frac{k_{610K}}{k_{600K}} = \frac{A\exp(-E_a/RT_2)}{A\exp(-E_a/RT_1)} = \exp\left[\frac{E_a}{R}\left(\frac{T_2 - T_1}{T_1 T_2}\right)\right] = \exp\left(\frac{100 \times 10^3}{8.314} \times \frac{610 - 600}{600 \times 610}\right) = 1.38$$

反应 II

$$\frac{r_{610K}}{r_{600K}} = \frac{k_{610K}}{k_{600K}} = \frac{A\exp(-E_a/RT_2)}{A\exp(-E_a/RT_1)} = \exp\left[\frac{E_a}{R}\left(\frac{T_2-T_1}{T_1T_2}\right)\right] = \exp\left(\frac{300\times10^3}{8.314}\times\frac{610-600}{600\times610}\right) = 2.68$$

比较计算结果得出，活化能大的反应，在温度变化相同时，化学反应速率的数值增加得更多。

当温度变化在100K的范围内时，绝大多数化学反应的化学反应速率与温度的关系均符合阿伦尼乌斯方程。但是，目前研究发现有以下四种类型化学反应的化学反应速率与温度的关系不符合阿伦尼乌斯方程，称为反阿伦尼乌斯反应。

（1）爆炸反应 低温时，化学反应速率增加缓慢，当化学反应速率达到一个临界值时，化学反应速率迅速提高，以致发生爆炸。此类化学反应的化学反应速率与温度的关系，如图3-2a所示。

（2）催化加氢反应和酶反应 温度不太高时，化学反应速率随温度升高而增加；当温度升高到一定值以后，化学反应速率随温度升高反而下降。此类化学反应的化学反应速率与温度的关系，如图3-2b所示；

（3）碳氢化合物的氧化反应 当温度升高时，由于有副反应发生，化学反应速率-温度曲线既出现了最高点，也出现了最低点，如图3-2c所示；

（4）NO 氧化生成 NO_2 的反应 化学反应速率随温度升高反而降低，化学反应速率与温度的关系如图3-2d所示。

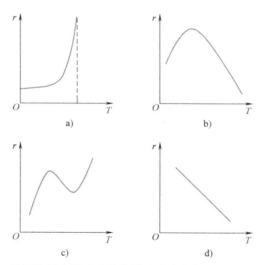

图 3-2 反阿伦尼乌斯反应的化学反应速率与温度的关系示意图

a）爆炸反应 b）催化加氢反应和酶反应 c）碳氢化合物的氧化反应 d）NO 氧化生成 NO_2 的反应

2. 浓度对化学反应速率的影响

在温度343K下，初始浓度为 $0.2mol \cdot L^{-1}$ 的 N_2O_5 在溶剂 CCl_4 中发生分解反应的化学反应速率随其浓度降低而呈线性下降，如图3-3所示。

而在图3-4中，尽管 N_2O_5 的分解反应不断地进行，但是其化学反应速率与浓度的比值

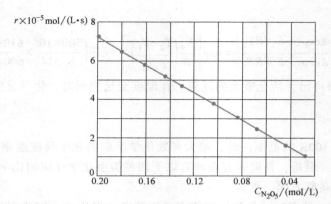

图 3-3 343K 时 N_2O_5 在 CCl_4 中的分解反应速率与浓度的关系图

随时间变化极小，近似等于常数 $3.6×10^{-4}s^{-1}$。

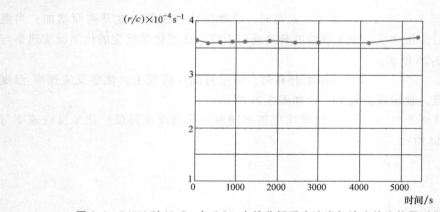

图 3-4 343K 时 N_2O_5 在 CCl_4 中的分解反应速率与浓度的比值同时间的关系

因此，N_2O_5 分解的化学反应速率方程可以表示为

$$r/c_{N_2O_5} = k \ 或 \ r = kc_{N_2O_5}$$

一定温度下，对于一个确定的化学反应，其反应物浓度与化学反应速率应有确定的定量关系。

（1）基元反应速率与反应物浓度的关系 基元反应，又称为元反应或简单反应，是指反应物分子经过一次有效碰撞生成产物的化学反应。根据参加基元反应的反应物粒子（原子、分子、离子、自由基等）个数之和不同，将其分为：①单分子反应，例如分解反应或异构化反应 $N_2O_4(g) \rightarrow 2NO_2(g)$；②双分子反应，包括同类分子间的反应，如 $2NO_2(g) \rightarrow 2NO(g) + O_2(g)$，以及异类分子间的反应，如 $NO_2(g) + CO(g) \rightarrow NO(g) + CO_2(g)$；③三分子反应是少之又少，一般出现原子复合或自由基复合，如 $H_2(g) + 2I(g) \rightarrow 2HI(g)$。目前，还没有发现多于三分子的反应。

基元反应速率与反应物浓度的关系可由质量作用定律来进行描述，该定律是由挪威化学家古德贝格（Guldberg）和瓦格（Waage）在总结大量实验数据的基础上共同提出的，即在一定温度下，基元反应的速率与参加反应各反应物浓度的化学计量系数指数方的连成积成正比。

对于任一基元反应

$$\nu_A A + \nu_B B = \nu_P P + \nu_Q Q$$

其质量作用定律的数学表达式为

$$r = k c_A^{|\nu_A|} c_B^{|\nu_B|} \tag{3-25}$$

例3.10 一定温度范围内，基元反应 $2A(g) + B(g) = 2P(g)$。1）写出该反应速率的表达式。2）该反应的分子数是多少？3）其他条件不变，如果容器的体积增加到原来的 2 倍，反应速率将怎样变化？4）如果容器的体积不变而 A 的浓度增加到原来的 3 倍，反应速率将怎样变化？

解： 1）由式（3-24），反应速率的表达式为

$$r = k c_A^2 c_B$$

2）反应的分子数为 3。

3）$r_1 = k \left(\dfrac{n_A}{2V}\right)^2 \left(\dfrac{n_B}{2V}\right) = \dfrac{1}{8} k c_A^2 c_B = \dfrac{1}{8} r$，反应速率将缩小到原来的反应速率的 1/8。

4）$r_2 = k(3c_A)^2 c_B = 9 k c_A^2 c_B = 9r$，反应速率将增大到原来的反应速率的 9 倍。

（2）非基元反应速率与反应物浓度的关系 生产实践中，大多数化学反应为非基元反应，又称为非元反应或复杂反应，是由两个或两个以上的基元反应综合作用的结果，并不是按化学反应计量方程式一步完成的。非基元反应速率方程的具体形式是根据其反应机理推导出来的，也就是按照组成非基元反应的若干个基元反应所经历的反应步骤描述出来的。

对于非基元反应 $A + B \rightarrow C$，它是由下列两个反应步骤组成的。

$$2A \rightleftharpoons D \tag{3-26}$$

$$D + B \rightarrow A + C \tag{3-27}$$

上述两式均为基元反应，而式（3-26）的反应很快达到平衡；式（3-27）的反应速率较慢，是速率控制步骤，其速率决定了非基元反应总反应速率的快慢。由质量作用定律，反应速率可表示为

$$r_A = r_D = k' c_D c_B \tag{3-28}$$

而式（3-26）表示反应达平衡，则有

$$K_C = \frac{c_D}{c_A^2} \quad \text{或} \quad c_D = K_C c_A^2$$

代入式（3-28），有

$$r_A = r_D = k' c_D c_B = k' K_C c_A^2 c_B = k c_A^2 c_B \tag{3-29}$$

由于 k' 和 K_C 都是温度的函数，可将两者合并为一个新的常数 k，即该非基元反应的反应速率常数。式（3-29）即是此反应的速率方程。由此，非基元反应的速率方程不能简单地由质量作用定律表示。如果按质量作用定律来表示，该反应速率方程应为

$$r_A = k c_A c_B$$

即为双分子反应，但是按照反应历程推导的速率方程则为三分子反应。

但是，例如一氧化氮氧化反应

$$2NO(g) + O_2(g) \rightarrow 2NO_2(g)$$

反应速率方程为

$$r = kc_{NO}^2 c_{O_2}$$

从方程形式来看，符合质量作用定律，然而该反应是非基元反应，反应机理如下：

$$NO + NO = (NO)_2 \quad （快速平衡）$$

$$(NO)_2 + O_2(g) \rightarrow 2NO_2 \quad （速率控制步骤）$$

根据反应第一步有

$$K_C = \frac{c_{(NO)_2}}{c_{NO} \cdot c_{NO}} \quad 或 \quad c_{(NO)_2} = K_C c_{NO}^2$$

于是，由反应第二步得

$$r = k' c_{(NO)_2} c_{O_2} = k' K_C c_{NO}^2 c_{O_2} = kc_{NO}^2 c_{O_2}$$

因此，速率方程的形式符合质量作用定律的化学反应，不一定就是基元反应；而基元反应的速率方程一定是由质量作用定律来表示的。

目前，对于绝大多数化学反应的机理，人们并不是完全清楚。因此，非基元反应的速率方程是以实验为基础，采用幂函数型速率方程来表示的。

对于任一基元反应

$$\nu_A A + \nu_B B = \nu_G G + \nu_H H$$

反应速率方程为

$$r_A = kc_A^\alpha c_B^\beta \tag{3-30}$$

式中，反应物 A 和 B 浓度的指数 α 和 β，是 A 和 B 的反应级数。非基元反应的级数为各反应物浓度的指数和，其反应级数可以是整数、分数、零或为负数，是由实验进行测定的，反应条件不同时，反应级数可以不同。

3.2.3 化学反应速率理论

化学反应速率理论是从分子结构和分子运动的微观角度去寻求化学反应速率的本质。本小节主要介绍以基元反应为对象的气体反应碰撞理论和过渡状态理论。

1. 气体反应碰撞理论

1918 年，英国科学家路易斯（W. C. M. Lewis）根据气相中的双分子反应，提出了简单碰撞理论（Simple Collision Theory），又称为硬球碰撞理论（Collision Theory）。其主要论点为：

1）气体分子间无相互作用力，每个分子可看作是无内部结构的硬球。

2）气体分子间只有通过"有效碰撞"，才能发生反应。

由气体动理论进行理论计算，常温常压下，1L 体积内气体分子间每秒钟的碰撞次数可达 10^{28} 次。如果每次碰撞气体都发生反应，则化学反应瞬间完成，这显然与事实不符。"有效碰撞"要符合两个条件：①发生碰撞的分子应是活化分子，具有足够大的动能，碰撞时能够引发分子中的化学键断裂，发生反应；②活化分子必须按照一定的空间取向进行碰撞才能发生反应。

图 3-5 描述了反应 $CO(g) + H_2O(g) = CO_2(g) + H_2(g)$ 中，CO 和 H_2O 分子碰撞的不同取向对化学反应的影响。如果 CO 中的碳原子与 H_2O 中的氢原子相碰撞，就不会发生氧原子的

转移，进而不会发生反应；而 CO 中的碳原子与 H_2O 中的氧原子相碰撞，参加反应的分子空间取向适当，使 H_2O 中的氧原子转移到 CO 分子上，从而生成 CO_2 和 H_2。

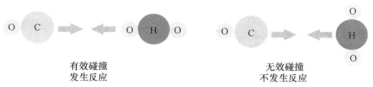

有效碰撞   无效碰撞
发生反应   不发生反应

图 3-5 分子碰撞的不同取向对化学反应的影响

2. 过渡状态理论

过渡状态理论（Transition State Theory），也称为活化络合物理论（Activated Complex Theory）或绝对反应速率理论（Absolute Reaction Theory），是由美国物理化学家艾林（H. Eyring）、英国化学家波拉尼（J. C. Polanyi）和埃文斯（A. G. Evans）于 1935 年共同提出的。其主要内容为：化学反应不只是通过反应物分子间简单的几何碰撞完成的，而是需经过一个旧键断裂和新键生成（化学键重组）的连续过程；吸收足够能量的反应物以一定的空间取向相互碰撞，形成一个处于过渡状态的活化络合物，反应物与活化络合物很快地建立起热力学平衡；处于中间不稳定状态的活化络合物可分解为产物，该反应为速度控制步骤，代表了整个反应的速率。

下面以图 3-6 所示，在温度为 400℃ 时，$NO_2(g) + CO(g) = NO(g) + CO_2(g)$ 的反应过程，具体说明过渡状态理论。当 NO_2 分子中的一个氧原子接近 CO 分子中的碳原子时，NO_2 分子中的 N—O 键和 CO 分子中的 C—O 键均被逐渐拉长；而当 NO_2 分子中的氧原子接近 CO 分子中的碳原子并且进一步接近发生碰撞时，NO_2 分子中的 N—O 键将断而未断，同时，该氧原子与碳原子恰好刚刚开始生成 O—C 键，由 NO_2 分子和 CO 分子形成了处于中间不稳定状态的活化络合物；当形成活化络合物后，NO_2 分子中的 N—O 键继续拉长而断裂，O—C键继续缩短而加强，于是生成稳定的 NO 分子和 CO_2 分子，完成化学反应。

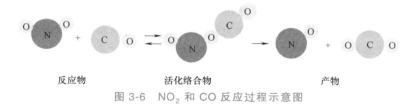

反应物   活化络合物   产物

图 3-6 NO_2 和 CO 反应过程示意图

图 3-7 所示是以 $NO_2(g) + CO(g) = NO(g) + CO_2(g)$ 的反应历程来说明过渡状态反应过程中能量的变化。NO_2 分子和 CO 分子如果要进行反应，必须首先爬过一个能垒。当 NO_2 分子中的一个氧原子接近 CO 分子中的碳原子时，两个原子间产生斥力，使势能增加；同时，由于 N—O 键和 C—O 键均被拉长，势能也会增加。NO_2 分子和 CO 分子的平均能量必须足够大，两者碰撞时，才能形成 N·· O·· C 不稳定键，即形成活化络合物，此时，势能最高。活化络合物的能量与反应物平均能量之差为正反应活化能 $E_{a,1}$，也就是使反应能够进行下去反应分子必须翻过的能垒。活化络合物不稳定，既可以返回到反应物，也可使 N·· O·· C 键中的 N·· O 键拉长断裂，O·· C 键缩短生成 O—C 键，势能降低，生成稳定产物 NO 和 CO_2 分子。活化络合物的能量与产物平均能量之差为逆反应活化能 $E_{a,2}$。正反应活化能与逆

反应活化能之差为化学反应的焓变，即

$$E_{a,1} - E_{a,2} = \Delta_r H_m$$

它决定了化学反应是吸热反应，还是放热反应。当 $E_{a,1} > E_{a,2}$，为吸热反应；当 $E_{a,1} < E_{a,2}$，为放热反应。

气体反应碰撞理论和过渡状态理论是互为补充的两种理论。过渡状态理论是从分子内部结构和内部运动的角度去研究化学反应速率，比气体反应碰撞理论更为先进。但是，由于无法从实验中准确地确定活化络合物的结构，加之计算的复杂性，限制了过渡状态理论的实际应用。

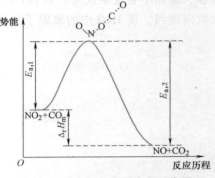

图 3-7　反应历程能量变化示意图

3.2.4　催化剂和催化作用

自从德国炼金术士利巴菲乌斯（A. Libavius）第一次将"催化现象"记载在书中，四百多年已经过去。目前，80%~90% 的化学反应过程都使用催化剂，催化作用对于石油炼制、化学工业、高分子材料、生物化工、食品、医药及环境保护等领域工艺过程的实现，起着举足轻重的作用。

1. 催化剂的定义和分类

1894 年，德国化学家奥斯特瓦德（W. Ostwald）首次提出了催化剂的概念：催化剂是一种可以改变化学反应速度，而不影响化学反应平衡的物质。国际纯粹与应用化学联合会（IUPAC）于 1981 年规定了催化剂的定义：催化剂是一种物质，能够改变反应的速率，而不改变反应标准吉布斯自由焓的变化；并将催化剂的这种作用称为催化作用。对于一些化学反应，反应体系中的生成物对反应本身也起着催化作用，称为自催化作用。例如，用 $KMnO_4$ 滴加草酸，开始加入少量 $KMnO_4$，草酸退色缓慢，反应一旦生成了 Mn^{2+} 后，Mn^{2+} 起着催化剂的作用，使反应速率加快，草酸迅速退色。

凡是有催化剂参与的化学反应，均称为催化反应。催化剂参加化学反应，但是反应前后其数量、化学组成与性质均保持不变。将能够加速化学反应速率的催化剂，称为正催化剂。例如：氯酸钾加热分解，反应式为

$$2KClO_3 \xrightarrow{MnO_2} 2KCl + 3O_2$$

如果不加入 MnO_2，加热 $KClO_3$，其分解速率缓慢，而将 $KClO_3$ 和 MnO_2 混合后加热，$KClO_3$ 的分解速率迅速增加，MnO_2 即为正催化剂。将减缓或阻碍化学反应进行的催化剂，称为负催化剂。例如，在橡胶和塑料中加入负催化剂，可以延缓它们的老化；重铬酸可以抑制钢铁的金属腐蚀。

催化反应一般分为单相催化和多相催化。单相催化是反应物、生成物和催化剂均处于同一相。如二氧化硫氧化为气相反应，反应式为

$$2SO_2(g) + O_2(g) \xrightarrow{NO(g)} 2SO_3(g)$$

而酸催化乙酸乙酯的水解反应为液相反应，反应式为

$$C_2H_5(aq) \xrightarrow{H^+} CH_3COOH(aq) + C_2H_5OH(aq)$$

多相催化则是反应物、生成物和催化剂不处于同一相，催化剂常为固相，反应在相界面上进行，多为气-固催化反应，如一氧化碳和氢气在金属镍表面发生的反应，其反应式为

$$CO(g) + 3H_2(g) \xrightarrow{Ni(s)} CH_4(g) + H_2O(g)$$

或液-固催化反应，如在离子交换树脂固体催化剂表面上所发生的甲醇和甲醛的缩合反应，其反应式为

$$2CH_3OH(aq) + HCHO(aq) \xrightarrow{离子交换树脂(s)} CH_3OCH_2OCH_3(aq) + H_2O(aq)$$

目前，应用于实际生产中的催化剂已达 2000 多种，为了便于研究、生产和使用，可从不同角度对催化剂进行分类。

1）根据催化剂的**聚集状态**可以分为以下三类。

① 气相催化剂。如 N_2O_5 气体加速臭氧的分解，其反应式为

$$2O_3(g) \xrightarrow{N_2O_5(g)} 3O_2(g)$$

② 液相催化剂。如浓 H_2SO_4 为催化剂应用于制备乙酸乙酯，反应式为

$$CH_3COOH(aq) + CH_3CH_2OH(aq) \xrightleftharpoons{浓\ H_2SO_4(aq)} CH_3COOC_2H_5(aq) + H_2O(aq)$$

③ 固相催化剂。如铂片上 N_2O 分解为 N_2 和 O_2，其反应式为

$$2N_2O(g) \xrightarrow{Pt(s)} 2N_2(g) + O_2(g)$$

2）按照元素周期表分为**主族元素催化剂**和**副族元素催化剂**（过渡元素催化剂），催化剂的存在状态、举例以及反应机理见表 3-1。

表 3-1 催化剂以元素周期表的分类

元素类别	存在状态	催化剂举例	反应机理
主族元素	单质	强阳性，Na	供电子体（D）
		强阴性，I_2，Cl_2	受电子体（A）
		中性，活性炭	电子供受体（D-A）
	化合物	$AlCl_3$，Al_2O_3，BF_3	酸碱反应
	含氧酸	H_2SO_4，H_3PO_4	酸碱反应
副族元素	单质	Pt，Ni	氧化还原反应
	离子	Ni^{2+}，V^{5+}	氧化还原反应，酸碱反应

2. 催化作用的通性

1）催化剂参与催化反应时，反应过程中会生成不稳定的化合物，随着反应的进行，该化合物可分解或与其他反应物继续反应，生成产物；同时，将催化剂恢复出来，使催化剂在反应前后的数量、化学性质保持不变。但是，由于催化剂参与了反应过程，其物理性质会发生一些变化。例如，MnO_2 加速 $KClO_3$ 分解，反应结束后，MnO_2 外观由粉状变为块状；NH_3 的氧化反应中，由于加入了起着催化作用的铂网，氧化反应速率加快，但反应也将原本光滑的铂网变得粗糙。

2）催化剂改变催化反应的历程，但不改变反应进行的方向和限度。加入催化剂，使反

应的活化能降低，增大了反应速率。对于可逆反应，催化剂同时使正、逆反应的活化能降低，缩短了反应趋于平衡的时间，但不改变反应组分的平衡组成。无论反应是否有催化剂的加入，反应的摩尔吉布斯自由焓 $\Delta_r G_m$ 均不会发生变化，也不会由于加入催化剂，使非自发反应（即 $\Delta_r G_m > 0$ 的反应）变为自发反应（即 $\Delta_r G_m < 0$ 的反应）。

3）催化剂的催化作用有一定的选择性。不同类型的反应选择不同的催化剂，同一种反应物选择不同的催化剂，生成的产物也不同。例如，CO 和 H_2 在不同的温度和压强下，应用不同的催化剂，可以制备不同的产品。

① $CO + H_2 \xrightarrow[(2.0 \sim 3.0) \times 10^4 kPa, 300℃]{Cu, Zn \text{ 或 } Cr} CH_3OH$；

② $CO + H_2 \xrightarrow[101.325 kPa, 250℃]{Ni} CH_4$；

③ $CO + H_2 \xrightarrow[(1.0 \sim 2.0) \times 10^3 kPa, 170 \sim 200℃]{Fe, Co \text{ 或 } Ni} $ 合成汽油（烷、烯炔混合物）；

④ $CO + H_2 \xrightarrow[1.5 \times 10^4 kPa, 150℃]{Ru} $ 固体石蜡。

4）恒温或恒压的催化反应，由于催化剂不改变反应体系的始、末态，也就不会改变反应热。

3. 催化剂对化学反应速率的影响

催化剂能够显著加快化学反应的速率，是由于催化剂参与了反应过程，生成了不稳定的中间化合物，改变了反应原有的途径，使反应按照能垒较低的新途径进行，降低了反应的活化能。

下面结合图 3-8，介绍催化剂如何改变反应途径。

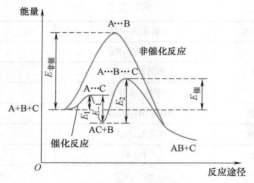

图 3-8 催化剂改变反应途径示意图

对于非催化反应

$$A + B \rightarrow [A \cdots B] \rightarrow AB$$

反应物 A 和 B 分子碰撞的平均能量要高于能垒 $E_{非催}$，生成不稳定的活化络合物 $A \cdots B$；随着势能降低，A—B 成键，生成稳定产物 AB。

加入催化剂 C 后，催化反应的历程如下：

$$A + C \rightarrow [A \cdots C] \rightarrow AC + B \rightarrow [A \cdots B \cdots C] \rightarrow AB + C$$

反应物 A 和催化剂 C 快速反应达平衡态，生成不稳定中间化合物 AC，所需活化能为 E_1，中间产物 AC 与反应物 B 进一步缓慢反应，生成最终产物 B，并恢复催化剂 C，这一步所需活化能为 E_2。催化反应分步进行，只需翻越两个较小的能垒 E_1 和 E_2，明显低于非催化反应能够完成必须翻越的能垒 $E_{非催}$，这样使催化反应每一步的活化分子数增多，加快了反应的速率。

本 章 小 结

本章首先介绍了化学平衡的概念，并由理想气体等温方程在恒温、恒压下达平衡时，得到标准平衡常数 $K^{\ominus}$；将其与压力商 J_p 相比较，可判断可逆反应进行的方向；通过调控温度、压力、惰性组分以及反应物的浓度等因素，可提高反应的转化率，影响化学反应的经济性。

化学反应进行的快慢，用化学反应速率来描述。化学反应速率可通过物理法或化学法测定不同时间反应组分的浓度来得到。基元反应的速率方程可直接通过质量作用定律表达，而非基元反应的速率方程需通过反应机理推导出来，也可用幂函数法表示。幂函数法中，反应速率常数 k 是温度的函数，温度对其的影响规律可通过阿伦尼乌斯方程来确定，而阿伦尼乌斯方程中的指前因子 A 和活化能 E_a 可通过气体反应碰撞理论和过渡状态理论进行说明。

催化剂是通过改变反应的途径、降低反应的活化能，来加快反应速率的，但不改变反应进行的方向。反应前后，催化剂除了一些物理性质发生改变外，其数量和化学性质均不发生变化，并且某种催化剂只针对特定的化学反应起着催化作用。目前，人们对催化剂和催化作用理论的认识还不全面，尚有大量的有关问题需进一步研究和解决。

思考与练习题

一、填空题

1. 某反应在 293～393K 间，反应的活化能 $E_a = 82.3 \text{kJ} \cdot \text{mol}^{-1}$，计算该反应在 393K 时的反应速率是 293K 时的反应速率的＿＿倍。

2. 当温度升高 50K 时，反应 a 和反应 b 的速率分别提高至 2 倍和 3 倍。＿＿反应的活化能更大些；若反应 a 和 b 有相同的指前因子，在相同温度时，＿＿反应的速率更快些。

3. 某一反应在一定条件下的平衡转化率为 25.3%，当有某催化剂存在时，反应速率增加至 20 倍，若保持其他条件不变，平衡转化率为＿＿＿。

4. $H_2(g)$ 与 $O_2(g)$ 的化学反应计量方程式如下：

$$H_2(g) + \frac{1}{2}O_2(g) \rightleftharpoons H_2O(g) \text{①}; \quad 2H_2(g) + O_2(g) \rightleftharpoons 2H_2O(g) \text{②}$$

标准平衡常数 $K_1^{\ominus}$ 和 $K_2^{\ominus}$ 为＿＿；标准摩尔反应吉布斯函数 $\Delta_r G_{m,1}^{\ominus}$ 和 $\Delta_r G_{m,2}^{\ominus}$ 为＿＿。

5. 根据实验，A 和 B_2 的反应 $2A + B_2 \rightarrow 2AB$ 满足质量作用定律。该反应的反应速率表达式为＿＿＿，该反应的总级数是＿＿。其他条件不变，如果将容器体积增加至原来的 3 倍，反应速率＿＿＿。

6. 反应 $A + 3B \rightarrow 2Y$，A、B 和 Y 的反应速率常数 k_A、k_B 和 k_Y 之间的关系为＿＿。

7. 某反应在 350K 时，$k_1 = 9.3 \times 10^{-6} \text{s}^{-1}$；400K 时，$k_2 = 6.9 \times 10^{-4} \text{s}^{-1}$，该反应的活化能

$E_a =$ ___ 和 450K 的 $k_3 =$ ___。

8. 化学平衡是___平衡。

二、选择题

1. 下列说法不正确是 ( )。

A. 可逆反应的特征是正反应速率和逆反应速率相等

B. 在其他条件不变时，使用催化剂只能改变反应的速率，而不能改变化学平衡状态

C. 在其他条件不变时，升高温度可以使平衡向放热反应的方向移动

D. 在其他条件不变时，增大压强一定会破坏气体反应的平衡状态

2. 下列关于平衡常数的说法中，正确的是 ( )。

A. 在任何条件下，化学平衡常数是一个恒定值

B. 改变反应物浓度或生成物都会改变平衡常数

C. 平衡常数只与温度有关，而与反应浓度和压强无关

D. 从平衡常数的大小不能推断一个反应进行的程度

3. 某温度时，已知下列反应

$$N_2(g) + O_2(g) = 2NO(g) ①, \quad 2NO(g) + O_2(g) = 2NO_2(g) ②$$
$$N_2(g) + 2O_2(g) = 2NO_2(g) ③$$

的标准摩尔反应吉布斯函数 $\Delta_r G_{m,1}^{\ominus}$、$\Delta_r G_{m,2}^{\ominus}$ 和 $\Delta_r G_{m,3}^{\ominus}$，则 $\Delta_r G_{m,3}^{\ominus} = $ ( )。

A. $\Delta_r G_{m,1}^{\ominus} + \Delta_r G_{m,2}^{\ominus}$ B. $\Delta_r G_{m,1}^{\ominus} \cdot \Delta_r G_{m,2}^{\ominus}$

C. $\Delta_r G_{m,1}^{\ominus} - \Delta_r G_{m,2}^{\ominus}$ D. $\Delta_r G_{m,1}^{\ominus} / \Delta_r G_{m,2}^{\ominus}$

4. 有一可逆反应 $AB(g) \rightarrow A(g) + B(g)$，$\Delta_r H_m > 0$。要使平衡向右移动，应采用 ( )。

A. T，p 均下降   B. T，p 均上升

C. T 上升，p 下降   D. T 下降，p 上升

5. 当反应 $A + B \rightarrow AB$ 的速率方程为 $r = kC_A C_B$ 时，此反应 ( )。

A. 一定是基元反应   B. 一定不是基元反应

C. 对 A 来说是基元反应   D. 无法肯定是否为基元反应

6. 对于基元反应 $A + 2B \rightarrow Y$，下面说法正确的是 ( )。

A. 反应分子数是 3   B. 反应级数是 3

C. 不能说出反应分子数   D. 反应分子数为 1

7. 基于反应 $A + 2B \rightarrow 3D$，其速率公式是 ( )。

A. $r_A = kC_A C_B$ B. $r_A = kC_A^2 C_B$

C. $r_A = kC_A C_B^2$ D. $r_A = kC_A / C_B$

8. 已知 $2NO(g) + Br_2(g) = 2NOBr(g)$ 为基元反应，在一定温度下，当总体积扩大 1 倍时，正反应速率为原来的 ( )。

A. 4 倍   B. 2 倍   C. 8 倍   D. 1/8

三、简述题

1. 平衡常数值改变了，平衡一定会移动；反之，平衡移动了，平衡常数值也一定改变。这种说法是否正确？请说明理由。

2. 如何应用化学反应等温方程式判断反应进行的方向？

3. 乙烷热裂解制乙烯为吸热反应，要提高乙烯产量，生产上应选择高温还是低温？请说明原因。

4. 反应速率常数的物理意义是什么？

5. 什么是活化能？

6. 活化能的大小与反应速率有什么关系？反应速率随温度的变化与活化能有什么关系？

7. 对于某一反应，升高温度所增加的正、逆反应速率完全相同。这种说法是否正确？请说明理由。

8. 简述气体反应碰撞理论和过渡状态理论的基本假设。

9. 为什么反应物间所有的碰撞并不是全部都是有效的？

10. 温度升高，反应速率变大，其原因是分子碰撞次数增多。这一说法正确吗？请说明理由。

11. 催化反应的基本特征是什么？

12. 请说明催化剂能够使反应速率加快的原因。

四、计算题

1. 反应 $2SO_2(g) + O_2(g) \rightleftharpoons 2SO_3(g)$ 在 1000K 时，各组分的平衡分压为 $p(SO_2) = 30.4kPa$，$p(O_2) = 60.1kPa$，$p(SO_3) = 25.3kPa$。计算 1000K 时，反应的标准平衡常数 $K^{\ominus}$。

2. 1000K 时，将 1.00mol SO_2 与 1.00mol O_2 充入容积为 5.00L 的密闭容器中，平衡时，有 0.85mol $SO_3(g)$ 生成，求 1000K 时，反应的标准平衡常数 $K^{\ominus}$。

3. 298.15K 时，反应 $N_2O_4(g) \rightleftharpoons 2NO_2(g)$ 的 $K^{\ominus} = 0.1132$，当 $p_{N_2O_4} = p_{NO_2} = 1kPa$，试判断此反应进行的方向。

4. 在一个抽空密闭容器中，当温度为 17℃ 时，充入光气 $COCl_2$ 至压力为 94659Pa。在此温度下，光气不分解。将此密闭容器加热至 500℃，容器中发生反应 $COCl_2(g) \rightleftharpoons CO(g) + Cl_2(g)$，压力增高至 267598Pa。假设光气等气体服从理想气体方程，试计算：1）500℃ 时，光气的解离度 α；2）500℃ 时，解离反应的标准平衡常数 $K^{\ominus}$；3）光气合成反应在 500℃ 时的 $\Delta_r G_m^{\ominus}$（$p^{\ominus} = 100kPa$）。

5. 已知 25℃ 时，反应 $2Ag_2O(s) = 4Ag(s) + O_2(g)$ 的分解压为 $1.317 \times 10^{-2}Pa$。1）求此温度下 Ag_2O 的标准生成吉布斯自由焓；2）求 1mol Ag_2O 在空气（总压 101.3kPa，含氧气摩尔分数为 21%）中分解的吉布斯自由焓的变化；3）25℃ 时，Ag_2O 在空气中能否稳定存在？

6. 反应 $PCl_5(g) \rightleftharpoons PCl_3(g) + Cl_2(g)$ 的标准平衡常数 $K^{\ominus}$ 与温度 T 的关系式为

$$\ln K^{\ominus} = 21.19 - \frac{10573}{T/K}$$

1）计算反应温度为 473K、反应总压为 200kPa 时，PCl_5 的解离度 α；2）在 1）的平衡条件下，为防止 PCl_5 进一步解离，可以采用的措施有哪些？原因是什么？

7. 在一定温度下，反应 $2NO(g) + Cl_2(g) \rightleftharpoons 2NOCl(g)$ 符合质量作用定律。1）写出反应速率方程；2）该反应的反应级数是多少？3）其他条件不变，若将容器的体积增加到原来的 2 倍，反应速率将如何变化？4）若容器的体积不变，而将 NO 的浓度增加为原来的 3 倍，反应速率将如何变化？

第 4 章

水溶液中的化学平衡

溶液是由溶质溶解在溶剂中形成的。溶液与人类生产、生活息息相关，因此，了解溶液，特别是水溶液中所发生的化学反应，对于提高生产效率、解决生活中的难题、合理利用和保护水资源等具有重要的意义。本章从化学反应原理出发，深入讲解与溶液密切相关的酸碱电离平衡、难溶电解质的沉淀溶解平衡，以及配位化合物和配离子的离解平衡。

4.1 酸碱电离平衡

酸碱反应是在化学、地质学及日常生活中很重要的一类反应。例如，人的体液的 pH 值要保持在 7.35—7.45 之间；胃中消化液的成分是稀盐酸，胃酸过多会引起溃疡，过少又可能引起贫血；激烈运动过后，肌肉中产生的乳酸使人感到疲劳；在牛奶中，乳酸的生成会使牛奶凝结；土壤和水的酸碱性对某些植物和动物的生长有重大影响；地质过程中岩石的风化、钟乳石的形成等也受到水的酸性的影响；日常生活中，药物阿司匹林（Aspirin）、维生素 C 本身就是酸，食醋含有乙酸，柠檬水含有柠檬酸和抗坏血酸；还有小苏打、镁乳、刷墙粉洗涤剂等都是碱。广义上的酸碱配合物在生物化学、冶金、工业催化等领域中也有重要应用。

4.1.1 酸碱理论

人们对酸碱的认识经历了一个由浅入深，由低级到高级的发展过程。最初，人们对酸碱的认识只单纯局限于从物质性质上区别，认为具有酸味、能使石蕊试液变为红色的物质是酸，而碱是有涩味滑腻感、能使石蕊变蓝，并能与酸反应生成盐和水的物质。1684 年，罗伯特·波尔（Robert Boyle）写到肥皂溶液是碱，能使被酸变红的蔬菜恢复颜色。这可能是最早的有关酸与碱的记载。后来，人们试图以酸的组成来定义酸。1777 年，法国化学家拉瓦锡（A. L. Lavoisier）提出所有的酸都含有氧元素。1810 年，英国化学家戴维（S. H. Davy）从盐酸不含有氧的这一事实出发，指出酸中的共同元素是氢，而不是氧。随着生产和科学技术的发展，人们对于酸碱的认识不断深化，19 世纪后期，电离理论创立后，先后又提出了多种现代的酸碱理论，如质子理论、电子理论等。

1. 酸碱的电离理论

1884 年，瑞典化学家阿伦尼乌斯（S. A. Arrhenius）根据电解质溶液理论定义了酸与碱：电解质在水溶液中能电离生成阴、阳离子，酸是指在水溶液中电离时产生的阳离子都是 H^+ 离子的化合物，而碱是指在水溶液中电离时产生的阴离子都是 OH^- 离子的化合物。即，能电离出 H^+ 是酸的特征，能电离出 OH^- 是碱的特征，酸碱的中和反应生成盐和水。又根据强、弱电解质的概念，将在水中全部电离的酸和碱称为强酸（HCl、$HClO_4$、H_2SO_4 等）和强碱 [$NaOH$、$Ca(OH)_2$ 等]，在水中部分电离的酸或碱称为弱酸（HNO_2、H_3PO_4 等）和弱碱（$NH_3 \cdot H_2O$ 等）。

阿伦尼乌斯以电离理论为基础定义了酸和碱，并定量地研究酸和碱的强度，使人们对酸和碱的本质有了极为深刻的了解。但这一理论将认识局限在水溶液中，对于越来越多的非水溶液体系的研究显得无能为力。另外，电离理论把碱限制为氢氧化物，因而对氨水表现碱性这一事实也无法解释。

2. 酸碱的质子理论

1923 年，丹麦的布朗斯特（J. N. Brønsted）和英国的劳莱（T. M. Lowrey）提出的酸碱质子理论，扩大了酸碱的范围，使酸碱理论的适用范围扩展到非水体系乃至无溶剂体系。

酸碱质子理论将能给出质子（H^+）的分子或离子定义为酸，能接受质子的分子或离子定义为碱。例如，HCl、NH_4^+、$H_2PO_4^-$ 等都是质子酸，而 NH_3、HPO_4^{2-}、CO_3^{2-}、$[Al(H_2O)_5OH]^{2+}$ 等都是碱。判断一种分子或离子是酸或碱，要结合具体反应来进行，例如

$$H_2SO_4 \rightleftharpoons HSO_4^- + H^+$$

$$HSO_4^- \rightleftharpoons SO_4^{2-} + H^+$$

$$NH_4^+ \rightleftharpoons NH_3 + H^+$$

$$[Al(H_2O)_6]^{3+} \rightleftharpoons [Al(H_2O)_5OH]^{2+} + H^+$$

反应式中，左边的物质都是质子酸，质子酸在反应中给出质子后，形成的物质都是质子碱。

质子理论中的酸和碱均可以是分子、正离子和负离子。有的物质在不同的反应中可以是酸，也可以是碱，这种在一定条件下可以失去质子，而在另一条件下又可以接受质子的物质称为（酸碱）两性物质，如 HSO_4^-。而酸和碱之间的关系是

酸 ⇌ 碱 + 质子

满足上述关系的一对酸和碱互为共轭酸碱。例如，醋酸 CH_3COOH（经常简写作 HAc），$HAc \rightleftharpoons Ac^- + H^+$，其中 HAc 是 Ac^- 的共轭酸，而 Ac^- 是 HAc 的共轭碱。酸越强，它的共轭碱就越弱；酸越弱，它的共轭碱就越强。

3. 酸碱的溶剂体系理论

在 20 世纪 20 年代，继酸碱质子理论提出后，凯迪（Cady）和艾尔西（Elsey）又提出了酸碱溶剂体系理论。

酸碱溶剂体系理论认为：在一种溶剂中能解离出该溶剂的特征正离子或能增大特征正离子的浓度的物质，称为酸；在一种溶剂中能解离出该溶剂的特征负离子或能增大特征负离子的浓度的物质，可称为碱。

如质子溶剂 H_2O 和液态 NH_3，它们可以解离产生一对特征正负离子。

$$2H_2O \rightleftharpoons H_3O^+（特征正离子）+OH^-（特征负离子）$$

$$2NH_3 \rightleftharpoons NH_4^+（特征正离子）+NH_2^-（特征负离子）$$

一些非质子溶剂也可以发生解离，如溶剂 N_2O_4 和 SO_2 分别可表示为

$$N_2O_4 \rightleftharpoons NO^+（特征正离子）+NO_3^-（特征负离子）$$

$$2SO_2 \rightleftharpoons SO^{2+}（特征正离子）+SO_3^{2-}（特征负离子）$$

以液态 NH_3 为溶剂，铵盐（如 NH_4Cl 等）为酸，因为它能提供 NH_4^+，而氨基化合物（如 $NaNH_2$ 等）则为碱，因为它能提供 NH_2^-。NH_4Cl 与 $NaNH_2$ 之间的反应是酸碱中和反应。

$$NH_4Cl+NaNH_2=NaCl+2NH_3$$

以液态 SO_2 为溶剂时，亚硫酰基化合物（如 $SOCl_2$ 等）为酸，因其能提供该溶剂的特征正离子 SO^{2+}；而亚硫酸盐（如 Cs_2SO_3 等）则为碱，因其能提供该溶剂的特征负离子 SO_3^{2-}。$SOCl_2$ 与 Cs_2SO_3 之间的反应是酸碱中和反应。

$$SOCl_2+Cs_2SO_3=2CsCl+2SO_2$$

酸碱溶剂体系理论在解释非水体系的酸碱反应方面是成功的，若溶剂是水，该理论则还原成阿伦尼乌斯的酸碱电离理论，体系的特征正离子是 H^+，特征负离子是 OH^-。其局限性在于该理论只适用于能发生解离的溶剂体系中，不适用于烃类、醚类以及酯类等难以解离的溶剂。

4. 酸碱的电子理论

1923 年，美国化学家路易斯（Lewis）提出了酸碱电子理论：凡是可以接受电子对的物质称为酸；凡是可以给出电子对的物质称为碱；酸碱反应的实质是形成配位键，生成酸碱配合物的过程。

酸碱的定义涉及物质的微观结构，从而使酸碱理论与物质结构产生了相关的联系。

H^+、Cu^{2+}、Ag^+、BF_3 等物质均可以接受电子对，即为酸，而下面的各种物质均可以给出电子对，因此是碱。

$$OH^-[:\ddot{O}:H]^-, \quad NH_3\left(\begin{matrix} H:\ddot{N}:H \\ \ddot{H} \end{matrix}\right), \quad F^-[:\ddot{F}:]^-$$

酸与碱之间可以反应，如

$$Cu^{2+}+4NH_3=\left[\begin{matrix} & NH_3 & \\ & \downarrow & \\ H_3N & \rightarrow Cu \leftarrow & NH_3 \\ & \uparrow & \\ & NH_3 & \end{matrix}\right]^{2+}$$

酸　　碱　　　酸碱配合物

$$BF_3+F^-=BF_4^-$$

酸　　碱　　酸碱配合物

$$H^++OH^-=H_2O$$

$$Ag^++Cl^-=AgCl$$

这些反应的本质是路易斯酸接受路易斯碱的电子对，生成了酸碱配合物。

酸与碱之间的反应之外，还有取代反应，如

$$[Cu(NH_3)_4]^{2+}+4H^+=Cu^{2+}+4NH_4^+$$

酸碱配合物 $[Cu(NH_3)_4]^{2+}$ 中的酸 (Cu^{2+})，被另一种酸 (H^+) 取代，形成一种新的酸碱配合物 NH_4^+，这种取代反应称为酸取代反应。

反应 $Fe(OH)_3+3H^+=Fe^{3+}+3H_2O$ 也属于酸取代反应，酸 (H^+) 取代了酸碱配合物中的 Fe^{3+}，形成了新的酸碱配合物 H_2O。

在下面的取代反应中，碱 (OH^-) 取代了酸碱配合物 $[Cu(NH_3)_4]^{2+}$ 中的碱 NH_3，形成新的酸碱配合物 $Cu(OH)_2$，这种反应称为碱取代反应。

$$[Cu(NH_3)_4]^{2+}+2OH^-=Cu(OH)_2\downarrow+4NH_3$$

反应 $NaOH+HCl=NaCl+H_2O$ 和反应 $BaCl_2+Na_2SO_4=BaSO_4+2NaCl$ 的实质，是两种酸碱配合物中的酸碱互相交叉取代，生成两种新的酸碱配合物，这种取代反应称为双取代反应。

在酸碱电子理论中，在反应中能够接受电子对的物质是酸，能够给出电子对的物质是碱。按照此理论，几乎所有的正离子都能起酸的作用，负离子都能起碱的作用。绝大多数的物质都能归为酸、碱或酸碱配合物，大多数反应都可以归为酸碱之间的反应或酸、碱及酸碱配合物之间的反应。可见这一理论的适应面极广，因此酸和碱的特征不明显，这也正是酸碱电子理论的不足之处。

4.1.2 弱电解质的解离平衡

1. 水的解离平衡和溶液的 pH

(1) 水的离子积常数　水是一种很弱的电解质，解离度极小。

$$H_2O+H_2O\rightleftharpoons H_3O^++OH^-$$

或简写作

$$H_2O\rightleftharpoons H^++OH^-$$

平衡常数表达式 $K^\ominus=c(H^+)\cdot c(OH^-)$，是离子浓度的乘积形式，称其为水的离子积常数，经常用 $K_w^\ominus$ 表示。根据实验测定，在 25℃ 时，纯水中的 H^+ 和 OH^- 的浓度均为 $1.0\times10^{-7}mol\cdot L^{-1}$。由于水的电离度很小，电离前后水的浓度几乎未变，仍可看作常数，因此常温下水的离子积常数 $K_w^\ominus=1.0\times10^{-14}$。

水的离子积常数与其他平衡常数一样，是温度的函数。因为水的解离是吸热反应，故随温度的升高 $K_w^\ominus$ 将变大，但 $K_w^\ominus$ 随温度变化不明显，因此一般认为 $K_w^\ominus=1.0\times10^{-14}$。

在酸性溶液中，$c(H^+)>c(OH^-)$；在碱性溶液中，$c(OH^-)>c(H^+)$；在中性溶液中，$c(H^+)=c(OH^-)$。不能把 $c(H^+)=10^{-7}mol\cdot L^{-1}$ 认为是溶液中性不变的标志，因为非常温时中性溶液中 $c(H^+)=c(OH^-)$，但都不等于 $1.0\times10^{-7}mol\cdot L^{-1}$。

(2) 溶液的 pH　pH 是用来表示溶液酸碱性的一种简便方法。p 代表一种运算，表示对一种相对浓度或标准平衡常数取常用对数，之后再取其相反数。pH 是 H^+ 相对浓度的负对数，即

$$pH=-\lg c(H^+)$$

同样，pOH 的意义是

$$pOH = -\lg c(OH^-)$$

若用 $pK_w^\ominus$ 表示水的离子积的负对数，则因为 $K_w^\ominus = c(H^+) \cdot c(OH^-)$，故有 $pK_w^\ominus = pH + pOH$。常温下有 $pH + pOH = 14$，这时的中性溶液中 $pH = pOH = 7$。

当某温度下，水的离子积常数 $K_w^\ominus$ 不等于 1.0×10^{-14}，因此 $pK_w^\ominus$ 不等于 14，中性溶液中 pH 与 pOH 始终相等，但都不等于 7。

因此，一定要认清中性溶液的根本标志。但在一般情况下，提到 $pH = 7$ 时，总是认为溶液是中性的，这是因为一般情况下认为 $K_w^\ominus = 1.0 \times 10^{-14}$。

2. 一元弱酸、弱碱的解离平衡

（1）解离平衡常数　作为弱电解质的弱酸和弱碱在水溶液中只有一部分的分子发生解离，存在着未解离的分子和解离出的离子之间的平衡，如 HAc 溶液中存在着平衡

$$HAc + H_2O \rightleftharpoons H_3O^+ + Ac^-$$

或写作 $HAc \rightleftharpoons H^+ + Ac^-$。

上式的平衡常数表达式可写成

$$K_a^\ominus = \frac{c(H^+)c(Ac^-)}{c(HAc)} \tag{4-1}$$

式中，$K_a^\ominus$ 是酸式解离平衡常数。平衡时醋酸部分解离，生成等量的 H^+ 和 Ac^-。用 c_0 表示醋酸溶液的起始浓度，用 $c(H^+)$、$c(Ac^-)$ 和 $c(HAc)$ 分别表示 H^+、Ac^- 和 HAc 的平衡浓度，则有 $c(H^+) = c(Ac^-) \cdot c(HAc) = c_0 - c(H^+)$ 将各平衡浓度代入式（4-1）中，有

$$K_a^\ominus = \frac{c(H^+)^2}{c_0 - c(H^+)} \tag{4-2}$$

根据式（4-2），解一元二次方程，可以在已知弱酸的起始浓度和平衡常数的前提下，求出溶液的 $c(H^+)$。

作为弱电解质的弱碱，如氨水，也发生部分解离，存在着未解离的分子和解离出的离子之间的平衡，可表示为

$$NH_3 \cdot H_2O \rightleftharpoons NH_4^+ + OH^-$$

如其平衡常数用 $K_b^\ominus$ 表示，则有

$$K_b^\ominus = \frac{c(OH^-)^2}{c_0 - c(OH^-)} \tag{4-3}$$

式中，$K_b^\ominus$ 是弱碱的解离平衡常数，c_0 是碱的起始浓度，$c(OH^-)$ 表示平衡体系中 OH^- 的浓度。

$K_a^\ominus$ 和 $K_b^\ominus$ 都是平衡常数，表示了弱酸、弱碱解离出离子趋势的大小，K 值越大，表示解离的趋势越大。一般把 $K_a^\ominus$ 小于 10^{-2} 的酸称为弱酸，碱也可以按照 $K_b^\ominus$ 值的大小分类。现将 298.15K 时某些一元弱酸、弱碱的解离常数列于表 4-1 中，以便计算时查找。

表 4-1　某些一元弱酸、弱碱的解离常数 （298.15K）

一元弱酸	$K_a^{\ominus}$	一元弱碱	$K_b^{\ominus}$
HCN	6.2×10^{-10}	NH_3	1.8×10^{-5}
HClO	2.9×10^{-8}	CH_3NH_2	4.2×10^{-4}
HF	6.3×10^{-4}	$(CH_3)_2NH$	5.9×10^{-4}
HNO_2	7.2×10^{-4}	$CH_3CH_2NH_2$	4.3×10^{-4}
HCOOH	1.8×10^{-4}	$C_6H_5NH_2$	4.0×10^{-10}
CH_3COOH	1.8×10^{-5}	C_5H_5N	1.5×10^{-9}
C_6H_5COOH	6.3×10^{-5}	$(C_2H_5)_3N$	5.3×10^{-4}
C_6H_5OH	1.1×10^{-10}	$(HOCH_2CH_2)_3N$	5.8×10^{-7}
$CH_2{=\!=}CHCOOH$	5.5×10^{-5}	$CO(NH_2)_2$	1.5×10^{-14}
$CH_2(NH_2)COOH$	1.7×10^{-10}	$(CH_2)_6N_4$	1.4×10^{-9}
$CH_3CHOHCOOH$	1.4×10^{-4}	$i-C_3H_7NH_2$	4.4×10^{-4}

$K_a^{\ominus}$ 和 $K_b^{\ominus}$ 均与温度有关，但由于弱电解质解离过程的热效应不大，所以温度变化对 $K_a^{\ominus}$ 和 $K_b^{\ominus}$ 值的影响较小。

（2）酸碱的强弱　酸度系数 （$pK_a^{\ominus}$），又名酸解离常数，是酸解离平衡常数的常用对数的相反数，其定义式为 $pK_a^{\ominus}=-\lg(K_a^{\ominus})$。酸度系数反映了一种酸将质子传递给水，形成 H_3O^+ 的能力，即反映了酸的强度。一种酸的 $pK_a^{\ominus}$ 越大则酸性越弱，$pK_a^{\ominus}$ 越小则酸性越强。也可用解离平衡常数来表示酸和碱的强度。一些酸从强到弱的排列顺序是

$$HCl>H_3O^+>HF>HAc>NH_4^+>H_2O$$

HAc 在 H_2O 中有

$$HAc+H_2O\rightleftharpoons H_3O^++Ac^- \qquad K_a^{\ominus}$$

碱的强弱可以用如下的思路来考虑：HAc 的共轭碱 Ac^- 在水中起碱的作用，这就是前面讲到的水解，即

$$Ac^-+H_2O\rightleftharpoons HAc+OH^- \qquad K_b^{\ominus}=\frac{K_w^{\ominus}}{K_a^{\ominus}}$$

从 $K_a^{\ominus}$ 和 $K_b^{\ominus}$ 的关系可以看出，一对共轭酸碱，其解离平衡常数之积等于定值 $K_w^{\ominus}$。故酸越强，$K_a^{\ominus}$ 越大，其共轭碱越弱，$K_b^{\ominus}$ 越小。因此，将上述这些酸的共轭碱按照碱性从弱到强排列起来，则有

$$Cl^-<H_2O<F^-<Ac^-<NH_3<OH^-$$

Arrhenius 酸碱体系中的一些反应，可以归结为质子酸碱理论中酸与碱的反应。这些酸与碱反应的实质，是强酸Ⅰ将质子转移给强碱Ⅱ，生成弱酸Ⅱ和弱碱Ⅰ，例如：

强酸的解离反应

$$HCl(强酸Ⅰ)+H_2O(强碱Ⅱ)=H_3O^+(弱酸Ⅱ)+Cl^-(弱碱Ⅰ)$$

酸碱中和反应

$$H_3O^+(强酸Ⅰ)+OH^-(强碱Ⅱ)\rightleftharpoons H_2O(弱酸Ⅱ)+H_2O(弱碱Ⅰ)$$

再看下面两个反应：

弱酸的解离平衡

$$HAc(弱酸 II)+H_2O(弱碱 I)\rightleftharpoons H_3O^+(强酸 I)+Ac^-(强碱 II)$$

弱碱的解离平衡

$$H_2O(弱酸 II)+NH_3(弱碱 I)\rightleftharpoons NH_4^+(强酸 I)+OH^-(强碱 II)$$

这两个反应进行的方向似乎是由弱酸、弱碱生成强酸、强碱，但我们知道其正反应进行的程度很小。热力学理论告诉我们，当 H_2O、NH_3、NH_4^+ 和 OH^- 均以标准态浓度共存时，反应进行的方向是从右向左，即由强酸、强碱生成弱酸、弱碱。

酸碱反应中标志相同的一对酸和碱，如强酸 I 和弱碱 I、弱酸 II 和强碱 II，分别具有共轭关系。

液氨的解离也可以表示为酸碱的质子转移反应

$$NH_3(弱酸 II)+NH_3(弱碱 I)\rightleftharpoons NH_4^+(强酸 I)+NH_2^-(强碱 II)$$

高氯酸在冰醋酸中的解离平衡也可以表示为质子转移反应

$$HClO_4(弱酸 II)+HAc(弱碱 I)\rightleftharpoons H_2Ac^+(强酸 I)+ClO_4^-(强碱 II)$$

强酸 $HClO_4$、H_2SO_4、HCl 和 HNO_3 在 H_2O 中完全解离，水拉平了这些强酸给出质子的能力。因此，在水中不能分辨出这些酸的强弱。但是以酸碱质子理论的思考方式，将这些强酸放在比 H_2O 难于接受质子的溶剂中，如放在 HAc 中，就可以分辨出它们给出质子的能力强弱。

$$HClO_4+HAc \rightleftharpoons H_2Ac^++ClO_4^- \qquad pK_a^\ominus = 5.8$$

$$H_2SO_4+HAc \rightleftharpoons H_2Ac^++HSO_4^- \qquad pK_a^\ominus = 8.2$$

$$HCl+HAc \rightleftharpoons H_2Ac^++Cl^- \qquad pK_a^\ominus = 8.8$$

$$HNO_3+HAc \rightleftharpoons H_2Ac^++NO_3^- \qquad pK_a^\ominus = 9.2$$

结果表明，$HClO_4$ 给出 H^+ 的能力最强，其次是 H_2SO_4，再次是 HCl，最弱的是 HNO_3。对于这四种酸，HAc 是分辨试剂，对其酸性的强弱具有分辨效应，而 H_2O 是拉平试剂，具有拉平效应。对于大多数较弱的酸来说，其分辨试剂是 H_2O，可以根据它们在 H_2O 中解离平衡常数的大小比较其酸性的强弱。

（3）解离度　弱酸、弱碱在溶液中解离的程度可以用解离度（α）表示，解离度（α）定义为弱电解质在溶液中达到解离平衡时，已解离的分子数占该弱电解质原来分子总数的百分率。

解离度和解离常数是两个不同的概念，它们从不同角度表示弱电解质的相对强弱。在温度、浓度相同的条件下，解离度越小，电解质越弱。解离度和解离常数都能衡量弱电解质解离程度的大小，它们之间存在一定的关系。以弱酸 HAc 为例来讨论解离度与解离平衡常数之间的关系，设 HAc 的起始浓度为 c_0，解离度为 α，则

$$HAc \rightleftharpoons H^++Ac^-$$

起始相对浓度（$mol \cdot L^{-1}$）　　　　　　c_0　　　0　　0

平衡相对浓度（$mol \cdot L^{-1}$）　　　　$c_0-c_0\alpha$　$c_0\alpha$　$c_0\alpha$

$$K_a^\ominus = \frac{c(H^+)c(Ac^-)}{c(HAc)} = \frac{c(H^+)^2}{c_0-c(H^+)} = \frac{c_0\alpha^2}{1-\alpha}$$

当 $c_0/K_a^{\ominus} \geqslant 500$，解离度<5%时，$1-\alpha \approx 1$，上式可近似为

$$\alpha = \sqrt{\frac{K_a^{\ominus}}{c_0}} \qquad (4\text{-}4)$$

同理，对弱碱也可推得类似的关系式

$$\alpha = \sqrt{\frac{K_b^{\ominus}}{c_0}} \qquad (4\text{-}5)$$

式（4-4）、式（4-5）成立的前提是：c_0 不是很小，而 α 不是很大。此两式表明，弱酸弱碱溶液的解离度与其浓度的二次方根成反比，与其解离常数的二次方根成正比。这一关系称为稀释定律。

平衡常数 $K_a^{\ominus}$ 和 $K_b^{\ominus}$ 不随浓度变化，但作为转化百分数的解离度 α，却随起始浓度的变化而变化，只有在浓度相同的条件下，才能用解离度的大小来比较电解质的相对强弱。从式（4-4）、式（4-5）中可以看出，起始浓度 c_0 越小，解离度 α 值越大。

例 4.1　1）计算 $0.10\text{mol} \cdot \text{L}^{-1}$ HAc 溶液的 $c(\text{H}^+)$ 和解离度；2）计算 1.0×10^{-3} $\text{mol} \cdot \text{L}^{-1}$ $\text{NH}_3 \cdot \text{H}_2\text{O}$ 的 $c(\text{OH}^-)$ 和解离度。已知：HAc 的 $K_a^{\ominus} = 1.8 \times 10^{-5}$，$\text{NH}_3 \cdot \text{H}_2\text{O}$ 的 $K_b^{\ominus} = 1.8 \times 10^{-5}$。

解：1）反应方程式 $\qquad\qquad \text{HAc} \rightleftharpoons \text{H}^+ + \text{Ac}^-$

各物质的起始相对浓度 $\qquad 0.10 \qquad 0 \qquad 0$

各物质的平衡相对浓度 $\qquad 0.10-x \qquad x \qquad x$

其中 x 表示平衡时已解离的 HAc 的浓度

平衡常数 $K_a^{\ominus}$ 的表达式为 $\qquad K_a^{\ominus} = \dfrac{x^2}{0.10-x}$

由于 1）中 $\dfrac{c_0}{K_a^{\ominus}} = \dfrac{0.10}{1.8 \times 10^{-5}} = 5.6 \times 10^3 > 500$

即 $c_0 \geqslant 500 K_a^{\ominus}$，则平衡时，$c(\text{H}^+) \ll c_0$，可近似处理为 $0.10-x \approx 0.10$，可以使用下列公式近似计算

$$x = \sqrt{0.10 \times K_a^{\ominus}} = \sqrt{0.10 \times 1.8 \times 10^{-5}} = 1.34 \times 10^{-3}$$

故 $c(\text{H}^+) = 1.34 \times 10^{-3} \text{mol} \cdot \text{L}^{-1}$

解离度 $\alpha = \dfrac{c(\text{H}^+)}{c_0} = \dfrac{1.34 \times 10^{-3}}{0.10} = 1.34\%$

若不采用近似计算，而将平衡常数的值代入其表达式，则有

$$K_a^{\ominus} = \frac{x^2}{0.10-x} = 1.8 \times 10^{-5}$$

解一元二次方程得，$x = 1.33 \times 10^{-3}$，即 $c(\text{H}^+) = 1.33 \times 10^{-3} \text{mol} \cdot \text{L}^{-1}$

解离度 $\alpha = \dfrac{c(\text{H}^+)}{c_0} = \dfrac{1.33 \times 10^{-3}}{0.10} = 1.33\%$，可见近似计算的误差很小。

2）反应方程式 $\qquad NH_3 \cdot H_2O \rightleftharpoons NH_4^+ + OH^-$

各物质的起始相对浓度 $\qquad 1.0 \times 10^{-3} \qquad 0 \qquad 0$

各物质的平衡相对浓度 $\qquad 1.0 \times 10^{-3} - y \qquad y \qquad y$

其中，y 表示平衡时已解离的 $NH_3 \cdot H_2O$ 的浓度

$$\frac{c_0}{K_a^\ominus} = \frac{0.10 \times 10^{-3}}{1.8 \times 10^{-5}} = 55.6 < 500$$

不能近似计算，将 $c_0 = 1.0 \times 10^{-3} \text{mol} \cdot L^{-1}$ 和 $K_b^\ominus = 1.8 \times 10^{-5}$ 代入平衡常数表示式中，得

$$K_b^\ominus = \frac{c(OH^-)^2}{1.0 \times 10^{-3} - c(OH^-)} = 1.8 \times 10^{-5}$$

解一元二次方程得，$c(OH^-) = 1.25 \times 10^{-4} \text{mol} \cdot L^{-1}$

解离度 $\alpha = \dfrac{c(OH^-)}{c_0} = \dfrac{1.25 \times 10^{-4}}{1.0 \times 10^{-3}} = 12.5\%$

若用近似计算

$$y = \sqrt{1.0 \times 10^{-3} \times K_a^\ominus} = \sqrt{1.0 \times 10^{-3} \times 1.8 \times 10^{-5}} = 1.34 \times 10^{-4}$$

$$\alpha = \frac{c(OH^-)}{c_0} = \frac{1.34 \times 10^{-4}}{1.0 \times 10^{-3}} = 13.4\%$$

计算误差较大。

（4）同离子效应　解离平衡是化学平衡的一种，当离子浓度改变时，旧的平衡被破坏，在新的条件下可建立起新的平衡。

若在 HAc 溶液中加入一些 NaAc，NaAc 在溶液中完全解离，于是溶液中的 Ac^- 离子浓度增加很多，使醋酸的解离平衡左移，从而降低 HAc 的解离度。在氨水中加入 NH_4Cl 时的情况也与此类似，将使氨水的解离度降低。

例 4.2　如果在 $0.10 \text{mol} \cdot L^{-1}$ 的 HAc 溶液中加入固体 NaAc，使 NaAc 的浓度达 $0.20 \text{mol} \cdot L^{-1}$，求该 HAc 溶液的 $c(H^+)$ 和解离度 α。

解：反应方程式 $\qquad HAc \rightleftharpoons H^+ + Ac^-$

各物质的起始相对浓度 $\qquad 0.10 \qquad 0 \qquad 0$

各物质的平衡相对浓度 $\qquad 0.10 - x \qquad x \qquad 0.20 + x$

x 表示平衡时已解离的 HAc 的浓度，将各平衡浓度代入平衡常数表达式

$$K_a^\ominus = \frac{x(0.20 + x)}{0.10 - x}$$

由于 $c_0 / K_a^\ominus \gg 500$，加上引入 NaAc 导致的平衡左移，可近似有 $0.20 + x \approx 0.20$ 和 $0.10 - x \approx 0.10$。故平衡常数表达式变为

$$K_a^\ominus = \frac{0.20x}{0.10}$$

$$故：x = \frac{0.10K_a^\ominus}{0.20} = \frac{0.10 \times 1.8 \times 10^{-5}}{0.20}$$

$$解得 x = 9.0 \times 10^{-6}，即 c(H^+) = 9.0 \times 10^{-6} mol \cdot L^{-1}$$

$$解离度 \alpha = \frac{c(H^+)}{c_0} = \frac{9.0 \times 10^{-6}}{0.10} = 9.0 \times 10^{-3}\%$$

例 4.1 1）中的结果是例 4.2 中解离度 α 的 149 倍。例 4.2 的计算结果及其与例 4.1 1）中的比较说明，在弱电解质的溶液中，加入与其具有相同离子的强电解质，使弱电解质的解离平衡左移，从而降低弱电解质的解离度，这种现象称为同离子效应。

（5）酸碱指示剂　酚酞和甲基橙这类物质在酸、碱中显示不同的颜色。这种借助于颜色改变来指示溶液 pH 的物质称为酸碱指示剂。酸碱指示剂通常是一种复杂的有机物，并且都是弱酸或弱碱，例如，甲基橙指示剂就是一种有机弱酸，可以用 HIn 来表示。HIn 在水溶液中存在着下列平衡

$$HIn \rightleftharpoons H^+ In^-$$

酸分子 HIn 显红色，酸根离子 In^- 显黄色，当 $c(HIn)$ 和 $c(In^-)$ 相等时溶液显橙色。向橙色的溶液中加酸，$c(H^+)$ 增加，上式向左移，$c(HIn)$ 增大，到一定程度时，溶液显红色；向橙色溶液中加碱，$c(H^+)$ 减小，平衡右移，$c(In^-)$ 增大，到一定程度时溶液显黄色。

上式平衡常数表达式为

$$K_i^\ominus = \frac{c(H^+)c(In^-)}{c(HIn)}$$

可化成

$$\frac{c(In^-)}{c(HIn)} = \frac{K_i^\ominus}{c(H^+)}$$

式中，$K_i^\ominus$ 是指示剂的解离常数。当 $c(H^+) = K_i^\ominus$，即 $pH = pK_i^\ominus$ 时，溶液中 $c(In^-) = c(HIn)$，这时溶液显 HIn 和 In^- 的中间颜色，例如甲基橙的橙色。故将 $pH = pK_i^\ominus$ 称为指示剂的理论变色点。

对一般指示剂来说，当 $c(HIn)/c(In^-) \geq 10$ 时，才能明显地显示出 HIn 的颜色；而当 $c(In^-)/c(HIn) \geq 10$ 时，才能明显地显示出 In^- 的颜色。而这时有关系式

$$pH = pK_i^\ominus \pm 1$$

常把这一 pH 间隔称为指示剂的变色间隔或变色范围。但由于颜色之间互相掩盖的能力各不相同，因此各种指示剂的实际变色范围并不恰好在 $pK_i^\ominus \pm 1$ 间隔中。表 4-2 列出了常用酸碱指示剂的变色范围及颜色。

表 4-2　常用酸碱指示剂的变色范围及颜色

指示剂	变色范围 pH	酸色	碱色
甲基橙	3.2~4.4	红	黄
溴酚蓝	3.0~4.6	黄	蓝
溴百里酚蓝	6.0~7.6	黄	蓝
中性红	6.8~8.0	红	亮黄
酚酞	8.2~10.0	无色	红
达旦黄	12.0~13.0	黄	红

3. 多元弱酸的解离平衡

H_2CO_3、H_2S 和 H_2SO_3 等酸都能解离出两个 H^+，这种酸称为二元酸；同理，H_3PO_4 和 H_3AsO_4 等是三元酸。对于多元酸的判断，要根据分子中可以解离的氢原子的个数，有时酸分子中的某个氢原子不能解离，如亚磷酸 H_3PO_3 分子中有三个氢原子，但它是二元酸，因为只有两个可以解离的氢原子。

多元酸在水中是分步解离的，以氢硫酸的解离为例进行简要的讨论。H_2S 的第一步解离生成 H^+ 和 HS^-，解离式为

$$H_2S \rightleftharpoons H^+ + HS^-$$

其平衡常数为 $K_1^\ominus$

$$K_1^\ominus = \frac{c(H^+)c(HS^-)}{c(H_2S)} = 1.1 \times 10^{-7}$$

HS^- 又可以解离出 H^+ 和 S^{2-}，称为第二步解离，解离式为

$$HS^- \rightleftharpoons H^+ + S^{2-}$$

其平衡常数为 $K_2^\ominus$

$$K_2^\ominus = \frac{c(H^+)c(S^{2-})}{c(HS^-)} = 1.3 \times 10^{-13}$$

第二步解离的平衡常数明显小于第一步解离的平衡常数，这是多步解离的一个规律。从离子之间的静电引力考虑，从带负电荷的 HS^- 离子中，再解离出一个正离子 H^+，要比从中性分子 H_2S 中解离出一个正离子 H^+ 难得多。从平衡角度考虑，由第一步解离出的 H^+ 会对第二步解离产生同离子效应，故实际上第二步解离出的 H^+ 是远远少于第一步的，故二元弱酸的 $c(H^+)$ 可以近似地由第一步解离求得。这就是说 HS^- 只有极少一部分发生第二步解离，故体系中的 $c(HS^-)$ 可以近似地认为和 $c(H^+)$ 相等。

在常温常压下，H_2S 气体在水中的饱和浓度约为 $0.10\,mol \cdot L^{-1}$，据此可以计算出 H_2S 的饱和溶液中的 $c(H^+)$、$c(HS^-)$ 和 $c(S^{2-})$。

设平衡时已解离的氢硫酸的浓度为 x，则 $c(H^+)$、$c(HS^-)$ 近似等于 x，而
$c(H_2S) = 0.10 - x \approx 0.10\,mol \cdot L^{-1}$

$$
\begin{array}{ccccc}
 & H_2 & \rightleftharpoons & H^+ & + & HS^- \\
\text{起始相对浓度} & 0.10 & & 0 & & 0 \\
\text{平衡相对浓度} & 0.10 & & x & & x \\
\end{array}
$$

$$K_1^\ominus = \frac{c(H^+)c(HS^-)}{c(H_2S)} = \frac{x^2}{0.10} = 1.1 \times 10^{-7}$$

解得 $x = 1.05 \times 10^{-4}$，即 $c(H^+) \approx c(HS^-) = 1.05 \times 10^{-4}\,mol \cdot L^{-1}$

在一种溶液中，各离子间的平衡是同时建立的，涉及多种平衡的离子，其浓度必须同时满足该溶液中的所有平衡，这是求解多种平衡共存问题的一条重要原则。

第二步解离平衡 $HS^- \rightleftharpoons H^+ + S^{2-}$

有 $$K_2^\ominus = \frac{c(H^+)c(S^{2-})}{c(HS^-)} = \frac{1.05 \times 10^{-4} c(S^{2-})}{1.05 \times 10^{-4}} = c(S^{2-})$$

故 $$c(S^{2-}) = 1.3 \times 10^{-13}\,mol \cdot L^{-1}$$

对二元弱酸 H_2S 来说，溶液的 $c(H^+)$ 由第一级解离决定，故比较二元弱酸的强弱，只需比较其第一级解离平衡常数 $K_1^\ominus$ 即可，并认为 HS^- 的第二步解离极小可以忽略，即 $c(HS^-) \approx c(H^+)$，而且有 $c(S^{2-}) = K_2^\ominus$。

如果将 $K_1^\ominus$ 和 $K_2^\ominus$ 的表达式相乘，即可得到

$$H_2S \rightleftharpoons 2H^+ + S^{2-}$$

平衡常数 $K^\ominus$ 的表达式为

$$K^\ominus = \frac{c(H^+)^2 c(S^{2-})}{c(H_2S^-)} = 1.4 \times 10^{-20}$$

它体现了平衡体系中 $c(H^+)$、$c(S^{2-})$ 和 $c(H_2S)$ 之间的关系，只要三者共存于平衡体系中，它们的平衡浓度一定满足上述平衡常数表达式。从以上对二元弱酸 H_2S 的讨论中可以得到以下结论：溶液的 $c(H^+)$ 由第一级解离决定；负一价酸根的浓度 $c(HS^-)$ 等于体系中的 $c(H^+)$；负二价酸根的浓度 $c(S^{2-})$ 等于第二级解离平衡常数 $K_2^\ominus$ ——适用于一般的二元弱酸和二元中强酸。必须注意的是，对于二元酸与其他物质的混合溶液，以上结论一般不适用。表 4-3 给出了某些多元酸的各级解离平衡常数。

表 4-3　某些多元酸的各级解离平衡常数（298K）

多元酸	$K_1^\ominus$	$K_2^\ominus$
$H_2C_2O_4$	5.4×10^{-2}	5.4×10^{-5}
H_3PO_3	3.7×10^{-2}	2.1×10^{-7}
H_2SO_3	1.3×10^{-2}	6.2×10^{-8}
H_3PO_4	7.1×10^{-3}	6.3×10^{-8}
H_3AsO_4	6.0×10^{-3}	1.7×10^{-7}
H_2CO_3	4.5×10^{-7}	4.7×10^{-11}
H_2S	1.1×10^{-7}	1.3×10^{-13}

例 4.3　1）求 $0.010\text{mol} \cdot \text{L}^{-1}$ 的 H_2S 溶液中 H^+、HS^-、S^{2-} 及 H_2S 的浓度；2）若向上述溶液中加几滴浓盐酸，使其浓度达到 $0.010\text{mol} \cdot \text{L}^{-1}$，求溶液中 S^{2-} 的浓度。已知：H_2S 的解离平衡常数 $K_1^\ominus = 1.1 \times 10^{-7}$，$K_2^\ominus = 1.3 \times 10^{-13}$。

解：1）H_2S 的起始浓度 $c_0 = 0.010\text{mol} \cdot \text{L}^{-1}$，其 $c(H^+)$ 由第一步解离决定。

$$H_2S \rightleftharpoons H^+ + HS^-$$

起始相对浓度　　　　　0.10　　　　0　　　　0

平衡相对浓度　　　　　0.10　　　　x　　　　x

$$K_1^\ominus = \frac{c(H^+) c(HS^-)}{c(H_2S)} = \frac{x^2}{0.010} = 1.1 \times 10^{-7}$$

解得 $x = 3.32 \times 10^{-5}$，即 $c(H^+) = c(HS^-) = 3.32 \times 10^{-5}\text{mol} \cdot \text{L}^{-1}$

第二步解离平衡 $HS^- \rightleftharpoons H^+ + S^{2-}$

有 $K_2^\ominus = \dfrac{c(H^+)c(S^{2-})}{c(HS^-)} = \dfrac{3.32\times10^{-5}c(S^{2-})}{3.32\times10^{-5}} = c(S^{2-})$

故 $c(S^{2-}) = 1.3\times10^{-13} \text{mol} \cdot L^{-1}$

2）盐酸完全解离，使体系中 $c(H^+) = 0.010 \text{mol} \cdot L^{-1}$，在这样的酸度下，已解离的 $c(H_2S)$ 以及 H_2S 解离出的 $c(H^+)$ 均可以忽略不计，设 $c(S^{2-})$ 为 y，则有

$$H_2S \rightleftharpoons 2H^+ + S^{2-}$$

平衡相对浓度 $\qquad\qquad\qquad\quad 0.01 \qquad\quad 0.010 \qquad y$

$$K^\ominus = K_1^\ominus K_2^\ominus = \frac{c(H^+)^2 c(S^{2-})}{c(H_2S^-)} = \frac{0.01^2 y}{0.01} = 1.4\times10^{-20}$$

$$y = 1.4\times10^{-18}$$

即 $c(S^{2-}) = 1.4\times10^{-18} \text{mol} \cdot L^{-1}$

计算结果表明，由于 $0.010 \text{mol} \cdot L^{-1}$ 的盐酸存在，$c(S^{2-})$ 降低至原来的 9.3×10^4 分之一。这些数据也说明了同离子效应的影响之大。

和二元酸相似，三元酸也是分步解离的，由于 $K_1^\ominus$、$K_2^\ominus$、$K_3^\ominus$ 相差很大，三元酸的 $c(H^+)$ 也认为是由第一步解离决定的；负一价酸根离子的浓度等于体系中的 $c(H^+)$；负二价的酸根离子的浓度等于第二级解离常数 $K_2^\ominus$。在知道三元酸体系的 $c(H^+)$ 和三元酸起始浓度 c_0 的基础上，可以用各级平衡常数、$c(H^+)$ 和 c_0 表示出各种酸根离子及酸分子的浓度。下面以磷酸为例讨论三元酸解离平衡的计算。

例 4.4 已知 H_3PO_4 的各级解离常数 $K_1^\ominus = 7.1\times10^{-3}$，$K_2^\ominus = 6.3\times10^{-8}$，$K_3^\ominus = 4.8\times10^{-13}$。求 H_3PO_4 的起始浓度 c_0 为多大时，可使体系中 PO_4^{3-} 的浓度为 $4.0\times10^{-18} \text{mol} \cdot L^{-1}$？

解：因为 $K_1^\ominus \gg K_2^\ominus \gg K_3^\ominus$，体系中的 $c(H^+)$ 由 H_3PO_4 的第一步解离决定。

$$H_3PO_4 \rightleftharpoons H^+ + H_2PO_4^-$$

起始相对浓度 $\qquad\qquad\qquad\qquad\quad c_0 \qquad\quad 0 \qquad\quad 0$

平衡相对浓度 $\qquad\qquad\qquad c_0 - c(H^+) \quad c(H^+) \quad c(H^+)$

平衡常数表达式 $K_1^\ominus = \dfrac{c(H^+)c(H_2PO_4^-)}{c(H_3PO_4)} = \dfrac{c(H^+)^2}{c_0 - c(H^+)} = 7.1\times10^{-3}$

于是 $c_0 = \dfrac{c(H^+)^2}{K_1^\ominus} + c(H^+)$ $\qquad$ (a)

第三步解离 $HPO_4^{2-} \rightleftharpoons H^+ + HPO_4^{3-}$

平衡常数表达式 $K_3^\ominus = \dfrac{c(H^+)c(PO_4^{3-})}{c(HPO_4^{2-})}$

所以，$c(\mathrm{H^+}) = \dfrac{K_3^{\ominus} c(\mathrm{HPO_4^{2-}})}{c(\mathrm{PO_4^{3-}})}$，式中 $c(\mathrm{HPO_4^{2-}}) = K_2^{\ominus}$

故上式变为 $c(\mathrm{H^+}) = \dfrac{K_2^{\ominus} K_3^{\ominus}}{c(\mathrm{PO_4^{3-}})} = \dfrac{6.3\times10^{-8}\times4.8\times10^{-13}}{4.0\times10^{-18}} \mathrm{mol \cdot L^{-1}} = 7.6\times10^{-3} \mathrm{mol \cdot L^{-1}}$

将 $c(\mathrm{H^+})$ 代入式（a），得 $c_0 = \dfrac{c(\mathrm{H^+})^2}{K_1^{\ominus}} + c(\mathrm{H^+})$

解得 $c_0 = \left[\dfrac{(7.6\times10^{-3})^2}{7.1\times10^{-3}} + 7.6\times10^{-3}\right] \mathrm{mol \cdot L^{-1}} = 1.6\times10^{-2} \mathrm{mol \cdot L^{-1}}$

4.2　难溶电解质的沉淀溶解平衡

4.2.1　溶度积

在水溶液的溶质中，存在一类称为难溶性的强电解质。难溶性意味着溶液的浓度很低，强电解质表明溶液中存在的是离子。AgCl 就属于难溶性的强电解质，把固体 AgCl 放到水中，它将与水分子发生作用。$\mathrm{H_2O}$ 是一种极性分子，一些水分子的正极与固体表面上的 $\mathrm{Cl^-}$ 相互吸引，而另一些水分子的负极与固体表面上的 $\mathrm{Ag^+}$ 相互吸引。这种相互作用使得一部分 $\mathrm{Ag^+}$ 和 $\mathrm{Cl^-}$ 成为水合离子，脱离固体表面进入溶液，从而完成溶解过程。另一方面，随着溶液中 $\mathrm{Ag^+}$ 和 $\mathrm{Cl^-}$ 的不断增多，其中一些水合 $\mathrm{Ag^+}$ 和 $\mathrm{Cl^-}$ 在运动中受固体表面的吸引，重新析出到固体表面上来，这一过程称为沉淀。

当溶解过程产生的 $\mathrm{Ag^+}$ 和 $\mathrm{Cl^-}$ 的数目和沉淀过程消耗的 $\mathrm{Ag^+}$ 和 $\mathrm{Cl^-}$ 的数目相同，即两个过程进行的速率相等时，便达到沉淀溶解平衡。平衡建立后，溶液中离子的浓度不再改变，但两个过程仍在各自独立地不断进行，所以沉淀溶解平衡属于动态平衡。在溶液中存在的沉淀溶解平衡可以表示成

$$\mathrm{AgCl(s) \rightleftharpoons Ag^+(aq) + Cl^-(aq)}$$

该平衡的平衡常数表达式为

$$K = c(\mathrm{Ag^+}) \cdot c(\mathrm{Cl^-})$$

由于反应方程式的左侧是固体，所以平衡常数表达式是离子浓度乘积的形式，这种能够反映出物质溶解性质的乘积形式的平衡常数，称为溶度积常数，简称为溶度积，用标准浓度积常数 $K_{\mathrm{sp}}^{\ominus}$ 表示。故沉淀溶解平衡的 $K_{\mathrm{sp}}^{\ominus}$ 可以表示为

$$K_{\mathrm{sp}}^{\ominus} = c(\mathrm{Ag^+}) \cdot c(\mathrm{Cl^-})$$

对于一般的沉淀反应

$$\mathrm{A_n B_m(s) \rightleftharpoons} n\mathrm{A^{m+}(aq)} + m\mathrm{B^{n-}(aq)}$$

溶度积的通式为

$$K_{\mathrm{sp}}^{\ominus}(\mathrm{A_n B_m}) = c(\mathrm{A^{m+}})^n \cdot c(\mathrm{B^{n-}})^m$$

溶度积等于沉淀溶解平衡时离子浓度幂的乘积，每种离子浓度的幂与其化学计量数相等。要

特别指出：在多相离子平衡系统中，必须有未溶解的固相存在，否则就不能保证系统处于平衡状态。有时，这种动态平衡需要有足够的时间（几天甚至更长）才能达到。

难溶电解质溶度积常数的数值，不受其他离子存在的影响，只取决于温度。温度升高，多数难溶化合物的溶度积增大。

对于任一难溶电解质的多相离子平衡

$$A_nB_m(s) \rightleftharpoons nA^{m+}(aq) + mB^{n-}(aq)$$

在任意条件下，其反应商为

$$J = c(A^{m+})^n \cdot c(B^{n-})^m$$

J 等于生成物离子相对浓度幂的乘积，所以反应商在多相离子平衡中又称为离子积。

根据化学平衡移动的一般原理，将离子积 J 与溶度积 $K_{sp}^{\ominus}$ 进行比较，可以得出

1）$J > K_{sp}^{\ominus}$，平衡向左移动，沉淀从溶液中析出；

2）$J = K_{sp}^{\ominus}$，处于平衡状态，溶液为饱和溶液；

3）$J < K_{sp}^{\ominus}$，平衡向右移动，无沉淀析出；若原来体系中有沉淀存在，则沉淀溶解。

以上称为沉淀溶解平衡反应的判据，又称溶度积规则，它是难溶电解质多相离子平衡移动规律的总结。应用溶度积规则可以判断溶液中沉淀的生成与溶解趋势。

4.2.2 分步沉淀

在生产和科研过程中，溶液中往往含有多种可被沉淀的离子，即当加入某种沉淀试剂时，可能分别与溶液中的多种离子发生反应而产生沉淀。在这种情况下，沉淀反应将按照怎样的次序进行？哪种离子先被沉淀，哪种离子后被沉淀？先沉淀的离子沉淀到什么程度，另一种离子才开始沉淀？在离子的分离过程中，弄清这些问题十分重要。

实验证明，在 1.0L 含有相同浓度（$1 \times 10^{-3} \text{mol} \cdot \text{L}^{-1}$）的 I^- 和 Cl^- 的混合溶液中，先加 1 滴（0.05mL）$1 \times 10^{-3} \text{mol} \cdot \text{L}^{-1}$ 的 $AgNO_3$ 溶液，此时只有黄色的 AgI 沉淀析出，如果继续滴加 $AgNO_3$ 溶液（要特别强调的是慢慢滴加，并不断搅拌或振荡）才有白色的 $AgCl$ 沉淀析出。此外，如果一种溶液中同时含有 Fe^{3+} 和 Mg^{2+}，当慢慢滴入氨水时，刚开始只生成 $Fe(OH)_3$ 沉淀，加入的氨水到一定量时才出现 $Mg(OH)_2$ 沉淀。这种先后沉淀的现象，叫作分步沉淀或分级沉淀。

根据溶度积规则，可以说明上述实验事实。

$$AgI(s) \rightleftharpoons Ag^+(aq) + I^-(aq)$$
$$K_{sp}^{\ominus}(AgI) = c(Ag^+) \cdot c(I^-)$$

当 $c(I^-) = 1.0 \times 10^{-3} \text{mol} \cdot \text{L}^{-1}$ 时，析出 $AgI(s)$ 的最低 Ag^+ 浓度为

$$c(Ag^+)_1 = \frac{K_{sp}^{\ominus}(AgI)}{c(I^-)} = \frac{8.3 \times 10^{-17}}{1.0 \times 10^{-3}} \text{mol} \cdot \text{L}^{-1} = 8.3 \times 10^{-14} \text{mol} \cdot \text{L}^{-1}$$

$$AgCl(s) \rightleftharpoons Ag^+(aq) + Cl^-(aq)$$
$$K_{sp}^{\ominus}(AgCl) = c(Ag^+) \cdot c(Cl^-)$$

当 $c(Cl^-) = 1.0 \times 10^{-3} \text{mol} \cdot \text{L}^{-1}$ 时，析出 $AgCl(s)$ 的最低 Ag^+ 浓度为

$$c(Ag^+)_2 = \frac{K_{sp}^{\ominus}(AgCl)}{c(Cl^-)} = \frac{1.8 \times 10^{-10}}{1.0 \times 10^{-3}} \text{mol} \cdot \text{L}^{-1} = 1.8 \times 10^{-7} \text{mol} \cdot \text{L}^{-1}$$

由计算结果可知，开始沉淀 I^- 时所需要的 Ag^+ 浓度比开始沉淀 Cl^- 所需要的 Ag^+ 浓度小得多。在含有 I^- 和 Cl^- 的溶液中，逐滴慢慢加入 $AgNO_3$ 稀溶液，Ag^+ 浓度渐渐增加，当 $c(Ag^+) \cdot c(I^-) \geqslant K_{sp}^{\ominus}(AgI)$ 时，AgI 沉淀开始不断析出。只有当 $c(Ag^+)$ 增大到一定程度时，使 $c(Ag^+) \cdot c(Cl^-) \geqslant K_{sp}^{\ominus}(AgCl)$，才能有 AgCl 沉淀析出。总之，在溶液中某种沉淀对应的离子积首先达到或超过其溶度积时，就先析出这种沉淀。必须指出：只有对同一类型的难溶电解质，且被沉淀离子浓度相同或相近的情况下，逐滴慢慢加入沉淀试剂时，才是溶度积小的沉淀先析出，溶度积大的沉淀后析出。

上述实例中，当 AgCl 沉淀开始析出时，溶液中 I^- 的浓度又是多少呢？即溶液中 $c(Ag^+)_2 = 1.8 \times 10^{-7} mol \cdot L^{-1}$ 时，

$$c(I^-) = \frac{K_{sp}^{\ominus}(AgI)}{c(Ag^+)_2} = 4.6 \times 10^{-10} mol \cdot L^{-1}$$

此时，残留在溶液中的 I^- 的量只占 $\frac{4.6 \times 10^{-10}}{1.0 \times 10^{-3}} \times 100\% = 4.6 \times 10^{-5}\%$。这就是说，AgCl 开始析出沉淀时，$I^-$ 早已被沉淀完全了 $[c(I^-) \ll 10^{-5} mol \cdot L^{-1}]$。

当系统中同时析出 AgI 和 AgCl 两种沉淀时，溶液中的 Ag^+ 浓度同时满足两个多相离子平衡。即

$$K_{sp}^{\ominus}(AgI) = c(Ag^+) \cdot c(I^-)$$

$$K_{sp}^{\ominus}(AgCl) = c(Ag^+) \cdot c(Cl^-)$$

$$c(Ag^+) = \frac{K_{sp}^{\ominus}(AgI)}{c(I^-)} = \frac{K_{sp}^{\ominus}(AgCl)}{c(Cl^-)}$$

$$\frac{c(I^-)}{c(Cl^-)} = \frac{K_{sp}^{\ominus}(AgI)}{K_{sp}^{\ominus}(AgCl)} = \frac{8.3 \times 10^{-17}}{1.8 \times 10^{-10}} = 4.6 \times 10^{-7}$$

由此式可以推知，溶度积差别越大，就越有可能利用分步沉淀的方法将两种沉淀分离开。

显然，分步沉淀的次序不仅与溶度积的数值有关，还与溶液中对应离子的浓度有关。如果溶液中的 $c(Cl^-) > 2.2 \times 10^6 c(I^-)$（海水中的情况就与此类似），此时开始析出 AgCl 沉淀所需要的 Ag^+ 浓度小于析出 AgI 沉淀所需要的 Ag^+ 浓度。当逐滴加入 $AgNO_3$ 试剂时，首先达到 AgCl 的溶度积而析出 AgCl 沉淀。因此，适当地改变被沉淀离子的浓度，可以使分步沉淀的顺序发生变化。

当溶液中存在多种可被沉淀的离子，加入沉淀试剂生成不同类型的难溶电解质时，也是离子积 J 首先达到溶度积的难溶电解质先析出沉淀。

4.2.3 沉淀的转化

FeS 解离生成的 S^{2-} 与盐酸中的 H^+ 可以结合成弱电解质 H_2S，可以使沉淀溶解平衡右移，引起 FeS 在酸中的溶解。这个过程涉及两种平衡，即沉淀溶解平衡和解离平衡。若难溶性强电解质解离生成的离子，与溶液中存在的另一种沉淀剂结合而生成一种新的沉淀，称为沉淀的转化。这个过程也涉及两个平衡——两个沉淀溶解平衡。

白色 $PbSO_4$ 沉淀和其饱和溶液共存于试管中，向其中加入 Na_2S 溶液并搅拌，观察到的

现象是沉淀变为黑色，即白色的 $PbSO_4$ 沉淀转化成黑色的 PbS 沉淀。这就是由一种沉淀转化为另一种沉淀的过程。

PbS 的 $K_{sp}^{\ominus}=8.0\times10^{-28}$，而 $PbSO_4$ 的 $K_{sp}^{\ominus}=2.53\times10^{-8}$，PbS 的溶度积更小，说明其更难溶。

在 $PbSO_4$ 的饱和溶液中，Pb^{2+} 和 SO_4^{2-} 以很低的浓度共存。由于 PbS 的溶度积更小，加入的沉淀剂 S^{2-} 与溶液中很低浓度的 Pb^{2+} 已经不能共存，两种离子结合成 PbS 沉淀析出。于是溶液中 $c(Pb^{2+})$ 降低，这时对 $PbSO_4$ 来说溶液变成不饱和溶液，$PbSO_4$ 就发生溶解。但溶液对 PbS 来说却是饱和的，在 $PbSO_4$ 不断溶解的同时，PbS 沉淀不断析出。只要加入的 Na_2S 有足够的量，白色沉淀就不断转化成黑色沉淀，直到白色 $PbSO_4$ 完全溶解为止。此过程可表示为

$$PbSO_4 \rightleftharpoons Pb^{2+}+SO_4^{2-}$$
$$Na_2S = S^{2-}+2Na^+$$
$$Pb^{2+}+S^{2-} \rightleftharpoons PbS$$

由一种难溶物质转化为另一种更难溶的物质，过程是较容易进行的。下面来讨论转化的条件，若上述两种沉淀溶解平衡同时存在，则有

$$K_{sp}^{\ominus}(PbS)=c(Pb^{2+})\cdot c(S^{2-})=8.0\times10^{-28}$$
$$K_{sp}^{\ominus}(PbSO_4)=c(Pb^{2+})\cdot c(SO_4^{2-})=2.53\times10^{-8}$$

两式相除，得：$\dfrac{c(S^{2-})}{c(SO_4^{2-})}=\dfrac{1}{3.16\times10^{19}}$

这说明在加入新的沉淀剂 S^{2-} 时，只要能保持 $c(S^{2-})>\dfrac{1}{3.16\times10^{19}}c(SO_4^{2-})$，$PbSO_4$ 就会转变为 PbS。对于 $c(S^{2-})$ 的这种要求已经是再低不过了。

反过来，由溶度积极小的 PbS 转化为溶度积较大的 $PbSO_4$ 则非常困难。从上面的讨论中可以看出，只有保持 $c(SO_4^{2-})$ 大于 $c(S^{2-})$ 的 3.16×10^{19} 倍时，才能使 PbS 转化为 $PbSO_4$。实际上要完成 PbS 向 $PbSO_4$ 的转化，需要通过氧化反应来实现。

如果两种沉淀的 $K_{sp}^{\ominus}$ 值比较接近，相差倍数不大，由一种溶度积较小的沉淀物转化为溶度积较大的沉淀物，还是有可能的，也才是有意义的。例如

$$K_{sp}^{\ominus}(BaCrO_4)=c(Ba^{2+})c(CrO_4^{2-})=1.2\times10^{-10}$$
$$K_{sp}^{\ominus}(BaCO_3)=c(Ba^{2+})c(CO_3^{2-})=2.6\times10^{-9}$$

两式相除，得：$\dfrac{c(CrO_4^{2-})}{c(CO_3^{2-})}=0.046$

这说明只要能保持 $c(CrO_4^{2-})>0.046\,c(CO_3^{2-})$，$BaCO_3$ 就会转变为 $BaCrO_4$；反过来，只有保持 $c(CO_3^{2-})$ 大于 $c(CrO_4^{2-})$ 的 22 倍时，才能使 $BaCrO_4$ 转化为 $BaCO_3$，这样的转化条件在实验室中是可以实现的。

例 4.5 $1.5mol\cdot L^{-1}$ 的 0.20L Na_2CO_3 溶液可以使多少克 $BaSO_4$ 固体转化掉？

解：$$BaSO_4+CO_3^{2-} \rightleftharpoons BaCO_3+SO_4^{2-}$$

	CO_3^{2-}	SO_4^{2-}
初始浓度	1.5	0
平衡浓度	1.5−x	x

SO_4^{2-} 的平衡浓度 x 是已经转化的 $BaSO_4$ 的浓度。

$$K = \frac{c(SO_4^{2-})}{c(CO_3^{2-})} = \frac{c(SO_4^{2-}) \cdot c(Ba^{2+})}{c(CO_3^{2-}) \cdot c(Ba^{2+})} = \frac{K_{sp}^{\ominus}(BaSO_4)}{K_{sp}^{\ominus}(BaCO_3)} = \frac{1.1 \times 10^{-10}}{2.6 \times 10^{-9}} = 0.042 = \frac{x}{1.5 - x}$$

解得 $x = 0.060$，即 $c(SO_4^{2-}) = 0.060 \, mol \cdot L^{-1}$

于是在 0.20L 溶液中有 SO_4^{2-}

$$0.060 \, mol \cdot L^{-1} \times 0.20L = 1.2 \times 10^{-2} mol$$

相当于有 $1.2 \times 10^{-2} mol$ 的 $BaSO_4$ 被转化掉，即转化掉的 $BaSO_4$ 的质量为 $233 \times 1.2 \times 10^{-2} = 2.8g$

4.3 配位化合物和配离子的离解平衡

配位化合物（简称配合物，又称络合物）是一类数量很多的重要化合物。早在 1798 年，法国化学家塔索尔特（Tassaert）合成了第一个配位化合物 $[Co(NH_3)_6]Cl_3$。自此以来，人们相继合成了成千上万种配位化合物。特别是近些年来，人们对配合物的合成、性质、结构和应用做了大量研究工作，配位化学得到了迅速发展，它已广泛地渗透到分析化学、有机化学、催化化学、结构化学和生物化学等各领域中，已成为化学科学中的一个独立分支。

4.3.1 配位化合物的组成和命名

1. 定义

1980 年，中国化学会公布的《无机化学命名原则》给配位化合物下的定义是："配位化合物（简称配合物）是由可以给出孤对电子或多个不定域电子的一定数目的离子或分子（称为配体）和具有接受孤对电子或多个不定域电子的空位的原子或离子（统称中心原子）按一定的组成和空间构型所形成的化合物。"

结合以上规定，其定义可以简化为：由中心原子（或离子）和几个配体分子（或离子）以配位键相结合而形成的复杂分子或离子，通常称为配位单元（或配合单元）。含有配位单元的化合物称为配位化合物，简称配合物。

这个定义与《无机化学命名原则》中的定义相比较，所不同的是对于配位中心和配体之间化学键的描述，前者提到了一般的配位键和不定域的配位键，而后者只提到了一般的配位键。

配位单元可以是配阳离子，如 $[Co(NH_3)_6]^{3+}$ 和 $[Cu(NH_3)_4]^{2+}$，也可以是配阴离子，如 $[Cr(CN)_6]^{3-}$ 和 $[Co(SCN)_4]^{2-}$，还可以是中性配分子，如 $Ni(CO)_4$ 和 $Cu(NH_2CH_2COO)_2$。

配离子与异号电荷的离子结合即形成配合物，如 $[Co(NH_3)_6]Cl_3$、$[Co(NH_3)_6][Cr(CN)_6]$、$K_3[Cr(CN)_6]$，而中性的配位单元就是配合物，如 $Ni(CO)_4$ 和 $Cu(NH_2CH_2COO)_2$。

2. 构成

配合物一般是由内界和外界两部分构成的。配合单元为内界，而带有与内界异号电荷的离子为外界，如在配合物 $[Co(NH_3)_6]Cl_3$ 中，内界为 $[Co(NH_3)_6]^{3+}$，外界为 Cl^-；在配合物 $K[Co(CN)_6]$ 中，内界为 $[Co(CN)_6]^-$，外界为 K^+；而中性配合单元作为配合物的

$Ni(CO)_4$ 则无外界；在配合物 $[Co(NH_3)_6][Cr(CN)_6]$ 中，可以认为 $[Co(NH_3)_6]^{3+}$ 和 $[Cr(CN)_6]^{3-}$ 均为内界，或者认为二者互为内外界。

在水溶液中，配合物的内外界之间全部解离。而配合单元即内界较稳定，解离程度较小，在水溶液中存在着配合单元与中心、配体之间的配合解离平衡。

配合物的内界由配位中心和配体构成。配位中心又称为配合物的形成体，多为金属。配位中心可以是正离子（多为金属离子），如 FeF_6^{3-} 中的 $Fe(\text{Ⅲ})$ 和 $[Co(NH_3)_6]^{3+}$ 中的 $Co(\text{Ⅲ})$，也可以是原子，如 $Ni(CO)_4$ 中的 Ni 和 $Fe(CO)_5$ 中的 Fe，配位中心的氧化数也可以是负值，如 $Na[Co(CO)_4]$ 中的 Co。

配体可以是分子，如 NH_3、H_2O、CO、N_2、有机胺等，也可以是阴离子，如 F^-，I^-、OH^-、CN^-、SCN^-、$C_2O_4^{2-}$、CH_3COO^-。

3. 配位原子和配位数

配位原子指配体中给出孤电子对与中心直接形成配位键的原子，如 NH_3 中的 N、H_2O 中的 O、CO 中的 C、NH_2CH_2COO 中的 O 和 N 等。

配位数指配位单元中与中心直接成键的配位原子的个数。注意不要将配位数与配体个数相混，例如，$[Co(NH_3)_6]Cl_3$ 中配位数是 6，有 6 个 N 原子向 Co 配位，配体个数是 6；$Cu(NH_2CH_2COO)_2$ 中配位数是 4，有 2 个 N、2 个 O 向 Cu 配位，但配体个数是 2。配位数一般为偶数（2、4、6、8），其中最多的是 4 和 6，配位数为奇数（3、5、7）的配合单元则较少。

配位数的多少和中心的电荷、半径以及配体的电荷、半径有关。一般来说，中心的电荷高、半径大，则利于形成高配位数的配位单元。氧化数为 +1 的中心易形成二配位的配合单元，如 $Ag(CN)_2^-$、$Ag(S_2O_3)_2^{3-}$ 等；氧化数为 +2 的中心易形成四配位或六配位的配合单元，如 $Cu(NH_3)_4^{2+}$、$Zn(NH_3)_4^{2+}$、$Co(NH_3)_6^{2+}$、$Fe(CN)_6^{2+}$；氧化数为 +3 的中心易形成六配位的配合单元，如 $Co(NH_3)_6^{3+}$、$Fe(CN)_6^{3+}$。中心的电荷高，则中心对配体引力大，中心可以吸引更多的配体以形成高配位数的配合单元；另一方面，中心的半径大时，其周围才有足够的空间容纳多个配位原子。

从配体的角度看，配体的半径越大，在中心周围能容纳的配体就越少，利于形成低配位数的配位单元；配体的负电荷高时，虽然增大了与中心之间的引力，但也增加了配体之间的斥力，而配体间的斥力起主要作用，总的结果是配位数减少。例如，Fe^{3+} 与半径小的 F^- 可以形成 6 配位的 FeF_6^{3-}，但 Fe^{3+} 与半径较大的 Cl^- 只能形成 4 配位的 $FeCl_4^-$；Fe 与 $C_2O_4^{2-}$ 形成 6 配位的 $Fe(C_2O_4)_3^{3-}$，但 Fe 与 PO_4^{3-} 只能形成 $Fe(PO_4)_2^{3-}$。

配位数的大小当然也和温度、配体的浓度等因素有关。温度升高，由于热振动的原因，配位数减少；配体的浓度增大，有利于形成高配位数的配合单元。例如，随着 CN^- 的浓度不同，其与 Cu^+ 可形成配位数为 1~4 的配合单元。

4. 多基配体和螯合物

只有一个配位原子的配体称为单基或单齿配体，如 NH_3、H_2O、F^-、CN^- 等；含有两个配位原子的配体称为双基或双齿配体，如 $C_2O_4^{2-}$ 和乙二胺 $H_2N—CH_2—CH_2—NH_2$（表示为 en）等；含有两个以上配位原子的配体称为多基或多齿配体，如乙二胺四乙酸及其盐（EDTA），配体中的 2 个 N、4 个 O（—OH 中的 O）均可配位。

$$HOOCH_2C \diagdown N\text{—}CH_2\text{—}CH_2\text{—}N \diagup CH_2COOH$$
$$HOOCH_2C \diagup \qquad\qquad\qquad\qquad \diagdown CH_2COOH$$

由双基配体或多基配体形成的配合物常形成环状结构，称这种配位化合物为螯合物或内配合物，如乙二胺与 Cu^{2+} 的配合物。

$$\left[\begin{array}{c} NH_2 \qquad\qquad H_2N \\ CH_2 \qquad\qquad\qquad CH_2 \\ \qquad\qquad Cu \\ CH_2 \qquad\qquad\qquad CH_2 \\ NH_2 \qquad\qquad H_2N \end{array}\right]^{2+}$$

负离子多基配体和正离子中心形成的中性配位单元，称为内盐，如甘氨酸与 Cu^{2+} 的配合物。

$$\begin{array}{c} O \qquad\qquad\qquad\qquad\qquad NH_2\text{—}CH_2 \\ \parallel \\ C\text{—}O \qquad\qquad Cu \qquad\qquad | \\ H_2C\text{—}NH_2 \qquad\qquad O\text{—}C \\ \qquad\qquad\qquad\qquad\qquad\qquad \parallel \\ \qquad\qquad\qquad\qquad\qquad\qquad O \end{array}$$

5. 配位化合物的命名

配位化合物的命名，显然离不开配体的名称。下面是一些常见配体的化学式、代号和名称。

F^- 氟、Cl^- 氯、Br^- 溴、I^- 碘、O^{2-} 氧、N^{3-} 氮、S^{2-} 硫、OH^- 羟、CN^- 氰、$-NO_2^-$ 硝基、H^- 氢、$-ONO^-$ 亚硝酸、SO_4^{2-} 硫酸根、$C_2O_4^{2-}$ 草酸根、SCN^- 硫氰酸根、NCS^- 异硫氰酸根、N_3^- 叠氮、O_2^{2-} 过氧根、NH_3 氨、CO 羰、NO 亚硝酰、H_2O 水、en 乙二胺、ph_3P 三苯基膦和 py

（）吡啶。

1）配合物的命名，遵循无机化合物命名的一般原则：在内外界之间先阴离子，后阳离子。若配位单元为阳离子，阴离子为简单离子或复杂的酸根，则内外界之间缀以"合"字或"酸"字；若配位单元为阴离子，则在内外界之间缀以"酸"字。例如：

$[Co(NH_3)_6]Cl_3$	三氯化六氨合钴（Ⅲ）
$[Cu(NH_3)_4]SO_4$	硫酸四氨合铜（Ⅱ）
$Cu_2[SiF_6]$	六氟合硅（Ⅳ）酸亚铜

2）在配位单元内，先配体后中心。配体前面用二、三、四、…表示该配体的个数；几种不同的配体之间加"·"号隔开；配体与中心之间加"合"字；中心后面加（），内用罗马数字表示中心的价态。

3）配体的先后顺序

① 先无机配体，后有机配体，如

$PtCl_2(Ph_3P)_2$ 　　　　　　　　　　二氯·二（三苯基膦）合铂（Ⅱ）

② 先阴离子配体，后分子类配体，如

$K[PtCl_3(NH_3)]$ 　　　　　　　　　三氯·氨合铂（Ⅱ）酸钾

③ 同类配体中，先后顺序按配位原子的元素符号在英文字母表中的次序，如

$[Co(NH_3)_5H_2O]Cl_3$ 　　　　　　　三氯化五氨·水合钴（Ⅲ）

④ 配位原子相同，配体中原子个数少的在前，如

$[Pt(py)(NH_3)(NH_2OH)(NO_2)]Cl$ 　　　氯化硝基·氨·羟胺·吡啶合铂（Ⅱ）

⑤ 配体中原子个数相同，则按和配位原子直接相连的其他原子的元素符号的英文字母表次序，如

$[Pt(NH_3)_2(NO_2)(NH_2)]$ 　　　　　氨基·硝基·二氨合铂（Ⅱ）

NH_2^- 和 NO_2^- 相比，NH_2^- 在前。

值得注意的是，这 5 条中后一条都是以前一条为基础的。

在书写配位化合物的化学式时，为避免混淆，有时需将某些配体放入圆括号内，要注意理解其所代表的意义。

4.3.2　配位平衡

1. 配位-解离平衡与平衡常数

配合物的内外界之间在水中全部解离，而配合物内界只部分解离，即存在配位-解离平衡。例如，当向硝酸银溶液中加入氨水时，首先生成白色的氢氧化银沉淀，继续向溶液中加氨水，则白色沉淀消失，形成 $Ag(NH_3)_2^+$ 的无色溶液。此时若向溶液中加入氯化钠，则没有氯化银沉淀产生，这似乎说明溶液中的 Ag^+ 全部被配合 $Ag(NH_3)_2^+$。但加碘化钾就有碘化银沉淀析出，通硫化氢也有硫化银沉淀生成。这一事实表明溶液中还有游离的 Ag^+ 存在。可以认为，溶液中既存在 Ag^+ 和 NH_3 分子的配位反应，又存在 $Ag(NH_3)_2^+$ 的解离反应，配位与解离反应最后达到平衡，这种平衡称为配位平衡。

$$Ag^+ + 2NH_3 \rightleftharpoons Ag(NH_3)_2^+$$

依据化学平衡的一般原理，其平衡常数表达式为

$$K_稳 = \frac{c[Ag(NH_3)_2^+]}{c(Ag^+)c(NH_3)^2} = 1.1 \times 10^7$$

此平衡常数称为 $Ag(NH_3)_2^+$ 的生成常数。该常数越大，说明生成配离子的倾向越大，而解离的倾向就越小，即配离子越稳定，故也称为 $Ag(NH_3)_2^+$ 的稳定常数，用 $K_稳$ 或 K_f 表示。配合物的稳定性即是配位单元的稳定性。一些常见配离子的稳定常数可见附录 4。稳定常数的大小，直接反映了配离子稳定性的大小。例如 $Ag(NH_3)_2^+$ 和 $Ag(CN)_2^-$ 的 $K_稳$ 分别为 1.1×10^7 和 1.0×10^{21}，说明 $Ag(CN)_2^-$ 比 $Ag(NH_3)_2^+$ 稳定得多。事实正是如此，如前所述，加碘化钾于 $Ag(NH_3)_2^+$ 溶液中，可因生成碘化银的沉淀而破坏 $Ag(NH_3)_2^+$ 离子，但是在同样条件下却不能破坏 $Ag(CN)_2^-$ 离子，这一点可通过计算得到证明。

　　例 4.6　比较当 $0.10mol \cdot L^{-1} Ag(NH_3)_2^+$ 溶液中含有 $0.10mol \cdot L^{-1}$ 的氨水和 $0.10mol \cdot L^{-1} Ag(CN)_2^-$ 溶液中含有 $0.10mol \cdot L^{-1}$ 的 CN^- 离子时，溶液中的 Ag^+ 离子浓度。$[Ag(NH_3)_2^+$ 的 $K_稳 = 1.1 \times 10^7$，$Ag(CN)_2^-$ 的 $K_稳 = 1.0 \times 10^{21}]$

　　解：第一步先求 $Ag(NH_3)_2^+$ 和氨水的混合溶液中的 Ag^+ 离子浓度 $c(Ag^+)$。

　　设 $c(Ag^+) = x$，根据配合平衡，有如下关系：

$$Ag^+ \quad + \quad 2NH_3 \quad \rightleftharpoons \quad Ag(NH_3)_2^+$$
$$x \qquad\qquad 0.10+2x \qquad\qquad 0.10-x$$

NH_3 过量时解离受到抑制，此时 $0.10-x \approx 0.10$，$0.10+2x \approx 0.10$。

$$\frac{c[Ag(NH_3)_2^+]}{c(Ag^+)c(NH_3)^2} = \frac{0.10}{x(0.10)^2} = \frac{1}{0.1x} = 1.1 \times 10^7$$

得 $x = 9.1 \times 10^{-7} \ mol \cdot L^{-1}$，即 $c(Ag^+) = 9.1 \times 10^{-7} \ mol \cdot L^{-1}$。

第二步计算 $Ag(CN)_2^-$ 和 CN^- 混合溶液中的 $c(Ag^+)$。

设 $c(Ag^+) = y$，与上面的计算相似

$$Ag^+ + 2CN^- \rightleftharpoons Ag(CN)_2^-$$
$$y \qquad 0.10+2y \qquad 0.10-y$$

$$\frac{c[Ag(CN)_2^-]}{c(Ag^+)c(CN^-)^2} = \frac{0.10}{y(0.10)^2} = \frac{1}{0.1y} = 1.0 \times 10^{21}$$

得 $y = 10^{-20} \ mol \cdot L^{-1}$，即 $c(Ag^+) = 10^{-20} \ mol \cdot L^{-1}$。

计算结果表明，在水溶液中，$Ag(CN)_2^-$ 比 $Ag(NH_3)_2^+$ 离子更难解离，即 $Ag(CN)_2^-$ 更稳定。

如果在上述混合溶液中含有 $0.10 mol \cdot L^{-1}$ 的 I^- 离子，由于 AgI 的溶度积 $K_{sp}^\ominus = 8.3 \times 10^{-17}$，所以在 $Ag(NH_3)_2^+$ 的溶液中会产生 AgI 的沉淀（$0.10 \times 9.1 \times 10^{-7} > 8.3 \times 10^{-17}$），而在 $Ag(CN)_2^-$ 溶液中不会产生 AgI 的沉淀（$0.10 \times 10^{-20} < 8.3 \times 10^{-17}$）。

应着重指出，在用 $K_稳$ 比较配离子的稳定性时，配离子的类型必须相同才能比较，否则会出现错误。例如 CuY^{2-} 和 $Cu(en)_2^{2+}$ 的 $K_稳$ 分别为 6.0×10^{18} 和 4.0×10^{19}，表面看来似乎后者比前者稳定，事实恰好相反，这是因为前者是 1:1 型，后者是 1:2 型。对于不同类型的配离子，只能通过计算来比较它们的稳定性。

有时，用配合物的不稳定常数来表示配位-解离平衡，不稳定常数用 $K_{不稳}$ 或 K_d 表示，例如

$$Ag(NH_3)_2^+ \rightleftharpoons Ag^+ + 2NH_3$$

$$K_{不稳} = \frac{c(Ag^+)c(NH_3)^2}{c[Ag(NH_3)_2^+]}$$

平衡常数 $K_{不稳}$ 越大，解离反应越彻底，配合物越不稳定。

很明显，上述两个常数间存在着如下关系：

$$K_稳 = \frac{1}{K_{不稳}} \ 或 \ K_f = \frac{1}{K_d}$$

例 4.7 将 $0.20 mol \cdot L^{-1} AgNO_3$ 溶液与 $2.0 mol \cdot L^{-1} NH_3 \cdot H_2O$ 等体积混合，试计算平衡时溶液中 Ag^+、NH_3、$Ag(NH_3)_2^+$ 的浓度。已知：$Ag(NH_3)_2^+$ 的 $K_稳 = 1.1 \times 10^7$。

解：混合后 $AgNO_3$ 溶液与 $NH_3 \cdot H_2O$ 的浓度均减半。由于 $Ag(NH_3)_2^+$ 的稳定常数很大，可以认为 $c[Ag(NH_3)_2^+]$ 为 $0.10 mol \cdot L^{-1}$。

$$Ag^+ + 2NH_3 \rightleftharpoons Ag(NH_3)_2^+$$

起始浓度/$mol \cdot L^{-1}$	0.10	1.0	
平衡浓度/$mol \cdot L^{-1}$	x	$1.0-0.20$	0.10

$$K_稳 = \frac{c[Ag(NH_3)_2^+]}{c(Ag^+)c(NH_3)^2} = \frac{0.1}{x(0.8)^2} = 1.1 \times 10^7$$

解得 $x = 1.4 \times 10^{-8}$

平衡时 $c(Ag^+) = 1.4 \times 10^{-8} mol \cdot L^{-1}$，$c(NH_3) = 0.8 mol \cdot L^{-1}$，$c[Ag(NH_3)_2^+] = 0.10 mol \cdot L^{-1}$。

2. 配位平衡的移动

（1）配位平衡与酸碱解离平衡　向 $FeCl_3$ 溶液中加入 $K_2C_2O_4$ 溶液，生成绿色的 $K_3[Fe(C_2O_4)_3]$，若再加入盐酸，溶液变黄，说明 $K_3[Fe(C_2O_4)_3]$ 破坏，生成了 $FeCl_4^-$。

$$FeCl_3 + 3K_2C_2O_4 = K_3[Fe(C_2O_4)_3] + 3KCl$$
$$K_3[Fe(C_2O_4)_3] + 4HCl = K[FeCl_4] + 2KHC_2O_4 + H_2C_2O_4$$

配合物 $K_3[Fe(C_2O_4)_3]$ 在酸中被破坏，原因在于 $H_2C_2O_4$ 不是强酸，$C_2O_4^{2-}$ 遇强酸则与 H^+ 结合而降低了配位能力。

再如，向 $CuSO_4$ 溶液中加入适量氨水有淡蓝色沉淀生成，氨水过量则沉淀溶解生成深蓝色的配合物。

$$2CuSO_4 + 2NH_3 + 2H_2O = Cu(OH)_2 \cdot CuSO_4 \downarrow + (NH_4)_2SO_4$$
$$Cu(OH)_2 \cdot CuSO_4 + (NH_4)_2SO_4 + 6NH_3 = 2Cu(NH_3)_4SO_4 + 2H_2O$$

若向该配合物溶液中逐滴加入稀硫酸，则先有淡蓝色沉淀生成，硫酸过量后沉淀溶解得到蓝色溶液。

$$2Cu(NH_3)_4SO_4 + 3H_2SO_4 + 2H_2O = Cu(OH)_2 \cdot CuSO_4 \downarrow + 4(NH_4)_2SO_4$$
$$Cu(OH)_2 \cdot CuSO_4 + H_2SO_4 = 2CuSO_4 + 2H_2O$$

以上实验说明：溶液的酸度即介质的 pH 可能影响配合物的稳定性，即酸碱解离平衡影响配位平衡。

（2）配位平衡和沉淀-溶解平衡　若配合剂、沉淀剂都可以和 M^{n+} 结合，生成配合物或沉淀物，那么两种平衡关系的实质是配位剂与沉淀剂争夺 M^{n+}，这当然与 K_{sp} 与 $K_稳$ 的值有关。

例 4.8　计算 CuI 在 $1.0 mol \cdot L^{-1} NH_3 \cdot H_2O$ 中的溶解度。

解：
$$CuI \rightleftharpoons Cu^+ + I^- \qquad K_{sp}$$
$$Cu^+ + 2HN_3 \rightleftharpoons Cu(NH_3)_2^+ \qquad K_稳$$

总反应
$$CuI + 2HN_3 \rightleftharpoons Cu(NH_3)_2^+ + I^-$$

$$K = K_{sp} \cdot K_稳 = 1.27 \times 10^{-12} \times 7.25 \times 10^{10} = 9.21 \times 10^{-2}$$

设平衡时 $c(I^-) = c[Cu(NH_3)_2^+] = x$

则 $c(NH_3)_平 = 1.0 - 2x$

$$K = \frac{c[Cu(HN_3)_2^+]c(I^-)}{c(HN_3)^2} = \frac{x^2}{(1-2x)^2} = 9.21 \times 10^{-2}$$

解得 $x = 0.19$

即 CuI 在 $1.0 mol \cdot L^{-1} NH_3 \cdot H_2O$ 中的溶解度为 $0.19 mol \cdot L^{-1}$。

（3）配位平衡与配合物的取代反应　向红色的 $Fe(SCN)_n^{3-n}(n=1\sim6)$ 溶液中滴加 NH_4F 溶液，红色逐渐褪去，最终溶液变为无色，说明发生了配合物的取代反应。

$$Fe(SCN)_n^{3-n}+mF^-=FeF_m^{3-m}(m=1\sim6)+nSCN^-$$

能够发生以上反应，说明 Fe^{3+} 与 F^- 生成的配合物的稳定性远大于 Fe^{3+} 与 SCN^- 生成的配合物的稳定性。

向蓝色的 $Co(SCN)_4^{2-}$ 溶液中加入 $FeCl_3$ 溶液后，溶液变为红色，说明 Fe^{3+} 与 SCN^- 生成的配合物的稳定性远大于 Co^{2+} 与 SCN^- 生成的配合物的稳定性。

4.3.3　配位化合物的应用

配位化合物不仅种类繁多，应用也十分广泛。因此，研究配位化合物，既具有重要的理论意义，又具有实际的应用价值。配位化学是许多交叉学科和新兴学科的基础，有机金属化学、过渡金属原子簇化学和生物无机化学等，都属于配位化学的范畴。下面通过几个具体应用的实例来说明配位化学的重要性。

1. 在无机化学方面的应用

（1）湿法冶金　湿法冶金就是用配合剂的溶液直接从矿石中把金属浸取出来，再用恰当的还原剂还原成金属。例如，早在 20 世纪 40 年代，有些国家就已经研究了 NiS 等矿石在加压下的氨溶液中浸取，随后在加压下用氢还原得镍粉。

$$NiS+6NH_3(aq)\xrightarrow{\text{加压}}Ni(NH_3)_6^{2+}+S^{2-}$$

$$Ni(NH_3)_6^{2+}+H_2\xrightarrow{\text{加压}}Ni(粉)+2NH_4^++4NH_3$$

其他如 Au 的提取，至今多是利用 CN^- 配合成 $Au(CN)_2^-$，再以 Zn 还原成单质金。

$$4Au+8CN^-+2H_2O+O_2=4Au(CN)_2^-+4OH^-$$

$$Zn+2Au(CN)_2^-=2Au+Zn(CN)_4^{2-}$$

（2）分离和提纯　由于制备高纯物质的需要，对于那些性质相近的稀有金属，常是利用生成配合物来扩大一些性质上的差别，从而达到分离、提纯的目的。例如，Zr^{4+} 与 Hf^{4+} 的离子半径几乎相等，性质非常相似，但在 $0.125mol\cdot L^{-1}HF$ 中，K_2ZrF_6 与 K_2HfF_6 的溶解度分别为 $1.86g$ 和 $3.74g$（$20℃$，$100gH_2O$ 中），后者约为前者的两倍。人们曾经利用这种差别，用分级结晶法制取无铪的锆。又如三价稀土元素离子，半径相差很小（平均约 1pm），分离极为困难，近年来，基于它们和含氧螯合剂螯合能力的不同，可用萃取分离法对稀土元素进行分离。较轻较大的稀土金属离子如 La^{3+}、Ce^{3+}、Pr^{3+}、Nd^{3+} 等可以同二苯基-18-冠-6$C_{20}H_{24}O_4$（简称冠醚）生成易溶于有机溶剂的 $La(NO_3)_3\cdot C_{20}H_{24}O_6$ 型螯合物，即

$$\left[\begin{array}{c}\text{（结构式）}\end{array}\right](NO_3)_3$$

螯合物中，La^{3+} 周围有 6 个五元环，与氧原子形成八面体配位。这种较大的八面体空穴（冠醚的空穴半径为 $320\sim360pm$）只能和半径较大的轻稀土离子，如 La^{3+}、Ce^{3+}、Pr^{3+}、Nd^{3+} 等生成稳定的配合物，而与半径较小的中、重稀土离子不能形成稳定的配合物。这样一来，轻

稀土可被萃取到有机相中（若用冠醚做吸附柱时，则轻稀土留在吸附柱上），重稀土仍留在水中，从而达到分离的目的。

2. 在分析化学方面的应用

在分析化学中，无论是定性检出，还是定量测定，经常用到配合物的一些特殊性质。

(1) **检验离子的特效试剂**　通常利用螯合剂与某些金属离子生成有色难溶的内络盐，作为检验这些离子的特征反应。例如，二甲基二肟是 Ni^{2+} 的特效试剂，在严格的 pH 值和氨的浓度条件下，它与 Ni^{2+} 反应生成鲜红色沉淀。又如 Cu^{2+} 的特效试剂（铜试剂），学名 N、N′-二乙基二硫代氨基甲基酸钠，它与 Cu^{2+} 在有氨的溶液中生成棕色螯合物沉淀，反应方程式如下：

$$2(C_2H_5)_2N-C\begin{smallmatrix}S\\\\SNa\end{smallmatrix} + Cu^{2+} \longrightarrow \left[(C_2H_5)_2N-C\begin{smallmatrix}S\\\\S\end{smallmatrix}Cu\begin{smallmatrix}S\\\\S\end{smallmatrix}C-N(C_2H_5)_2 \right] +2Na^+$$

(2) **隐蔽剂**　多种金属离子共同存在时，要测定其中某一金属离子，其他金属离子往往会与试剂发生同类反应而干扰测定。例如，Cu^{2+} 和 Fe^{3+} 离子都会氧化 I^- 离子成为 I_2。因此，在用 I^- 离子来测定 Cu^{2+} 时，共同存在的 Fe^{3+} 会产生干扰，如果加入 F^- 或 PO_4^{3-} 离子，使与 Fe^{3+} 配合生成稳定的 FeF_6^{3-} 或 $Fe(HPO_4)^+$，就能防止 Fe^{3+} 的干扰。这种防止干扰的作用称为隐蔽作用，配合剂 NaF 和 H_3PO_4 称为隐蔽剂。

(3) **有机沉淀剂**　近年来，人们发现某些有机螯合剂能和金属离子在水中形成溶解度极小的内络盐沉淀，它具有相当大的相对分子质量和固定的组成。少量的金属离子便可产生大量的沉淀，这种沉淀还有易于过滤和洗涤的优点。因此，利用有机沉淀剂可以大大提高重量分析的精确度。例如，8-羟基喹啉能从热的 $HAc-Ac^-$ 缓冲溶液中定量沉淀 Cu^{2+}、Ca^{2+}、Al^{3+}、Fe^{3+}、Ni^{2+}、Co^{2+}、Zn^{2+}、Mn^{2+} 等离子，这样就可使上述离子同 Ca^{2+}、Sr^{2+} 等离子分离出来。反应通式如下：

$$\text{(结构式)} +1/n\,M^{n+} \longrightarrow \text{(结构式)} +H^+$$

式中，n 是金属离子的电荷数，沉淀的通式只是一种简示式。显然，如果 $n=1$，则生成 ML（1:1）；如果 $n=2$，则生成 ML_2（1:2）；以此类推。

(4) **萃取分离**　当金属离子与有机螯合剂形成内络盐时，一方面由于它不带电，另一方面又由于有机配位体在金属离子的外围且极性很小，具有疏水性，因而内络盐难溶于水，易溶于有机溶剂（如 $CHCl_3$、油等）。利用这一性质就可将某些金属离子从水溶液（水相）中萃取到有机溶剂（有机相）中，从而达到分离金属的目的，这一方法叫作萃取。萃取不仅是生产中分离稀有金属的一个重要手段，它在分析化学中也得到广泛应用。在水相与有机相之间存在着如下的平衡关系：

$$M^{n+}+H_nR(螯合剂) \rightleftharpoons MR(螯合物)+nH^+$$

$$MR(水相) \rightleftharpoons MR(有机相)$$

一定温度下，两相间的平衡常数为

$$K_D = \frac{c(MR)_{(有)}}{c(MR)_{(水)}}$$

K_D 通常称为分配系数，它实际是螯合物在有机相和水相的溶解度的比值。一般地说，MR

的 $K_{稳}$ 越大，K_D 也越大，萃取效率越高。控制 pH 值，选择溶剂，利用不同金属离子的螯合物的 K_D 差别，就可以有效地将金属离子分离。例如，在含有 Fe^{3+}、La^{3+}、Ca^{2+} 的水溶液中，用 $0.10mol \cdot L^{-1}$ 乙酰丙酮（acac）-苯萃取时，因螯合物 $M(acac)_3$ 的 $K_{稳}$ 按上述离子的顺序降低且差别较大，故 Fe^{3+} 优先进入有机相中，经几次操作，即可完全分离。

3. 生物化学中的配位化合物

金属配合物在生物化学中的应用非常广泛而且极其重要。许多酶（生物化学反应高效专一的催化剂和调节剂）的作用与其结构中含有配位的金属离子有关。生物体中能量的转换、传递或电荷转移，化学键的形成或断裂以及伴随这些过程出现的能量变化和分配等，常与金属离子和有机体生成复杂的配合物所起的作用有关。例如，以 Mg^{2+} 为中心的大环配合物叶绿素能进行光合作用，将太阳能转换成化学能；能输送 O_2 的血红素是 Fe^{2+} 卟啉配合物，煤气中毒可能是 CO 与血红素中的 Fe^{2+} 生成更稳定的配合物，从而使血红素失去了输送 O_2 的功能；维生素 B_{12} 是含钴的咕啉化合物，其在生物体内有着重要的生理功能。至少有九十种酶及胰岛素中存在 Zn^{2+}，能固定空气中 N_2 的植物固氮酶是铁、钼的蛋白质配合物。近年来，随着仿生化学的发展，在固氮酶及光合作用的化学模拟方面，国内外均进行了大量研究并取得了一定的成绩。例如，从 1965 年第一个分子 N_2 的配合物 $[Ru(NH_3)_5]X_2(X = X^-, BF_4^-, BF_6^-, \cdots)$ 制出后，目前全世界已合成了数以百计的这类配合物，并提出了许多固氮酶的理论模型。然而由于化学模拟的分子 N_2 配合物对 N_2 的活化还不够，距离实现常温常压合成氨的工业生产为期尚远，但已初现曙光。在太阳能利用方面，人们也研制出了一些能光解水放出氢的配合物，如近几年来发现 $[Ru(BPy)_3]^{2+}$ 或类似的配合物在配合其他物质的催化剂体系中，于阳光照射下可以分解水放出氢。也有人曾经提出仿叶绿素生物膜光解水的理论模型。此外，为了模拟血红素中的 Fe^{2+} 能可逆地生成双氧配合物，近年来，对于过渡金属双氧配合物和分子氧的活化的研究进展很快。在医药方面，1969 年首次报道顺式 $Pt(NH_3)_2Cl_2$ 具有抗动物肿瘤活性的能力；已知的钙盐是排除人体内 U、Th、Pu 等放射性元素的高效解毒剂。

除上述几个方面的应用外，在其他尖端技术如激光材料、超导体、抗癌药的研究，以及在工业生产方面，如染色、鞣革、硬水软化、矿石浮选等，都离不开配位化学。

本 章 小 结

本章讲授了与溶液密切相关的三种化学平衡——酸碱电离平衡、难溶电解质的沉淀溶解平衡、配位化合物和配离子的离解平衡。在酸碱电离平衡中，介绍了酸碱理论，一元弱酸、弱碱、水及多元弱酸的解离平衡，以及 pH 和酸碱指示剂的相关知识；在难溶电解质的沉淀溶解平衡中，介绍了溶度积、分步沉淀和沉淀转化的相关知识；在配位化合物和配离子的离解平衡部分，介绍了配位化合物的组成和命名、配位平衡以及配位化合物的应用。

思考与练习题

一、填空题

1. 下列各组物质：HCO_3^- 和 CO_3^{2-}、NH_3 和 NH_4^+、H_3PO_4 和 HPO_4^-、H_3O^+ 和 OH^-，

不是共轭酸碱对的为_____。

2. 在 0.1mol · L^{-1} HAc 溶液中加入 NaAc 后，HAc 浓度_____，电离度_____，pH值_____，电离常数_____。（填"增大""减小"或"不变"）

3. 在水溶液中，将下列物质按酸性由强至弱排列为_____。
（H$_4$SiO$_4$，HClO$_4$，C$_2$H$_5$OH，NH$_3$，NH$_4^+$，HSO$_4^-$）

4. 已知 0.10mol · L^{-1} HCN 溶液的解离度为 0.0063%，则溶液的 pH 等于_____，HCN 的解离常数为_____。

5. 已知 18℃ 时水的 $K_w^{\ominus} = 6.4 \times 10^{-15}$，此时中性溶液中氢离子的浓度为_____ mol · L^{-1}，pH 为_____。

6. 同离子效应使弱电解质的电离度_____，使难溶电解质的溶解度_____。

7. 在饱和的 PbCl$_2$ 溶液中，$c(Cl^-)$ 为 3.0×10^{-2} mol · L^{-1}，则 PbCl$_2$ 的 $K_{sp}^{\ominus} =$_____。（不考虑水解）

8. 已知 La$_2$(C$_2$O$_4$)$_3$ 的饱和溶液的浓度为 1.1×10^{-6} mol · L^{-1}，其溶度积常数为_____。

9. 已知 $K_{sp}^{\ominus}(BaSO_4) = 1.1 \times 10^{-10}$，若将 0.01L 0.2mol · L^{-1} 的 BaCl$_2$ 与 0.03L 0.01mol · L^{-1} Na$_2$SO$_4$ 混合，沉淀完全后溶液中 $c(Ba^{2+}) \cdot c(SO_4^{2-}) =$_____。

10. 难溶电解质 MgNH$_4$PO$_4$ 和 TiO(OH)$_2$ 的溶度积表达式分别是_____。

11. 已知 PbF$_2$ 的 $K_{sp}^{\ominus} = 3.3 \times 10^{-8}$，则在 PbF$_2$ 饱和溶液中，$c(F^-) =$_____ mol · L^{-1}，溶度积为_____ mol · L^{-1}。

12. 已知 $K_{sp}^{\ominus}$：FeS 6.3×10^{-18}，ZnS 2.5×10^{-22}，CdS 8.0×10^{-2}。在浓度相同的 Fe^{2+}、Zn^{2+} 和 Cd^{2+} 混合溶液中通入 H$_2$S 至饱和，最先生成沉淀的离子是_____，最后生成沉淀的离子是_____。

13. 欲使沉淀的溶解度增大，可采取_____、_____、_____、_____等措施。

14. Ag$_2$CrO$_4$ 固体加到 Na$_2$S 溶液中，大部分 Ag$_2$CrO$_4$ 转化为 Ag$_2$S，这是因为_____。

15. 已知 $K_{sp}^{\ominus}$：BaSO$_4$ 1.1×10^{-10}，BaSO$_4$ 2.6×10^{-9}，溶液中 BaSO$_4$ 反应的标准平衡常数为_____。

16. 欲使沉淀溶解，需设法降低_____，使 J_____ $K_{sp}^{\ominus}$。例如，使沉淀中的某离子生成_____，或_____。

17. 在 CaCO$_3$($K_{sp}^{\ominus} = 4.9 \times 10^{-9}$)、CaF$_2$($K_{sp}^{\ominus} = 1.5 \times 10^{-10}$)、Ca$_3$(PO$_4$)$_2$($K_{sp}^{\ominus} = 2.1 \times 10^{-33}$) 的饱和溶液中，Ca^{2+} 浓度由大到小的顺序是_____>_____>_____。

18. 已知 $K_{sp}^{\ominus}(Ag_2CrO_4) = 1.1 \times 10^{-12}$，$K_{sp}^{\ominus}(PbCrO_4) = 2.8 \times 10^{-13}$，$K_{sp}^{\ominus}(CaCrO_4) = 7.1 \times 10^{-4}$。向溶液中滴加 K$_2CrO_4$ 稀溶液，则出现沉淀的次序为_____、_____、_____。又已知 $K_{sp}^{\ominus}(PbI_2) = 8.4 \times 10^{-9}$，若将 PbCrO$_4$ 沉淀转化为 PbI$_2$ 沉淀，转化反应的离子方程式为_____，其标准平衡常数 $K^{\ominus} =$_____。

19. 四氯合铂（Ⅱ）酸四氨合铂（Ⅱ）的结构式_____。

20. [Fe(OH)$_2$(H$_2$O)$_4$]Cl 的系统命名为_____，形成体是_____，配位原子为_____，配位数为_____。

二、选择题

1. 根据酸碱质子理论，酸或碱的定义是（　　　）。

A. 同一物质不能同时作为酸和碱　　　　B. 任何一种酸，得到质子后变成碱

C. 碱不能是阴离子　　　　D. 碱可能是电中性的物质

2. 水、HAc、HCN 的共轭碱的碱性强弱的顺序是（　　　）。

A. $OH^- > Ac^- > CN^-$　　　　B. $CN^- > OH^- > Ac^-$

C. $OH^- > CN^- > Ac^-$　　　　D. $CN^- > Ac^- > OH^-$

3. 下列物质中，既是质子酸，又是质子碱的是（　　　）。

A. OH^-　　　　B. NH_4^+

C. S^{2-}　　　　D. PO_4^{3-}

4. 已知 $K_b^{\ominus}(NH_3) = 1.8 \times 10^{-5}$，其共轭酸的 $K_a^{\ominus}$ 值为（　　　）。

A．1.8×10^{-9}　　　　B. 1.8×10^{-10}

C. 5.6×10^{-10}　　　　D. 5.6×10^{-5}

5. 已知相同浓度的盐 NaA、NaB、NaC、NaD 的水溶液的 pH 依次增大，则相同浓度的下列溶液中解离度最大的是（　　　）。

A. HA　　　　B. HB

C. HC　　　　D. HD

6. pH = 3 和 pH = 5 的两种 HCl 溶液，以等体积混合后，溶液的 pH 是（　　　）。

A. 3.0　　　　B. 3.3

C. 4.0　　　　D. 8.0

7. 难溶电解质 M_2X 的溶解度 s 与溶度积 K_{sp} 之间的定量关系式为（　　　）。

A. $s = K_{sp}$　　　　B. $s = (K_{sp}/2)^{1/3}$

C. $s = K_{sp}^{1/2}$　　　　D. $s = (K_{sp}/4)$

8. $H_2AsO_4^-$ 的共轭碱是（　　　）。

A. H_3AsO_4　　　　B. $HAsO_4^{2-}$

C. AsO_4^{3-}　　　　D. $H_2AsO_3^-$

9. 已知 $K_{sp}(PbCO_3) = 3.3 \times 10^{-14} < K_{sp}(PbSO_4) = 1.08 \times 10^{-8}$，分别在 $PbCO_3$、$PbSO_4$ 中加入足量稀 HNO_3 溶液，它们溶解的情况是（　　　）。

A. 两者都溶解　　　　B. 两者都不溶

C. $PbCO_3$ 溶解、$PbSO_4$ 不溶解　　　　D. $PbSO_4$ 溶解、$PbCO_3$ 不溶解

10. 下列水溶液中，酸性最强的是（　　　）。

A. $0.20mol \cdot L^{-1}$ HAc 和等体积的水混合溶液

B. $0.20mol \cdot L^{-1}$ HAc 和等体积的 $0.20mol \cdot L^{-1}$ NaAc 混合溶液

C. $0.20mol \cdot L^{-1}$ HAc 和等体积的 $0.20mol \cdot L^{-1}$ NaOH 混合溶液

D. $0.20mol \cdot L^{-1}$ HAc 和等体积的 $0.20mol \cdot L^{-1}$ NH_3 混合溶液

11. Ag_3PO_4 在 $0.1mol \cdot L^{-1}$ 的 Na_3PO_4 溶液中的溶解度为（　　　）。（已知 Ag_3PO_4 的 $K_{sp}^{\ominus} = 8.9 \times 10^{-17}$）

A. 7.16×10^{-5}　　　　B. 5.7×10^{-6}

C. 3.2×10^{-6} D. 1.7×10^{-6}

12. 已知 $Zn(OH)_2$ 的溶度积常数为 3.0×10^{-17}，则 $Zn(OH)_2$ 在水中的溶度积为（   ）。

A. $2.0 \times 10^{-6} \text{mol} \cdot \text{L}^{-1}$ B. $3.1 \times 10^{-6} \text{mol} \cdot \text{L}^{-1}$

C. $2.0 \times 10^{-9} \text{mol} \cdot \text{L}^{-1}$ D. $3.1 \times 10^{-9} \text{mol} \cdot \text{L}^{-1}$

13. 难溶盐 $Ca_3(PO_4)_2$ 在 $a \ \text{mol} \cdot \text{L}^{-1} \ Na_3PO_4$ 溶液中的溶解度 s 与溶度积 $K_{sp}^{\ominus}$ 的关系式中，正确的是（   ）。

A. $K_{sp}^{\ominus} = 10^8 s^5$ B. $K_{sp}^{\ominus} = (3s)^3 + (2s+a)^2$

C. $K_{sp}^{\ominus} = s^5$ D. $K_{sp}^{\ominus} = s^3 \cdot (s+a)^2$

14. $AgCl$ 和 Ag_2CrO_4 的溶度积分别为 1.8×10^{-10} 和 1.1×10^{-12}，则下面叙述中正确的是（   ）。

A. $AgCl$ 与 Ag_2CrO_4 的溶度积相等   B. $AgCl$ 的溶度积大于 Ag_2CrO_4

C. $AgCl$ 的溶度积小于 Ag_2CrO_4 D. 都是难溶盐，溶度积无意义

15. $BaSO_4$ 的相对分子质量为 233，$K_{sp}^{\ominus} = 1.1 \times 10^{-10}$，把 $1.0 \times 10^{-3} \text{mol}$ 的 $BaSO_4$ 配成 10L 溶液，$BaSO_4$ 未溶解的质量为（   ）。

A. 0.0021g   B. 0.021g

C. 0.21g   D. 2.1g

16. 下列各对离子的混合溶液中均含有 $0.30 \text{mol} \cdot \text{L}^{-1} \ HCl$，不能用 H_2S 进行分离的是（   ）。（已知 $K_{sp}^{\ominus}$：$PbS \ 8.0 \times 10^{-28}$，$Bi_2S_3 \ 1.0 \times 10^{-97}$，$CuS \ 8.0 \times 10^{-36}$，$MnS \ 2.5 \times 10^{-13}$，$CdS \ 8.0 \times 10^{-27}$，$ZnS \ 2.5 \times 10^{-22}$）

A. Cr^{3+}，Pb^{2+} B. Bi^{3+}，Cu^{2+}

C. Mn^{2+}，Cd^{2+} D. Zn^{2+}，Pb^{2+}

17. 已知在 $Ca_3(PO_4)_2$ 的饱和溶液中，$c(Ca^{2+}) = 2.0 \times 10^{-6} \text{mol} \cdot \text{L}^{-1}$，$c(PO_4^{3-}) = 2.0 \times 10^{-6} \text{mol} \cdot \text{L}^{-1}$，则 $Ca(PO_4)_2$ 的 $K_{sp}^{\ominus}$ 为（   ）。

A. 2.0×10^{-29} B. 3.2×10^{-12}

C. 6.3×10^{-18} D. 5.1×10^{-27}

18. 已知 $K_{sp}^{\ominus}(Ag_2SO_4) = 1.8 \times 10^{-5}$，$K_{sp}^{\ominus}(AgCl) = 1.8 \times 10^{-10}$，$K_{sp}^{\ominus}(BaSO_4) = 1.8 \times 10^{-10}$，将等体积的 $0.0020 \text{mol} \cdot \text{L}^{-1} \ Ag_2SO_4$ 与 $2.0 \times 10^{-6} \text{mol} \cdot \text{L}^{-1}$ 的 $BaCl_2$ 的溶液混合，将会出现（   ）。

A. $BaSO_4$ 沉淀   B. $AgCl$ 沉淀

C. $AgCl$ 和 $BaSO_4$ 沉淀   D. 无沉淀

19. 下列有关分步沉淀的叙述中正确的是（   ）。

A. 溶度积小者一定先沉淀出来

B. 沉淀时所需沉淀试剂浓度小者先沉淀出来

C. 溶解度小的物质先沉淀出来

D. 被沉淀离子浓度大的先沉淀

20. 欲使 $CaCO_3$ 在水溶液中的溶解度增大，可以采用的方法是（   ）。

A. $1.0 \text{mol} \cdot \text{L}^{-1} \ Na_2CO_3$ B. 加入 $2.0 \text{mol} \cdot \text{L}^{-1} \ NaOH$

C. $0.10 \text{mol} \cdot \text{L}^{-1} \ CaCl_2$ D. 降低溶液的 pH 值

21. 向饱和 $AgCl$ 溶液中加水，下列叙述中正确的是（   ）。

A. AgCl 的溶解度增大 　　　　　　B. AgCl 的溶解度、K_{sp} 均不变

C. AgCl 的 K_{sp} 增大 　　　　　　D. AgCl 溶解度增大

22. $K_稳$ 与 $K_{不稳}$ 之间的关系是 （　　　）。

A. $K_稳 > K_{不稳}$ 　　　　　　　　B. $K_稳 > 1/K_{不稳}$

C. $K_稳 < K_{不稳}$ 　　　　　　　　D. $K_稳 = 1/K_{不稳}$

23. 在 $[Co(C_2O_4)_2(en)]^-$ 中，中心离子 Co^{3+} 的配位数为 （　　　）。

A. 3 　　　　　　　　　　　　　　B. 4

C. 5 　　　　　　　　　　　　　　D. 6

24. 在下列配合物的命名中，错误的是 （　　　）。

A. $Li[AlH_4]$　　　四氢合铝 （Ⅲ） 酸锂

B. $[Co(H_2O)_4Cl_2]Cl$　　氯化二氯·四水合钴（Ⅲ）

C. $[Co(NH_3)_4(NO_2)Cl]^+$　　一氯·亚硝酸根·四氨合钴（Ⅲ）配阳离子

D. $[Co(en)_2(NO_2)(Cl)]SCN$　　硫氰酸化一氯·硝基·二乙二氨合钴 （Ⅲ）

25. 螯合剂一般具有较高的稳定性，是由于 （　　　）。

A. 螯合剂是多齿配体 　　　　　　B. 螯合物不溶于水

C. 形成环状结构 　　　　　　　　D. 螯合剂具有稳定的结构

三、简述题

1. 简述酸碱质子理论、酸碱溶剂体系理论和酸碱电子理论的基本内容。

2. 为什么 pH = 7 并不总是表明水溶液是中性的？

3. 叙述难溶性的强电解质在水中实现沉淀溶解平衡的过程。

4. 什么是溶度积原理？如何应用该原理判断沉淀的生成和溶解？

5. 下列说法是否正确？为什么？

1）一定温度下，AgCl 水溶液中的 Ag^+ 离子与 Cl^- 离子浓度的乘积是一常数。

2）两难溶电解质，其中 $K_{sp}^{\ominus}$ 较大者溶解度也较大。

3）为使沉淀完全，加入沉淀剂的量越多越好。

4）为使沉淀完全，应加入过量沉淀剂，但是有一定限度，一般以过量 20%～50% 为宜。

6. 什么是中心离子的配位数？怎样确定配位数？配位数和配位体的数目有什么关系？请举例说明。

四、计算题

1. 计算 298K 时，下列溶液的 pH。

1）$0.20 mol \cdot L^{-1}$ 氨水和 $0.20 mol \cdot L^{-1}$ 盐酸等体积混合；

2）$0.20 mol \cdot L^{-1}$ 硫酸和 $0.40 mol \cdot L^{-1}$ 硫酸钠溶液等体积混合；

3）$0.20 mol \cdot L^{-1}$ 磷酸和 $0.20 mol \cdot L^{-1}$ 磷酸钠溶液等体积混合；

4）$0.20 mol \cdot L^{-1}$ 草酸和 $0.40 mol \cdot L^{-1}$ 草酸钾溶液等体积混合。

2. 在人体血液中，$H_2CO_3 - NaHCO_3$ 缓冲对的作用之一是从细胞组织中迅速除去由于激烈运动产生的乳酸（表示为 HL）。

1）求 $HL + HCO_3^- = H_2CO_3 + L^-$ 的平衡常数 $K^{\ominus}$；

2）若血液中 $c(H_2CO_3) = 1.4 \times 10^{-3} mol \cdot L^{-1}$，$c(HCO_3^-) = 2.7 \times 10^{-2} mol \cdot L^{-1}$，求血液的 pH；

3）若运动时 1.0L 血液中产生的乳酸为 5.0×10^{-3} mol，则血液的 pH 变为多少？
已知 298K 时，H_2CO_3 的电离常数为 $K_{a1}^{\ominus} = 4.3 \times 10^{-7}$，$K_{a2}^{\ominus} = 5.6 \times 10^{-11}$；乳酸 HL 的电离常数为 $K_a^{\ominus} = 1.4 \times 10^{-4}$。

3. 在 0.10 mol $\cdot$ L^{-1} $CuSO_4$ 溶液中加入 6.0 mol $\cdot$ L^{-1} 的 $NH_3 \cdot H_2O$ 1.0L，求平衡时溶液中 Cu^{2+} 的浓度。（$K_{稳} = 2.09 \times 10^{13}$）

4. 0.002L 1.0 mol $\cdot$ L^{-1} 的氨水可溶解 AgCl 约多少克？（$K_{sp}(AgCl) = 1.6 \times 10^{-10}$，$K_{稳}[Ag(NH_3)_2^+] = 1.0 \times 10^7$）

5. 向浓度为 0.10 mol $\cdot$ L^{-1} 的 $MnSO_4$ 溶液中逐滴加入 Na_2S 溶液，通过计算说明 MnS 和 $Mn(OH)_2$ 哪个先沉淀？

6. 向含有 Cd^{2+} 和 Fe^{2+} 浓度均为 0.020 mol $\cdot$ L^{-1} 的溶液中通入 H_2S 达饱和，欲使两种离子完全分离，则溶液的 pH 应控制在什么范围？
已知 $K_{sp}^{\ominus}(CdS) = 8.0 \times 10^{-27}$，$K_{sp}^{\ominus}(FeS) = 4.0 \times 10^{-19}$，常温常压下，饱和 H_2S 溶液的浓度为 0.1 mol $\cdot$ L^{-1}，H_2S 的电离常数为 $K_{a1}^{\ominus} = 1.3 \times 10^{-7}$，$K_{a2}^{\ominus} = 7.1 \times 10^{-15}$。

7. 通过计算说明 1.0gAgBr 能否完全溶于 1L 1.0 mol $\cdot$ L^{-1} 的氨水中？（$M(AgBr) = 187.8$，$K_{sp}^{\ominus}(AgBr) = 1.0 \times 10^{-13}$，$K_f^{\ominus}[Ag(NH_3)_2^+] = 1.0 \times 10^7$，$K_f^{\ominus}[Cu(NH_3)_4^{2+}] = 4.8 \times 10^{12}$，$K_{sp}^{\ominus}[Cu(OH)_2] = 2.2 \times 10^{-20}$，$K_b^{\ominus}(NH_3) = 1.8 \times 10^{-5}$）

8. 有一含有 0.10 mol $\cdot$ L^{-1} 的 NH_3、0.010 mol $\cdot$ L^{-1} 的 NH_4Cl 和 0.15 mol $\cdot$ L^{-1} 的 $Cu(NH_3)_4^{2+}$ 的溶液，问该溶液中是否有 $Cu(OH)_2$ 沉淀生成？（$K_f^{\ominus}[Cu(NH_3)_4^{2+}] = 4.8 \times 10^{12}$、$K_{sp}^{\ominus}[Cu(OH)_2] = 2.2 \times 10^{-22}$、$K_b^{\ominus}(NH_3) = 1.8 \times 10^{-5}$）

第 5 章

物质结构基础

物质世界繁华而多彩，物质虽有不同，但均由分子、原子以不同的连接方式组成。不同原子、分子的结构决定着物质所具有的物理性质和化学性质。因此，要深入了解物质的性质，必须研究物质的结构。

5.1 原子结构

原子是化学变化中的最小微粒，其很小，直径约为 $1×10^{-10}$ m，由原子核和核外电子组成。原子核更小，直径为 $1×10^{-15} ～ 1×10^{-14}$ m，是原子直径的万分之一，体积是原子体积的几千亿分之一，但几乎集中了原子的全部质量。原子内部十分空阔，如果把原子看作是教室大小，原子核则像一粒芝麻在教室的中央。在周围相当大的空间中，电子绕原子核做高速运动。

5.1.1 核外电子运动状态

在化学反应中，原子核的组成不发生变化，但核外电子的运动状态是可以改变的，这也是化学反应的实质。为了更好地理解化学变化，首先要研究原子核外电子的运动状态。

1. 电子的运动特征

电子的运动规律与经典力学中质点的运动规律截然不同，具有以下三个重要特征。

（1）能量量子化 氢原子光谱实验发现，当用火焰、电弧或其他方法灼烧气体或蒸气时，气体会发射出不同频率（不同波长）的光线，利用棱镜或光栅对不同波长光线的折射率不同，可将光分成一系列按波长长短次序排列的线条，称为线状光谱。原子光谱都是线状光谱，每种元素原子都有特征线状光谱，氢原子的光谱是最简单的，如图5-1所示。

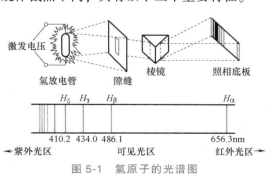

图 5-1 氢原子的光谱图

为了解释氢原子光谱，1913 年丹麦物理学家玻尔（N. Bohr）提出了玻尔氢原子结构模型，包括以下三点假设。

1）定态假设。原子中电子只能以固定半径、沿特定轨道绕原子核做圆周运动，这些轨道称作稳定轨道。这时电子不放出，也不吸收能量，处于稳定状态。

2）能级假设。电子在不同轨道上运动时具有确定的、不同的能量。电子运动时所处的能量状态称为能级。能级是量子化的（不连续的）。离核越近的轨道，能量越低；离核越远的轨道，能量越高。电子在离核最近、能量最低的轨道中的运动状态称为基态（$n=1$）；当原子从外界吸收能量，电子可以跃迁到能量较高、离核较远的轨道上，这种状态称为激发态。

3）跃迁假设。电子从某一轨道跳跃到另一轨道的过程称为电子的跃迁。当电子从能量较高的轨道跃迁到能量较低的轨道时，会以光子（量子）的形式放出能量，因此产生原子光谱。由于轨道的能量是量子化的，所以电子跃迁时吸收或放出的能量也是量子化的，光子的频率也一定是量子化的，所以得到的光谱是不连续的。

玻尔模型成功地解释了氢原子和类氢离子的光谱，其提出的电子运动能量量子化的概念是正确的。能量量子化是指电子只能在一定的能级上运动，不同能级之间的能量变化是不连续的。但玻尔理论不能正确解释多电子原子的光谱，也不能说明谱线强度、偏振等重要的光谱现象，其主要原因是原子中的电子并非在固定半径的圆形轨道上运动，电子等微观粒子的运动具有波动性特征。

（2）波粒二象性　波粒二象性指电子等微观粒子具有波动性和粒子性的双重性能。电子具有静止质量，其粒子性易被理解，而其波动性最直接的证据是电子衍射实验。

1927 年，美国贝尔实验室的戴维孙（C. J. Davisson）和革末（L. H. Germer）进行了电子衍射实验。他们用镍晶体反射电子，在照相底片上得到一系列明暗相间的衍射环纹，这是世界上第一张"电子衍射图"。图 5-2 所示为电子衍射实验和电子衍射环纹示意图。电子衍射实验测得的电子波波长与德布罗意关系式的计算结果相符，验证了电子的波动性，也证实了德布罗意的假设。

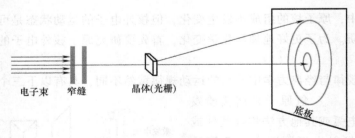

电子束　窄缝　　晶体(光栅)　　底板

图 5-2　电子衍射实验和电子衍射环纹示意图

（3）统计性　电子衍射实验发现，用较强的电子流可在短时间内得到图 5-3 所示的衍射环纹。若采用极弱的电子流，实验时间较短，则底片上形成的是一个个斑点，没有规律性，这表现了电子的粒子性，如图 5-3a 所示；但当衍射实验时间足够长，衍射斑点足够多时，大量衍射斑点在底片上就会形成环纹，与较强电子流在短时间内得到的衍射图形完全相同，如图 5-3b 所示。这表明电子的波动性是电子无数次行为的统计结果。衍射强度越大，衍射斑点越密集，即电子波强度大的地方，单位体积内电子出现的概率密度大；反之，概率密度小。因此，电子等微粒表现出的波动性是具有统计意义的概率波，即电子波具有统计性。

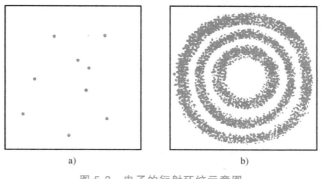

图 5-3 电子的衍射环纹示意图

a）实验时间较短 b）实验时间较长

2. 核外电子运动状态的描述

电子的运动特征确定后，科学家们开始探索用数学语言来描述电子的运动状态，逐渐发展成较完整的量子力学体系。其中最基本的方法是用波函数 ψ 描述核外电子的运动状态，ψ 也称原子轨道函数，即原子轨道。认为 ψ 服从薛定谔（Schrodinger）方程，该方程是一种波动方程，其形式及求解过程相对复杂，下面仅介绍解 Schrodinger 方程过程中所得到的一些重要结论。

（1）四个量子数　在解方程过程中需引入三个参数，n、l 和 m，称为量子数，核外电子运动状态可以用这三个量子数来描述。此外，还有一个描述电子自旋运动特征的量子数 m_s。用这四个量子数，可以完整地描述一个电子的运动状态，既简单又方便。

1）主量子数 n。n 是用来描述电子平均离核远近和原子轨道能级高低的主要参数。n 值越大，电子离核的平均距离越远，电子的能级越高。通常把 n 相同的原子轨道称为同属一个电子层。

$n = 1，2，3，4，\cdots，n$，n 为正整数，分别称电子处于第一、第二、第三、第四、$\cdots$、第 n 电子层，与 n 对应的电子层符号表示如下：

主量子数 n	1	2	3	4	5	6	$\cdots$
电子层符号	K	L	M	N	O	P	$\cdots$

2）角量子数 l。角量子数 l 与电子运动的角动量有关，其决定了电子在空间的角度分布与电子云的形状。l 取值为 0，1，2，3，$\cdots$，$n-1$ 间的任意正整数，共 n 个取值。角量子数也可以表示同一电子层中不同状态的亚层。通常将具有相同角量子数的各原子轨道，称为同属一个电子亚层。l 数值与对应的电子亚层符号如下：

角量子数 l	0	1	2	3	4	$\cdots$	$n-1$
电子亚层符号	s	p	d	f	g	$\cdots$	

当 $n=1$ 时，只有 $l=0$，称为 1s 亚层；当 $n=2$ 时，$l=0$、1，分别称为 2s 亚层和 2p 亚层；依此类推。

单电子原子中，各轨道的能量只与 n 有关。例如氢原子

$$E_{4s} = E_{4p} = E_{4d} = E_{4f}$$

多电子原子中，各轨道能量除与 n 有关外，还与 l 有关。同一电子层中的轨道（即 n 相同），l 值越大，其能量越高，例如

$$E_{4s} < E_{4p} < E_{4d} < E_{4f}$$

3）磁量子数 m。m 的取值范围为 0，±1，±2，±3，…，±l，共可取（$2n+1$）个数值。m 的数值受 l 数值的制约，例如，当 l = 0，1，2，3 时，m 依次可取 1，3，5，7 个数值，m 的值反映了原子轨道的空间伸展方向。

当三个量子数的值一定时，原子轨道也就确定了。例如，当 n = 1 时，则 l = 0，m = 0。n、l、m 三个量子数的组合形式只有一种，即（1.0.0），此时波函数形式也只有一种，ψ（1.0.0），即氢原子基态波函数。哑铃型原子轨道 l = 1，m 可以取 0、+1、−1 三个数值，在空间有三种伸展方向，表示 p 亚层有三个轨道 p_x、p_y、p_z。当 n = 2、3、4 时，n、l、m 三个量子数组合的形式有 4、9、16 种，即可得到相应数目的波函数或原子轨道。无外加磁场时，n、l 相同的原子轨道能量相等，称为等价轨道或简并轨道。

4）自旋量子数 m_s。实验表明，原子中的电子，除绕原子核运动外还可以自转，称为电子自旋。电子自旋方向有顺时针和逆时针两种情况。决定电子自旋状态的量子数称作自旋磁量子数，用 m_s 表示。m_s 只能取 +1/2 或 −1/2 两个数值，一般用"↑"和"↓"表示电子的两种自旋状态。

用 n、l、m 三个量子数可以确定一个原子轨道，用 n、l、m、m_s 四个量子数可以确定核外电子的运动状态。各量子数的取值及各电子层、亚层中最多可存在的电子运动状态详见表 5-1。

表 5-1　量子数与电子的运动状态

n		l		m			m_s		状态总数 $2n^2$
					原子轨道				
					符号	轨道数			
1	K	0	1s	0	1s	1	±1/2	↑↓	2
2	L	0	2s	0	2s	4	±1/2	↑↓	8
		1	2p	0	$2p_z$		±1/2	↑↓	
				±1	$2p_x$　$2p_y$		±1/2	↑↓	
3	M	0	3s	0	3s	9	±1/2	↑↓	18
		1	3p	0	$3p_z$		±1/2	↑↓	
				±1	$3p_x$　$3p_y$		±1/2	↑↓	
		2	3d	0	$3d_{z^2}$		±1/2	↑↓	
				±1	$3d_{xz}$　$3d_{yz}$		±1/2	↑↓	
				±2	$3d_{xy}$　$3d_{x^2-y^2}$		±1/2	↑↓	

量子数之间有一定的制约关系，当赋予 n、l、m、m_s 一组合理的数值，就可以得到一个相应波函数 ψ（n、l、m、m_s）的数学表达式，从而确定一个核外电子的运动状态。

（2）概率密度与电子云　波函数 ψ 本身无明确、直观的物理意义，但 $|\psi|^2$ 可以反映核外电子在空间单位体积内出现的概率，即概率密度。如果用小黑点的疏密表示空间各点的

概率密度大小，黑点密集的地方，$|\psi|^2$大，电子出现的概率也大；黑点稀疏的地方，$|\psi|^2$小，电子出现的概率也小。这种以小黑点疏密表示电子概率密度分布的图形，称为**电子云**，图 5-4 所示为氢原子的 1s 电子云。

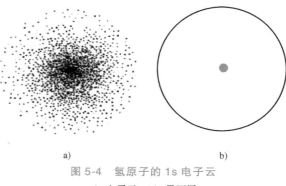

图 5-4 氢原子的 1s 电子云
a) 电子云 b) 界面图

应当注意，图 5-4a 中黑点的数目并不代表电子的数目，对氢原子来说，核外只有一个电子。若把电子出现概率密度相等的地方连接起来作为一个界面，使界面内电子出现的概率很大（如大于 95%），在界面外概率很小（如小于 5%），这种图形称为电子云的界面图。氢原子的 1s 电子云界面图是一个球面，如图 5-4b 所示。

3. 原子轨道与电子云的图像

波函数的数学函数式也可用图形来表示，在解薛定谔方程时，将直角坐标 x、y、z 转换成球坐标 r、θ、φ。为了把 ψ 随 r、θ、φ 的变化表示清楚，将 $\psi(r、\theta、\varphi)$ 写为两个函数乘积的形式，即

$$\psi(r,\theta,\varphi) = R(r) \cdot Y(\theta,\varphi) \tag{5-1}$$

式中，函数 $R(r)$ 表示波函数的径向部分，是变量 r（电子离核距离）的函数；$Y(\theta,\varphi)$ 表示波函数的角度部分，是两个角度变量 θ 和 φ 的函数。

（1）原子轨道角度分布图 将波函数的角度部分 $Y(\theta,\varphi)$ 随 θ、φ 变化的规律以球坐标作图，可以获得波函数或原子轨道的角度分布图，如图 5-5 所示。角度分布图着重说明了原子轨道的极大值出现在空间的哪一方向，便于直观讨论共价键的成键方向。角度分布图中的" + 、–"号，不表示正、负电荷，而是表示 Y 值是正值还是负值，还代表了原子轨道角度分布图形的对称关系。符号相同，对称性相同；符号相反，对称性不同或反对称。

（2）电子云角度分布图 将 $|\psi|^2$ 的角度部分 $Y^2(\theta,\varphi)$ 随角度 θ、φ 的变化作图，所得的图像称为电子云的角度分布图，如图 5-6 所示。

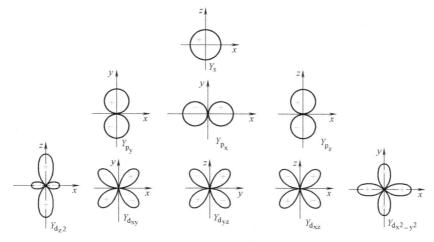

图 5-5 原子轨道的角度分布图

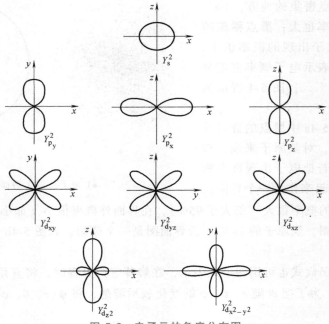

图 5-6 电子云的角度分布图

电子云角度分布图与原子轨道角度分布图的形状和空间取向相似，但有两点区别：①原子轨道的角度分布有"+、−"号之分，而电子云的角度分布没有，这是因为 Y 经二次方之后没有−号了；②除 s 轨道电子云外，电子云的角度分布图形比原子轨道的角度分布图形"瘦"了些，这是因为 Y 值介于 0~1 之间，Y^2 值更小。

5.1.2 多电子原子核外电子分布

1. 核外电子分布规则

原子核外电子分布遵循以下三条规则，即：泡利不相容原理、能量最低原理和洪特规则。

（1）泡利不相容原理 奥地利物理学家泡利（Paul）于 1925 年提出：在一个原子内不可能有 4 个量子数完全相同的两个电子存在，即一个原子轨道最多只能容纳两个且自旋方向相反的电子。根据这一原理可得出 s，p，d，f 各亚层最多可容纳的电子数分别为 2，6，10，14，每个电子层所能容纳的电子数最多为 $2n^2$。

电子层（主量子数）　　1　2　3　4　…　n

原子轨道数　　　　　　1　4　9　16　…　n^2

电子容量　　　　　　　2　8　18　32　…　$2n^2$

（2）能量最低原理 在不违背泡利不相容原理的前提下，电子在原子轨道的排布，总是尽量占据能量较低的原子轨道，即电子按照原子轨道的能量由低到高的顺序依次填充，使整个原子体系处于能量最低的状态。氢原子轨道的能级高低取决于主量子数 n；多电子原子轨道的能量除主要与 n 有关，还与角量子数 l 有关，具体有如下规律：

1）l 相同时，n 值越大的轨道，能级越高，如：$E_{1s} < E_{2s} < E_{3s}$，$E_{2p} < E_{3p} < E_{4p}$；

2）n 相同时，l 值越大的轨道，能级越高，如：$E_{4s} < E_{4p} < E_{4d} < E_{4f}$；

3）n 和 l 均不同时，可出现能级交错现象，如：$E_{4s} < E_{3d}$，$E_{6s} < E_{4f}$。

我国化学家徐光宪提出了原子轨道近似能级次序的 $(n+0.71)$ 规则，即 $(n+0.71)$ 值大的轨道能级高，$(n+0.71)$ 值小的轨道能级低。该能级顺序与鲍林（L. Pauling）的光谱实验数据顺序一致。

（3）**洪特规则**　美国化学家洪特（Hund）提出，电子在等价轨道分布时，将尽可能以相同的自旋状态（自旋平行）分占不同的轨道。电子分占等价轨道，可以减小同一轨道两个电子间的相互排斥作用，有利于使系统能量最低。

作为洪特规则的特例，当简并轨道处于全充满（p^6、d^{10}、f^{14}）、半充满（p^3、d^5、f^7）或全空（p^0、d^0、f^0）状态时，原子结构较为稳定，如 Cr、Mo、Cu、Ag 等体系。

2. 原子核外电子分布

（1）**原子的电子排布式**　根据以上核外电子分布规则及原子轨道能级顺序，可以写出各元素基态原子的电子结构，表 5-2 给出了 118 种元素基态原子的核外电子排布式。其写法是：先把原子中可能的轨道符号，如 1s、2s、2p、3s、3p、3d、4s、4p…按 n、l 递增的顺序自左向右排列起来；然后在轨道符号的右上角用数字表示轨道中的电子数，没有填入电子的全空轨道不必列出。例如 Fe 原子，原子序数 $Z = 26$，原子核外 26 个电子的排布为 $1s^2 2s^2 2p^6 3s^2 3p^6 3d^6 4s^2$。注意，按能级高低，电子的填充顺序虽然是 4s 先于 3d，但在书写电子排布式时，要将 3d 轨道放在 4s 轨道前面，与同层的 3s、3p 轨道写在一起。

又如，元素周期表中，24 号元素铬（Cr）的电子排布式为 $1s^2 2s^2 2p^6 3s^2 3p^6 3d^5 4s^1$，29 号元素铜（Cu）的电子排布式为 $1s^2 2s^2 2p^6 3s^2 3p^6 3d^{10} 4s^1$。根据洪特规则，半充满（$d^5$）和全充满（$d^{10}$）电子排布比较稳定，所以 Cr 的最后 6 个电子不是按 $3d^4 4s^2$ 而是按 $3d^5 4s^1$ 方式排布，Cu 的最后 11 个电子不是按 $3d^9 4s^2$，而是按 $3d^{10} 4s^1$ 方式排布。

为简便起见，书写核外电子排布式时，可将 $_{26}$Fe 的核外电子排布式表示为 [Ar]$3d^6 4s^2$，即用元素前一周期的稀有气体的元素符号表示原子内层电子 $1s^2 2s^2 2p^6 3s^2 3p^6$，称为原子实。例如，$_{29}$Cu 核外电子排布式可简写为 [Ar]$3d^{10} 4s^1$。

（2）**原子的外层电子排布式**　在化学反应中，参与反应的是原子外层的价电子，其内层电子结构通常不变。通常只需写出参与反应原子的外层电子排布式（又称价电子排布式、价电子构型）。注意，"外层电子"并不只是最外层电子，而是对参与化学反应有着重要意义的价电子。例如：

主族和零族元素指最外层 s 亚层和 p 亚层的电子，即 ns 和 np；

过渡元素指最外层 s 亚层和次外层 d 亚层的电子，即 $(n-1)d$ 和 ns；

镧系、锕系元素一般指最外层的 s 亚层和倒数第三层的 f 亚层的电子。

综上所述，C、Fe、Cu 元素的价电子构型依次为：$_6$C-$2s^2 2p^2$，$_{26}$Fe-$3d^6 4s^2$，$_{29}$Cu-$3d^{10} 4s^1$。

（3）**离子的外层电子排布式**　原子得、失电子后变成离子，获得电子时，电子填充在最外层；失去电子时，由最外层向内逐个失去。例如，副族元素形成离子时，首先失去最外层 ns 轨道的电子，当 ns 轨道上的电子全部失去后还可能失去 $(n-1)d$ 轨道上的电子。如 Fe^{2+} 的外层电子排布式为 $3d^6$，而不是 $3d^4 4s^2$。

（4）**未成对电子**　如果一个轨道中仅分布一个电子，称这个电子为未成对电子或单电子，一个原子中未成对电子的总数为未成对电子数。

原子核外电子排布规则是人们概括大量事实后提出的一般规律，绝大多数原子的实际结构可用这些规律解释。

表 5-2 118 种元素基态原子的核外电子排布式

周期序号	原子序数	元素	电子排布式
1	1	H	$1s^1$
	2	He	$1s^2$
2	3	Li	$[He]2s^1$
	4	Be	$[He]2s^2$
	5	B	$[He]2s^22p^1$
	6	C	$[He]2s^22p^2$
	7	N	$[He]2s^22p^3$
	8	O	$[He]2s^22p^4$
	9	F	$[He]2s^22p^5$
	10	Ne	$[He]2s^22p^6$
3	11	Na	$[Ne]3s^1$
	12	Mg	$[Ne]3s^2$
	13	Al	$[Ne]3s^23p^1$
	14	Si	$[Ne]3s^23p^2$
	15	P	$[Ne]3s^23p^3$
	16	S	$[Ne]3s^23p^4$
	17	Cl	$[Ne]3s^23p^5$
	18	Ar	$[Ne]3s^23p^6$
4	19	K	$[Ar]4s^1$
	20	Ca	$[Ar]4s^2$
	21	Sc	$[Ar]3d^14s^2$
	22	Ti	$[Ar]3d^24s^2$
	23	V	$[Ar]3d^34s^2$
	24	Cr	$[Ar]3d^54s^1$
	25	Mn	$[Ar]3d^54s^2$
	26	Fe	$[Ar]3d^64s^2$
	27	Co	$[Ar]3d^74s^2$
	28	Ni	$[Ar]3d^84s^2$
	29	Cu	$[Ar]3d^{10}4s^1$
	30	Zn	$[Ar]3d^{10}4s^2$
	31	Ga	$[Ar]3d^{10}4s^24p^1$
	32	Ge	$[Ar]3d^{10}4s^24p^2$
	33	As	$[Ar]3d^{10}4s^24p^3$
	34	Se	$[Ar]3d^{10}4s^24p^4$
	35	Br	$[Ar]3d^{10}4s^24p^5$
	36	Kr	$[Ar]3d^{10}4s^24p^6$

（续）

周期序号	原子序数	元素	电子排布式
5	37	Rb	$[Kr]5s^1$
	38	Sr	$[Kr]5s^2$
	39	Y	$[Kr]4d^15s^2$
	40	Zr	$[Kr]4d^25s^2$
	41	Nb	$[Kr]4d^45s^1$
	42	Mo	$[Kr]4d^55s^1$
	43	Tc	$[Kr]4d^55s^2$
	44	Ru	$[Kr]4d^75s^1$
	45	Rh	$[Kr]4d^85s^1$
	46	Pd	$[Kr]4d^{10}$
	47	Ag	$[Kr]4d^{10}5s^1$
	48	Cd	$[Kr]4d^{10}5s^2$
	49	In	$[Kr]4d^{10}5s^25p^1$
	50	Sn	$[Kr]4d^{10}5s^25p^2$
	51	Sb	$[Kr]4d^{10}5s^25p^3$
	52	Te	$[Kr]4d^{10}5s^25p^4$
	53	I	$[Kr]4d^{10}5s^25p^5$
	54	Xe	$[Kr]4d^{10}5s^25p^6$
6	55	Cs	$[Xe]6s^1$
	56	Ba	$[Xe]6s^2$
	57	La	$[Xe]5d^16s^2$
	58	Ce	$[Xe]4f^15d^16s^2$
	59	Pr	$[Xe]4f^36s^2$
	60	Nd	$[Xe]4f^46s^2$
	61	Pm	$[Xe]4f^56s^2$
	62	Sm	$[Xe]4f^66s^2$
	63	Eu	$[Xe]4f^76s^2$
	64	Gd	$[Xe]4f^75d^16s^2$
	65	Tb	$[Xe]4f^96s^2$
	66	Dy	$[Xe]4f^{10}6s^2$
	67	Ho	$[Xe]4f^{11}6s^2$
	68	Er	$[Xe]4f^{12}6s^2$
	69	Tm	$[Xe]4f^{13}6s^2$
	70	Yb	$[Xe]4f^{14}6s^2$
	71	Lu	$[Xe]4f^{14}5d^16s^2$
	72	Hf	$[Xe]4f^{14}5d^26s^2$

（续）

周期序号	原子序数	元素	电子排布式
6	73	Ta	$[Xe]4f^{14}5d^36s^2$
	74	W	$[Xe]4f^{14}5d^46s^2$
	75	Re	$[Xe]4f^{14}5d^56s^2$
	76	Os	$[Xe]4f^{14}5d^66s^2$
	77	Ir	$[Xe]4f^{14}5d^76s^2$
	78	Pt	$[Xe]4f^{14}5d^96s^1$
	79	Au	$[Xe]4f^{14}5d^{10}6s^1$
	80	Hg	$[Xe]4f^{14}5d^{10}6s^2$
	81	Tl	$[Xe]4f^{14}5d^{10}6s^26p^1$
	82	Pb	$[Xe]4f^{14}5d^{10}6s^26p^2$
	83	Bi	$[Xe]4f^{14}5d^{10}6s^26p^3$
	84	Po	$[Xe]4f^{14}5d^{10}6s^26p^4$
	85	At	$[Xe]4f^{14}5d^{10}6s^26p^5$
	86	Rn	$[Xe]4f^{14}5d^{10}6s^26p^6$
7	87	Fr	$[Rn]7s^1$
	88	Ra	$[Rn]7s^2$
	89	Ac	$[Rn]6d^17s^2$
	90	Th	$[Rn]6d^27s^2$
	91	Pa	$[Rn]5f^26d^17s^2$
	92	U	$[Rn]5f^36d^17s^2$
	93	Np	$[Rn]5f^46d^17s^2$
	94	Pu	$[Rn]5f^67s^2$
	95	Am	$[Rn]5f^7 7s^2$
	96	Cm	$[Rn]5f^76d^17s^2$
	97	Bk	$[Rn]5f^97s^2$
	98	Cf	$[Rn]5f^{10}7s^2$
	99	Es	$[Rn]5f^{11}7s^2$
	100	Fm	$[Rn]5f^{12}7s^2$
	101	Md	$[Rn]5f^{13}7s^2$
	102	No	$[Rn]5f^{14}7s^2$
	103	Lr	$[Rn]5f^{14}6d^17s^2$
	104	Rf	$[Rn]5f^{14}6d^27s^2$
	105	Db	$[Rn]5f^{14}6d^37s^2$
	106	Sg	$[Rn]5f^{14}6d^47s^2$
	107	Bh	$[Rn]5f^{14}6d^57s^2$
	108	Hs	$[Rn]5f^{14}6d^67s^2$

（续）

周期序号	原子序数	元素	电子排布式
7	109	Mt	$[Rn]5f^{14}6d^77s^2$
	110	Ds	$[Rn]5f^{14}6d^87s^2$
	111	Rg	$[Rn]5f^{14}6d^{10}5s^1$
	112	Cn	$[Rn]5f^{14}6d^{10}7s^2$
	113	Nh	$[Rn]5f^{14}6d^{10}7s^27p^1$
	114	Fl	$[Rn]5f^{14}6d^{10}7s^27p^2$
	115	Mc	$[Rn]5f^{14}6d^{10}7s^27p^3$
	116	Lv	$[Rn]5f^{14}6d^{10}7s^27p^4$
	117	Ts	$[Rn]5f^{14}6d^{10}7s^27p^5$
	118	Og	$[Rn]5f^{14}6d^{10}7s^27p^6$

5.2　元素周期律

5.2.1　原子电子层结构与元素周期表

原子核外电子分布的周期性是元素周期律的基础，元素周期表则是元素周期律的表现形式。随着对原子结构研究的深入，人们越来越深刻地理解了元素周期律和周期表的本质。

1. 元素在周期表中的位置

（1）周期　周期表中每一横行为一周期。每个周期开始，出现新的主量子数 n。元素所在的周期数等于该元素基态原子的最高电子层数。每个周期元素的数目等于相应电子层中原子轨道能容纳的电子总数。每个周期元素的数目为 2、8、8、18、18、32。

（2）族　元素在周期表中所处族的序号为：主族以及Ⅰ、Ⅱ副族元素的族号数等于最外层电子数；Ⅲ~Ⅶ副族元素的族号数等于最外层 s 电子数与次外层 d 电子数之和；Ⅷ族元素的最外层 s 电子数与次外层 d 电子数之和为 8~10；零族元素最外层电子数为 8 或 2。

1）主族元素。最后填充 ns 和 np 电子，电子层结构特征是 $ns^{1~2}np^{1~6}$，族序号数等于最外层电子数。同族元素外层电子构型相同，则性质相似。如ⅠA、ⅡA族是典型的金属元素，ⅦA族是典型的非金属元素，零族是性质稳定的稀有气体。

2）副族元素。最后填充 $(n-1)d$ 电子，在周期表中的 d 区及 ds 区，电子层结构特征是 $(n-1)d^{1~10}ns^{0~2}$。ⅠB、ⅡB的族序号等于 ns 的电子数，ⅢB~ⅦB的族序号等于其原子的价电子数（$ns+nd$）。Ⅷ族元素原子的价电子数分别为 8、9、10。

元素性质随原子序数的增加呈周期性变化，可以用元素周期表直观地反映出来，这种周期性变化是由外层电子分布的周期性引起的。

2. 元素在周期表中的分区

根据元素原子外层电子构型的不同，可将元素周期表分为 s，p，d，ds，f 五个区，见表 5-3。

表 5-3　周期表中元素的分区

	I A													O
1		II A									III A	IV A	V A	VI A	VII A	
2															
3			III B	IV B	V B	VI B	VII B	VIII	I B	II B					
4	s 区												p 区		
5					d 区				ds 区						
6															
7															

La 系	f 区
Ac 系	

1）s 区元素：包括 I A~ II A 族元素，外层电子构型为 $ns^{1~2}$。

2）p 区元素：包括 III A~ VII A 和零族元素，外层电子构型为 ns^2np^{1-6}，零族除外。

3）d 区元素：包括 III B~ VII B 和第 VIII 族元素，外层电子构型一般为 $(n-1)d^{1-10}ns^{0-2}$。

4）ds 区元素：包括 I B~ II B 族元素，外层电子构型为 $(n-1)d^{10}ns^{1-2}$。

5）f 区元素：包括镧系和锕系元素，外层电子构型一般为 $(n-2)f^{0-14}(n-1)d^{0-2}ns^2$。d 区和 ds 区元素也称过渡元素。

5.2.2　元素的周期性

原子外层电子构型的周期性变化决定了元素性质的周期性变化。本小节主要介绍原子半径、电离能、电子亲和能、电负性、金属性和非金属性以及氧化数的周期性。

1. 原子半径

原子半径通常指原子形成化学键或相互接触时，两个相邻原子核间距的一半，并非单个原子的真实半径。根据原子在单质或化合物中键合形式的不同，原子半径分为以下三种。

（1）共价半径　同种元素原子以共价单键相连时，其核间距的一半称为该原子的共价半径。例如，把 Cl—Cl 分子核间距的一半（99pm）定为 Cl 原子的共价半径。

（2）金属半径　金属晶体中，相邻两个金属原子核间距离的一半称为金属原子的金属半径。例如，金属铜，两原子核间距为 256pm，则铜原子的金属半径为 128pm。

（3）范德华半径　分子晶体中，相邻两原子核间距的一半称为该原子的范德华半径。例如，Ne 的范德华半径为 160pm。

元素的原子半径见表 5-4。由表可见，主族元素原子半径的递变规律十分明显。同一短周期，从左到右随原子序数的递增，原子半径逐渐减小；同一主族，自上到下各元素的原子半径逐渐增大。副族元素原子半径的变化规律不如主族元素那么明显。同一周期中，随着核电荷数的增加，原子半径一般依次缓慢减小。第Ⅰ、Ⅱ副族元素的原子半径反而有所增大。镧系元素的原子半径随原子序数的增大而更缓慢地减小，这种现象称为镧系收缩。同一副族从上到下，原子半径稍有增大。但第五、六周期的同一副族元素，由于镧系收缩，原子半径相差很小，近似相等。

表 5-4 元素的原子半径 （单位：pm）

H 37.1																	He 122
Li 152	Be 111.3											B 83	C 77	N 70	O 66	F 64	Ne 160
Na 186	Mg 160											Al 143.1	Si 117	P 110	S 104	Cl 99	Ar 190
K 227.2	Ca 197.3	Sc 160.6	Ti 144.8	V 132.1	Cr 124.9	Mn 124	Fe 124.1	Co 125.3	Ni 124.6	Cu 127.8	Zn 133.2	Ga 122.1	Ge 122.5	As 121	Se 117	Br 114.2	Kr 200
Rb 247.5	Sr 215.1	Y 181	Zr 160	Nb 142.9	Mo 136.2	Te 135.8	Ru 132.5	Rh 134.5	Pd 137.6	Ag 144.4	Cd 148.9	In 162.6	Sn 140.5	Sb 141	Te 137	I 133.3	Xe 220
Cs 265.4	Ba 217.3	镧系	Hf 156.4	Ta 143	W 137.0	Re 137.0	Os 134	Ir 135.7	Pt 138	Au 144.2	Hg 160	Tl 170.4	Pb 175.0	Bi 155	Po 153	At	Rn
Fr 270	Ra 220	锕系															

镧系	La 187.7	Ce 182.5	Pr 182.8	Nd 182.1	Pm 181.0	Sm 180.2	Eu 204.2	Gd 180.2	Tb 178.2	Dy 177.3	Ho 176.6	Er 175.7	Tm 174.6	Yb 194.0	Lu 173.4
锕系	Ac 187.8	Th 179.8	Pa 160.6	U 138.5	Np 131	Pu 151	Am 184	Cm	Bk	Cf	Es	Fm	Md	No	Lr

2. 电离能

元素原子失去电子的难易程度，可以用电离能来衡量。使基态的气态原子失去一个电子变成 +1 价气态阳离子所需的能量，称为元素的第一电离能 I_1，如：

$$Al(g) \rightarrow Al^+(g) + e^-, \quad I_1 = 578kJ \cdot mol^{-1}$$

由 +1 价阳离子再失去一个电子变成 +2 价阳离子所需的能量，称为元素的第二电离能 I_2，如

$$Al^+(g) \rightarrow Al^{2+}(g) + e^-, \quad I_2 = 1825kJ \cdot mol^{-1}$$

显然，同一种元素的第二电离能要比第一电离能大。以此类推，$I_1 < I_2 < I_3 < \cdots$。元素原子的电离能反映了原子失去电子的难易程度，电离能越小，原子越容易失去电子；反之，电离能越大，原子越难失去电子。表 5-5 中列出了元素的第一电离能 I_1。

由表 5-5 可见，同一周期从左到右，金属元素的第一电离能较小，非金属元素的第一电离能较大，而稀有气体元素的第一电离能最大。同一主族自上而下，元素的第一电离能一般有所减少，但副族和第Ⅷ族元素的规律性较差。

3. 电子亲和能

元素原子结合电子的难易，可以用电子亲和能来衡量。与第一电离能相对应，基态气态原子获得一个电子成为 −1 价气态负离子时所放出的能量，称为该元素的第一电子亲和能。例如：$F(g) + e^- \rightarrow F^-(g)$，$E_1 = -328 kJ \cdot mol^{-1}$。

表 5-5　元素的第一电离能 I_1 　　　　（单位：$kJ \cdot mol^{-1}$）

H 1312																	He 2372
Li 520	Be 900											B 801	C 1086	N 1402	O 1314	F 1681	Ne 2081
Na 496	Mg 738											Al 578	Si 787	P 1019	S 1000	Cl 1251	Ar 1251
K 419	Ca 599	Sc 631	Ti 658	V 650	Cr 653	Mn 717	Fe 759	Co 758	Ni 737	Cu 746	Zn 906	Ga 579	Ge 726	As 944	Se 941	Br 1140	Kr 1351
Rb 403	Sr 550	Y 616	Zr 660	Nb 664	Mo 685	Te 702	Ru 711	Rh 720	Pd 805	Ag 731	Cd 868	In 558	Sn 709	Sb 832	Te 869	I 1008	Xe 1170
Cs 356	Ba 503	La 538	Hf 642	Ta 761	W 770	Re 760	Os 840	Ir 880	Pt 870	Au 890	Hg 1007	Tl 589	Pb 716	Bi 703	Po 812	At 912	Rn 1037

La	Ce	Pr	Nd	Pm	Sm	Eu	Gd	Tb	Dy	Ho	Er	Tm	Yb	Lu
538	528	523	530	536	549	547	592	564	572	581	589	597	603	524

同样，也有第二、第三电子亲和能等（E_2、E_3…）。亲和能数值越大，则气态原子结合一个电子释放的能量越多，与电子的结合越稳定，表明该元素的原子越易获得电子。一般情况下金属元素电子亲和能都比较小，通常难以获得电子形成负离子；活泼非金属一般具有较大的电子亲和能，容易获得电子形成负离子。目前电子亲和能由于难以测定，数据较少。

4. 电负性

一个原子既有得电子能力，又有失电子能力，电离能反映了原子失电子的能力，电子亲和能反映了原子得电子的能力。为全面衡量原子得失电子能力，1932 年，鲍林（L. Pauling）提出元素电负性的概念。

电负性是指分子中原子吸引电子的能力。Pauling 指定最活泼的非金属元素原子氟的电负性值 $X(F) = 4.0$，通过计算得到其他元素原子的电负性值，见表 5-6。

由表 5-6 可见，随着原子序数的递增，电负性明显的呈周期性变化。同一周期自左至右，电负性增加（副族元素有些例外）；同一族自上至下，电负性依次减小，但副族元素后半部，从上至下电负性略有增加。元素电负性的数值越大，表明元素原子吸引电子的能力越强；反之，电负性值越小，原子吸引电子的能力越弱。氟的电负性最大，故非金属性最强；铯的电负性最小，故金属性最强。

5. 金属性和非金属性

元素的金属性和非金属性指其原子在化学反应中失去和得到电子的能力。在化学反应中，元素原子若易失去电子而转变为阳离子，则其金属性强；若易得到电子而转变为阴离子，则其非金属性强。

表 5-6　元素原子的电负性值

H																	
2.11																	
Li	Be											B	C	N	O	F	
1.0	1.5											2.0	2.5	3.0	3.5	4.0	
Na	Mg											Al	Si	P	S	Cl	
0.9	1.2											1.5	1.8	2.1	2.5	3.0	
K	Ca	Sc	Ti	V	Cr	Mn	Fe	Co	Ni	Cu	Zn	Ga	Ge	As	Se	Br	
0.8	1.0	1.3	1.5	1.6	1.6	1.5	1.8	1.9	1.9	1.9	1.6	1.6	1.8	2.0	2.4	2.8	
Rb	Sr	Y	Zr	Nb	Mo	Te	Ru	Rh	Pd	Ag	Cd	In	Sn	Sb	Te	I	
0.8	1.0	1.2	1.4	1.6	1.8	1.9	2.2	2.2	2.2	1.9	1.7	1.7	1.8	1.9	2.1	2.5	
Cs	Ba	La~Lu	Hf	Ta	W	Re	Os	Ir	Pt	Au	Hg	Tl	Pb	Bi	Po	At	
0.7	0.9	1.0~1.2	1.3	1.5	1.7	1.9	2.2	2.2	2.2	2.4	1.9	1.8	1.9	1.9	2.0	2.2	
Fr	Ra	Ac	Th	Pa	U	Np~No											
0.7	0.9	1.1	1.3	1.4	1.4	1.4~1.3											

　　通过电离能、电子亲和能或电负性的数据，可以比较出元素金属性或非金属性的强弱。元素原子的电离能越小或电负性越小，元素的金属性越强；元素原子的电子亲和能越大或电负性越大，元素的非金属性越强。因此，同周期自左向右，元素的金属性逐渐减弱，非金属性逐渐增强；同一主族，从上至下，元素的金属性逐渐增强，非金属性逐渐减弱。

　　6. 氧化数

　　元素的氧化数与原子的电子构型，特别是价电子构型密切相关，多数元素的最高氧化数等于其原子的价电子总数，即与所在周期表中的族数相同。例如，Mg 价电子构型为 $3s^2$，Cl 价电子构型为 $3s^2 3p^5$，Mn 价电子构型为 $3d^5 4s^2$，其价电子数分别为 2、7、7，故其最高氧化数分别是 +2、+7、+7。

　　由于周期表中各周期元素原子的价电子呈周期性递变，因此其最高氧化数也呈周期性递变。同周期主族元素从左向右，其最高氧化数依次递增；同族元素其氧化数基本相同。副族元素氧化数不是很有规律，但ⅢB ~ ⅦB 族元素的氧化数等于其价电子数，与其族数相同，其他元素则不是很规律。

5.3　化学键与分子结构

　　自然界中除稀有气体以单原子形式存在外，其他单质和化合物都是以原子（或离子）相互作用形成分子或晶体的形式存在。在化学上，把分子或晶体中相邻两个原子（或离子）之间强烈的相互作用称为化学键。化学键通常分为三大类型：离子键、共价键和金属键。不同的化学键形成不同类型的化合物。本节将分别介绍离子键、共价键和金属键的形成和基本特征，进一步讨论分子的极性和分子间的作用力。

5.3.1 离子键

1. 离子键的形成

1916 年，德国化学家柯塞尔（W. Kossel）根据稀有气体原子的电子层结构特别稳定的事实，首先提出了离子键的概念。

当活泼的金属原子与活泼的非金属原子在一定条件下相互靠近时，易发生电子转移。电负性小的金属原子失去电子而成为正离子，电负性大的非金属原子获得电子成为负离子。正、负离子间通过静电引力而形成的稳定的化学键，称为离子键。通过离子键形成的化合物称为离子化合物。

2. 离子键的特征

（1）离子键的本质是静电作用　离子所带电荷越大，离子间距离越小（一定范围内），离子间的静电作用，即库仑引力越强。

（2）离子键没有饱和性　只要空间条件允许，一个离子可以尽可能多地吸引电荷相反的离子。

（3）离子键没有方向性　离子电荷分布呈球形对称，其可在空间任何方向与相反电荷的离子相互吸引。

由于离子键没有饱和性，易形成正负离子交替排列的巨大分子，离子型的分子只存在于高温蒸气中（如 NaCl 蒸气），一般主要以离子晶体的形式存在。离子晶体通常具有较高的熔点和硬度，易溶于极性溶剂（如水），其熔融液或水溶液都能导电。

离子键的离子性与成键元素的电负性有关，一般元素的电负性差值越大，电子转移越完全，键的离子性也越大。当两个原子的电负性差值为 1.7 时，单键约具有 50% 的离子性，可认为是离子键。因此，若两原子的电负性差值大于 1.7 时，可判断形成了离子键。

5.3.2 共价键

离子键理论较好地解释了电负性相差较大的两原子所形成的化学键，但对于电负性相差较小或完全相同的原子所形成的分子（如 HCl、H_2、O_2 等），则无法解释。1916 年，美国化学家路易斯（G. N. Lewis）首先提出了共价键理论：原子间通过共用一对或数对电子，分子中各原子具有稀有气体的原子结构（8 电子或 2 电子），形成稳定的分子。原子间通过共用电子对而形成的化学键称为共价键，由共价键形成的化合物称为共价化合物。

但经典的共价键理论不能解释一些问题，如一些分子的中心原子最外层电子数少于 8（如 BF_3 等）或多于 8（如 PCl_5、SF_6 等）但仍能稳定存在；共价键的方向性和饱和性；单电子键、三电子键、配位键等问题。1927 年，德国科学家海特勒（W. Heitler）和伦敦（F. London）把量子力学的成就应用于最简单的 H_2 结构上，初步解释了共价键的本质，开创了现代的共价键理论。目前，现代共价键理论主要有价键理论（又称电子配对理论）和杂化轨道理论两种。

1. 价键理论

（1）共价键的形成　海特勒和伦敦用量子力学的方法近似解出了两个氢原子所组成体系的波函数 ψ_A 和 ψ_s，它们描述了 H_2 可能出现的两种状态。ψ_A 为推斥态，此时 H_2 处于不稳定状态，两个氢原子的电子自旋方向相同；ψ_s 称为基态，是 H_2 的稳定状态，两个氢原子的电子自旋方向相反。图 5-7 所示为氢分子的能量与核间距的关系，图 5-8 所示为基态时氢分子的两核间距。

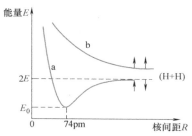

图 5-7 氢分子的能量与核间距的关系

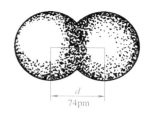

图 5-8 基态时氢分子的两核间距

在推斥态，两氢原子的电子自旋方向相同，原子核互相排斥，核间的电子云密度较小。从图 5-7 中曲线 b 可见，在核间距 R 为无穷远处 $E=0$，为孤立的两个氢原子。随着 R 的减小，体系能量 E 不断上升，不能形成稳定的共价键。

在基态，两个氢原子的电子自旋方向相反，两核间电子云密度较大。这是由于两个氢原子的 1s 原子轨道相互叠加，叠加后在两核间 ψ 增大、ψ^2 增大的结果。原子轨道重叠越多，核间 ψ^2 越大，形成的共价键越牢固，分子越稳定。从图 5-7 中曲线 a 可见，在 $R=7.4\times10^{-11}$ m 处，E 有一极小值 E_0，比两个孤立的氢原子的总能量低 458kJ·mol^{-1}。所以，两个氢原子接近到平衡距离 R 时，可形成稳定的 H_2，此核间平衡距离即为 H—H 键的键长。

可见，共价键的形成，是由于相邻两原子间自旋相反的电子相互配对，原子轨道相互重叠使体系能量降低而趋于稳定的结果。将量子力学研究氢分子的结果推广到其他分子体系，就形成了价键理论。

（2）价键理论的要点　价键理论，简称 VB 法，其基本要点如下。

1）电子配对原理。原子中自旋方向相反的未成对电子相互靠近时，可相互配对形成稳定的化学键。一个原子中有几个未成对电子，就可和几个自旋相反的未成对电子配对成键。例如，氮原子其电子构型为 $1s^22s^22p^3$，有 3 个未成对电子，其只能同 3 个氢原子的 1s 电子配对形成三个共价单键，结合为 NH_3 分子。

2）原子轨道最大重叠原理。在形成共价键时，原子间总是尽可能沿着原子轨道最大重叠的方向成键。重叠得越多，两核间电子的概率密度 ψ^2 越大，形成的共价键越牢固。图 5-9 所示为 HF 分子的成键示意图。HF 分子的形成是 H 原子的 1s 电子与 F 原子的一个未成对 $2p_x$ 电子配对形成共价键的结果。只有 H 原子的 1s 轨道沿着 F 原子的 $2p_x$ 轨道的对称轴方向靠近，才能发生最大重叠，形成稳定的共价键，$2p_x$-s 最大重叠情况如图 5-9a 所示。而图 5-9b、图 5-9c 所示为 $2p_x$-s 重叠较少情况。

（3）共价键的特征　与离子键不同，共价键具有饱和性和方向性。

1）饱和性。由电子配对原理可知，当自旋方向相反的电子配对后，不能再与其他未成对电子配对。

2）方向性。根据最大重叠原理，由于原子轨道（除 1s 外）在空间都有一定取向，在形成共价键时只有沿着某个方向靠近，才能发生最大重叠，因此共价键具有方向性。

（4）共价键的类型　根据原子轨道的重叠方式不同，共价键可分为 σ 键和 π 键。图 5-10 所示为 σ 键和 π 键轨道重叠示意图。

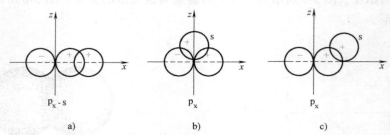

图 5-9　HF 分子的成键示意图

a）$2p_x$-s 最大重叠情况　b）、c）$2p_x$-s 重叠较少情况

1）σ 键。若两个原子轨道以"头碰头"的方式发生重叠，重叠部分沿键轴呈圆柱形对称，则称这种共价键为 σ 键。例如 s-s，p_x-s，p_x-p_x 轨道重叠，如图 5-10a 所示。

2）π 键。若成键原子的原子轨道以"肩并肩"的方式发生重叠，重叠部分等同地分布在键轴所在的对称面上下两侧，则这种共价键称为 π 键。例如 p_y-p_y 轨道重叠，如图 5-10b 所示。

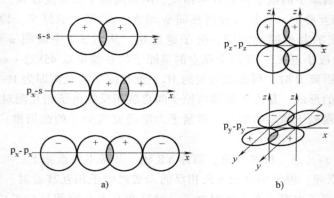

图 5-10　σ 键和 π 键轨道重叠示意图

a）σ 键　b）π 键

两原子间以共价单键结合，只能形成 σ 键；若以共价双键或三键结合，其中只有一个 σ 键，其余是 π 键。π 键重叠程度一般小于 σ 键，因而能量较高，较易断裂发生化学反应。如乙烯分子（$CH_2=CH_2$）的碳碳双键中一个为 σ 键，另一个为 π 键，π 键不稳定，导致乙烯的化学性质活泼。应注意，N_2 分子中 π 键的强度很大，使 N_2 分子不活泼。

2. 杂化轨道理论

（1）价键理论的局限性　价键理论成功地解释了许多共价分子的形成，阐明了共价键的本质及饱和性、方向性等，但在解释许多分子的空间结构方面遇到了困难。随着近代实验技术的发展，确定了许多分子的空间结构，如 H_2O 分子中两个 H—O 键之间的夹角为 104°28′，CH_4 分子的键角为 109°28′，空间构型为正四面体。而按照价键理论，H_2O 分子中氧原子两个成键 2p 轨道间的夹角应该是 90°，CH_4 分子中碳原子有两个单电子，只能形成两个共价键，键角应该是 90°。显然这些与上述实验事实不符，说明价键理论具有局限性。为了解释 H_2O 等共价分子的立体结构，Pauling 在价键理论的基础上，于 1931 年提出了杂化轨道理论，解释了许多价键理论无法解释的实验事实。

1

（2）杂化轨道理论要点

1）在共价键的形成过程中，由于原子间相互作用，同一原子中能量相近、不同类型的原子轨道，重新组合成一组与原来轨道形状、能量都不同而利于成键的新轨道，这个过程称为杂化，所形成的新轨道称为杂化轨道。

2）杂化轨道的数目等于参加杂化的原子轨道数目，即同一原子中能级相近的 n 个原子轨道杂化后，只能得到 n 个杂化轨道。

3）杂化轨道成键时，要满足最小排斥原理，即杂化轨道间尽量取得最大夹角。

4）经杂化的原子轨道的成键能力增强，形成的化学键键能大，分子更加稳定。

由于成键原子轨道杂化后，轨道角度分布图的形状发生了变化（一头大，一头小），杂化轨道在某些方向的角度分布，比杂化前 s 轨道和 p 轨道的角度分布大得多，成键时从分布集中的一方（大的一头）与其他原子轨道重叠，可得到更大程度的重叠，形成较稳定的共价键。

（3）杂化类型与分子空间构型

1）**sp** 杂化。同一原子内由 1 个 ns 轨道和 1 个 np 轨道进行的杂化，称为 sp 杂化。sp 杂化形成 2 个等同的 sp 杂化轨道，每个杂化轨道中含 1/2s 成分和 1/2p 成分，两条 sp 杂化轨道间的夹角为 180°，sp 杂化轨道的形成以及两个 sp 杂化轨道如图 5-11、图 5-12 所示。

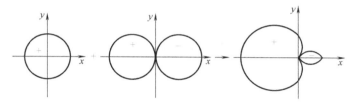

图 5-11　sp 杂化轨道的形成

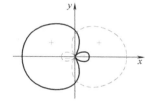

图 5-12　两个 sp 杂化轨道

例如，气态 $BeCl_2$ 分子中，基态 Be 原子价电子构型为 $2s^2$，成键时，Be 原子中 2s 轨道的一个电子被激发到一个空的 2p 轨道上，使基态的 Be 原子变成激发态的 Be 原子（$2s^1 2p^1$）；与此同时，这个 2s 轨道和刚跃进一个电子的 2p 轨道发生 sp 杂化，形成两个能量相等的 sp 杂化轨道，分别与两个 Cl 原子中未成对电子所在的 3p 轨道进行"头碰头"的重叠，形成两个 σ 键，空间构型为直线型，键角为 180°，$BeCl_2$ 分子形成示意图如图 5-13 所示。$ZnCl_2$、$CdCl_2$、$HgCl_2$、乙炔等分子的中心原子也均采取 sp 杂化轨道成键，都是直线型分子。

2）**sp^2** 杂化。同一原子内由 1 个 ns 轨道和 2 个 np 轨道进行的杂化，称为 sp^2 杂化。sp^2 杂化形成 3 个等同的 sp^2 杂化轨道，每个杂化轨道含 1/3s 成分和 2/3p 成分，两条 sp^2 杂化轨道间夹角为 120°，空间构型为平面三角形。

例如，BF_3 分子，B 原子的价电子构型是 $2s^2 2p^1$。成键时，B 原子的一个 2s 电

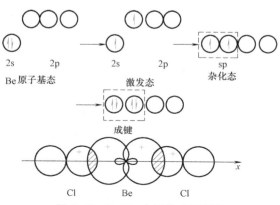

图 5-13　$BeCl_2$ 分子形成示意图

子被激发到一个空的 2p 轨道，变成一个激发态的 B 原子 $(2s^1 2p_x^1 2p_y^1)$，有 3 个未成对电子。这样 1 个 2s 轨道和 2 个 2p 轨道发生 sp^2 杂化，形成 3 个等同的 sp^2 杂化轨道，每个杂化轨道再分别与三个 F 原子的 2p 轨道重叠，键合成 BF_3 分子，空间构型为平面三角形，键角为 120°。sp^2 杂化及 BF_3 分子形成示意图如图 5-14 所示。除 BF_3 外，BCl_3、BBr_3、SO_2 及 CO_3^{2-}、NO_3^- 的中心原子均采用 sp^2 杂化，都具有平面三角形的结构。

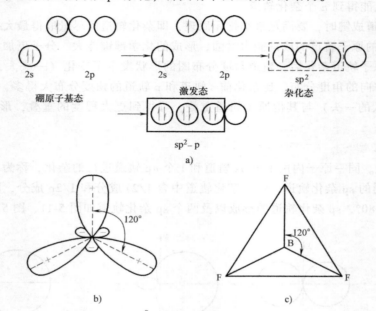

图 5-14　sp^2 杂化及 BF_3 分子形成示意图

a) BF_3 分子杂化过程　b) sp^2 杂化轨道示意图　c) BF_3 分子结构示意图

3）**sp^3 杂化**。同一原子内由 1 个 ns 轨道和 3 个 np 轨道进行的杂化，称为 sp^3 杂化。sp^3 杂化形成 4 个等同的 sp^3 杂化轨道，每个杂化轨道含有 1/4s 成分和 3/4p 成分。

例如，CH_4 中，基态碳原子的价电子构型为 $2s^2 2p_x^1 2p_y^1$。成键时，碳原子 2s 轨道的一个电子被激发到 2p 轨道，变成一个激发态的 C 原子 $(2s^1 2p_x^1 2p_y^1 2p_z^1)$。这样碳原子的 1 个 2s 轨道和 3 个 2p 轨道杂化成 4 个 sp^3 杂化轨道，分别与 4 个氢原子的 1s 轨道重叠，形成 4 个 σ 键，键角为 109°28′，空间构型为正四面体，sp^3 杂化及 CH_4 分子的形成如图 5-15 所示。除 CH_4 外，CCl_4、$SiCl_4$ 等分子的中心原子均采取 sp^3 杂化，都具有正四面体结构。

4）**等性杂化与不等性杂化**。前面讨论的是含有未成对电子的原子轨道杂化，各杂化轨道的能量和成分相同，称为等性杂化。如果参加杂化的原子轨道中有孤对电子存在，所形成的杂化轨道成分和能量不同，这种杂化称为不等性杂化。

例如，NH_3 与 BCl_3 化学式类似，中心原子也应采取 sp^2 杂化，键角应为 120°，但实测结果却为 107°18′，与 109°28′更接近；又如 H_2O 分子的成键似乎与 $BeCl_2$ 分子类似，中心原子采取 sp 杂化的方式，键角应为 180°，但实测结果却为 104°45′，与 109°28′更接近。经过深入研究发现，NH_3 分子和 H_2O 分子在成键时，其中心原子采取的是不等性 sp^3 杂化。

N 原子的价电子构型为 $2s^2 2p_x^1 2p_y^1 2p_z^1$，成键时，N 原子的 1 个 2s 轨道和 3 个 2p 轨道混合，形成 4 个 sp^3 杂化轨道。其中 1 个 sp^3 杂化轨道被一对孤对电子占据，不参与成键，其

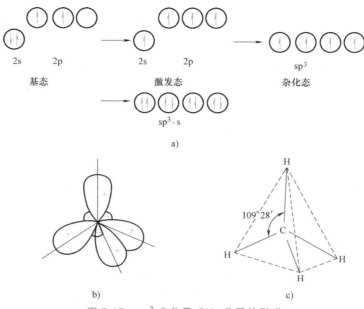

图 5-15 sp^3 杂化及 CH_4 分子的形成

a) CH_4 分子杂化过程 b) sp^3 杂化轨道示意图 c) CH_4 分子结构示意图

余 3 个 sp^3 杂化轨道各有 1 个未成对电子，sp^3 不等性杂化及 NH_3 的形成如图 5-16 所示。成键时，只有 3 个 sp^3 杂化轨道与 3 个 H 原子的 1s 轨道重叠，形成 3 个 N—H 键。没有参与成键的孤对电子对于成键的 3 个 sp^3 杂化轨道有排斥作用，致使键角不是 109°28′，而是 107°18′，NH_3 分子的空间构型是三角锥形。对于 H_2O 分子，氧原子中 2 个 sp^3 杂化轨道被孤对电子占据，对成键的 2 个 sp^3 杂化轨道的排斥作用更大，以致 2 个 O—H 键间的夹角被压缩成 104°45′，所以水分子的空间构型呈 "V" 字型。NH_3 分子和 H_2O 分子的空间构型如图 5-17 所示。

图 5-16 sp^3 不等性杂化及 NH_3 的形成

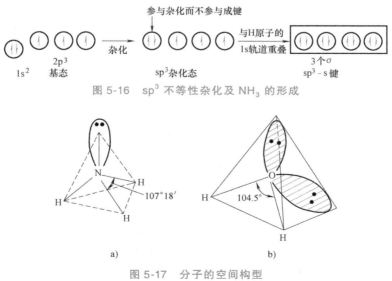

图 5-17 分子的空间构型

a) NH_3 分子 b) H_2O 分子

上面介绍了 s 轨道和 p 轨道的三种杂化形式，将 sp 杂化轨道与分子几何构型简要归纳于表 5-7 中。

表 5-7　sp 杂化轨道与分子几何构型

杂化类型	sp	sp^2	sp^3		
杂化轨道几何构型	直线型	三角型	四面体		
杂化轨道中孤对电子数	0	0	0	1	1
分子几何构型	直线型	三角型	正四面体	三角锥形	折线形
实例	BCl_3、CO_2	BF_3、SO_3	CH_4、CCl_4	NH_3、PCl_3	H_2O
键角	180°	120°	109°28′	107°18′	104°45′

5.3.3　分子间力和氢键

水蒸气可以凝结成水，水可以凝固成冰，这一过程表明分子间还存在一种相互吸引力——分子间力。1873 年，荷兰物理学家范德瓦尔斯（Vander Waals）开始对分子间力进行研究。因此，分子间力又称范德华力。分子间力是决定物质熔点、沸点、熔化热、溶解度、表面张力、黏度等物理性质的主要因素。由于分子间力的大小与分子的极性有关，所以先介绍分子的极性。

1. 分子的极性和变形性

（1）分子的极性　假设分子中存在正电荷中心和负电荷中心，分子的极性如图 5-18 所示，正、负电荷中心的相对位置用"+"和"−"表示。正、负电荷中心重合的分子称为非极性分子，正负电荷中心不重合的分子称为极性分子。

在极性分子中，正、负电荷中心分别形成正、负两极，称为偶极，如图 5-19 所示。偶极间的距离 d 与正极（或负极）上电荷 q 的乘积称为分子的偶极矩，用 μ 表示，$\mu = d \times q$。

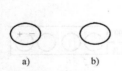

图 5-18　分子的极性
a）极性分子　b）非极性分子

图 5-19　分子的偶极

偶极矩 μ 是衡量分子有无极性及极性大小的物理量，其可以通过实验测定。偶极矩 μ 值越大，分子的极性越大，$\mu = 0$ 的分子是非极性分子。

分子表现出极性，实质上是电子云在空间的不对称分布。键的极性是分子极性产生的根本原因。由离子键形成的分子显然是极性分子，由非极性共价键构成的分子必然是非极性分子，如 N_2、O_2，但由极性共价键构成的分子是否有极性，则与分子的空间结构有关。

双原子分子，键有极性，分子必然有极性，键的极性越强，分子极性越强。如卤化氢 H—X 键的极性按 H—F→H—I 顺序递减，其偶极矩也依次递减。对于极性共价键构成的多原子分子，若在空间正、负电荷均匀分布，正、负电荷中心重合，是非极性分子，如直线形的 CO_2、平面三角形的 BF_3、正四面体的 CCl_4。若空间正、负电荷分布不均匀，则正、负电荷中心不重合，是极性分子，如 V 形的 H_2O、SO_2，三角锥形的 NH_3，四面体形的 $CHCl_3$。利用偶极矩数据可以推断分子的空间构型。

分子的极性对物质的溶解性有一定的影响。通常非极性分子溶质易溶于非极性溶剂，极性分子溶质易溶于极性溶剂。水是强极性溶剂，NH_3、HCl 等极性分子溶质在水中的溶解度很大；N_2、CH_4、苯等非极性分子溶质在水中的溶解度就很小。一些物质的偶极矩数值见表 5-8。

根据分子极性强弱，可将分子分为离子型分子、极性分子和非极性分子三种类型，如图 5-20 所示。

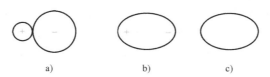

图 5-20　分子的类型

a) 离子型分子　b) 极性分子　c) 非极性分子

表 5-8　一些物质的偶极矩数值

物质	偶极矩 $\mu/10^{-30} C \cdot m$	分子几何构型	物质	偶极矩 $\mu/10^{-30} C \cdot m$	分子几何构型
H_2	0	直线形	CS_2	0	直线形
N_2	0	直线形	H_2S	3.67	V 字形
HF	6.40	直线形	SO_2	5.34	V 字形
HCl	3.62	直线形	H_2O	6.24	V 字形
HBr	2.60	直线形	HCN	6.24	直线形
HI	1.27	直线形	NH_3	4.34	三角锥形
CO	0.40	直线形	$CHCl_3$	3.37	四面体
CO_2	0	直线形	CCl_4	0	正四面体

（2）分子的变形性　前面讨论分子极性时，考虑的是孤立分子中电荷的分布情况，若把分子置于外加电场（E）中，则其电荷分布将发生变化。非极性分子在电场中的变形极化如图 5-21 所示。将非极性分子放于电容器的两个极板之间，分子中带正电荷的原子核被吸引向负电极，而电子云被吸引向正电极，结果使电子云与原子核发生相对位移，造成分子发生形变（此过程称为分子变形极化），分子中原本重合的正、负电荷中心彼此分离，从而使分子出现了偶极，这种偶极称为诱导偶极（$\mu_{诱导}$）。

分子极化的强弱与电场强度及分子的变形性有关，电场越强，分子越易变形，极化作用越强。电场消失，诱导偶极随即消失，分子复原。

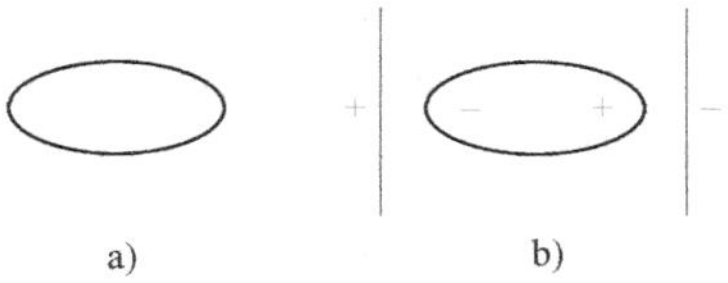

即使没有外电场存在，由于分子中电子的运动和原子核的振动，不断发生原子核与电子云的相对位移，在某一瞬间，非极性分子的正、负电荷中心不重合，这时产生的偶极为瞬时偶极。分子变形性越大，瞬时偶极越强。极性分子也会产生瞬时偶极。

图 5-21　非极性分子在电场中的变形极化

a) 变形前　b) 变形极化

一个极性分子相当于一个微电场，可以使其他分子发生极化变形。因此，极化作用不仅在外电场的作用下可以发生，分子与分子之间也可以发生，极性分子与极性分子之间、极性分子与非极性分子之间都存在极化作用。

2. 分子间力

分子间力实质上是静电力，有三种类型：色散力、诱导力、取向力。

（1）**色散力** 在非极性分子中，虽然电子云的分布是对称的，但由于每个分子中电子都在不断运动，原子核也在不断振动，经常发生电子云和原子核间的相对位移，使分子的正、负电荷中心不重合，产生瞬时偶极。每个瞬时偶极存在的时间尽管极短，但由于电子和原子核时刻都在运动，瞬时偶极不断出现，异极相邻的状态不断出现，使非极性分子相互靠近到一定程度时，在两个分子之间就会产生一种持续不断的吸引作用。分子间由于瞬时偶极而产生的作用力称为色散力，如图5-22所示。由于所有分子中都能产生瞬时偶极，所以色散力存在于一切分子间。

（2）**诱导力** 当极性分子与非极性分子靠近时，极性分子的固有偶极产生的电场作用使非极性分子的电子云发生变形，产生诱导偶极，进而在非极性分子与极性分子之间产生一种相互吸引的作用，这种固有偶极与诱导偶极之间的作用力称为诱导力，如图5-23所示。诱导力存在于极性分子之间、极性分子与非极性分子之间。诱导力本质上是静电力，极性分子的极性越大、非极性分子的变形性越大，诱导力越强。

图 5-22 非极性分子间的色散力作用

图 5-23 极性分子与非极性分子间的诱导力作用

（3）**取向力** 当极性分子相互靠近时，由于分子固有偶极之间同极相斥、异极相吸，分子在空间是按异极相邻的状态取向，这种由于固有偶极的取向而产生的作用力称为取向力，如图5-24所示。取向力存在于极性分子之间。分子的极性越大，取向力越大；温度升高，取向力迅速减小。

总之，非极性分子间存在着色散力；非极性分子和极性分子间存在色散力和诱导力；极性分子间存在色散力、诱导力和取向力。由此可见，色散力存在于一切分子间，是分子间主要的作用力。

一般说来，分子间力具有以下特点。

1）分子间力是分子间的一种电性作用力。

2）分子间力永远存在于分子之间，没有方向性和饱和性。

3）分子间力是短程力，与分子间距离的6次方成反比，即随分子间距离增大而迅速减小。

4）作用力较弱，一般比化学键键能低1~2个数量级。

5）一般情况下，三种作用力中色散力是主要的，只有当分子极性很大且分子间存在氢

图 5-24 极性分子间取向力作用示意图

键时（如 H_2O），才以取向力为主。

分子间力对物质的熔点、沸点、溶解度等物理性质有很大的影响。一般来说，对结构相似的同系列物质，其熔、沸点随相对分子质量的增加而升高，如稀有气体、卤素单质等。这是由于分子的变形性随相对分子质量的增加而增大，分子间力也随之增大。

分子间力对液体的互溶度以及固态、气态非电解质在液体中的溶解度也有一定影响。溶质或溶剂（同系物）分子的变形性和分子间力越大，溶解度也越大。分子间力对分子型物质的硬度也有一定影响。分子极性小的物质，分子间力小，因而硬度不大；含极性基团的物质，分子间引力较大，具有一定的硬度。

3. 氢键

大多数同系列氢化物的熔、沸点随着相对分子质量的增大而升高，但 H_2O、NH_3 和 HF 与同族氢化物相比不符合上述规律，这是由于这些物质的分子之间除存在一般分子间力外，还存在一种特殊的作用力——氢键。

（1）**氢键的形成**　当 H 原子与电负性很大的 X 原子（如 N、O、F）以共价键结合成 H—X 时，共用电子对强烈地偏向 X 原子一边，使 H 原子几乎变成没有电子云的"裸露"质子，由于其半径极小（约 30 pm），电荷密度大，可以吸引另一电负性较大的 Y 原子的孤对电子，从而形成氢键。氢键可表示为 X—H…Y，"…"代表氢键。X、Y 可以相同，也可以不同。氢键的形成如图 5-25 所示。要形成氢键，要求有一个电负性很大的 X 原子以共价键结合 H 原子，同时还有一个电负性大、带有孤对电子的 X 或 Y 原子。

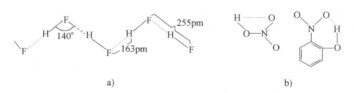

图 5-25　氢键的形成

a）HF 分子间氢键　b）HNO_3、邻硝基苯酚分子内氢键

（2）**氢键的特点**　氢键具有饱和性和方向性。多数情况下，一个连接在 X 原子上的 H 原子只能与一个电负性大的 Y 原子形成氢键，且尽可能使 X、H、Y 在同一条线上，使 X 与 Y 的距离最远，两原子电子云间的斥力最小，形成的氢键最强，体系稳定。氢键的强弱与元素的电负性有关。电负性越大，半径越小，氢键越强。氢键强弱顺序如下：

$$F—H…F>O—H…O>O—H…N>N—H…N$$

氢键的键能在 $10\sim40kJ\cdot mol^{-1}$ 范围内，比化学键弱，但比范德华力强，是一种特殊的分子间作用力。

（3）**氢键的种类**　氢键可分为分子间氢键和分子内氢键。由两个或两个以上分子形成的氢键称为分子间氢键，HF 分子间氢键如图 5-25a 所示；同一分子内形成的氢键称为分子内氢键，HNO_3、邻硝基苯酚分子内氢键如图 5-25b 所示。分子间氢键常不能在同一直线上。

（4）**氢键对化合物物理性质的影响**　氢键通常是物质在液态时形成的，但形成后有时也能继续存在于晶态甚至气态物质中，如 H_2O 在气态、液态、固态中都有氢键存在。氢键的形成会影响物质的物理性质。

1）熔点、沸点。分子间有氢键的物质，其熔点、沸点比同系列氢化物的熔点、沸点要高。分子内形成氢键的物质，一般熔点、沸点降低，如有分子内氢键的邻硝基苯酚熔点为45℃，有分子间氢键的间硝基苯酚、对硝基苯酚的熔点分别为96℃、114℃；

2）溶解度。如果溶质分子与溶剂分子之间形成氢键，则溶质的溶解度增大。

3）黏度。分子间有氢键的液体，一般黏度较大，如浓硫酸、甘油、磷酸等。

4）密度。液体分子间若形成氢键，有可能发生缔合现象，例如：

$$n\ H_2O \rightleftharpoons (H_2O)_n \qquad n = 2,3,4,\cdots$$

这种由若干简单分子连成复杂分子而又不改变原物质化学性质的现象，称为分子缔合，分子缔合的结果会影响液体的密度。例如，温度降至0℃时，全部水分子会连成巨大的缔合物——冰。

5.3.4 金属键

金属键是金属晶体中金属原子之间形成的化学键。金属原子的特征是价电子的电离能小，外层价电子容易成为自由电子，带负电的自由电子把金属正离子或原子联结在一起即构成金属键。金属键无方向性和饱和性。只要空间条件允许，每个原子将与尽可能多的原子形成金属键。因此，金属原子一般按紧密方式堆积，形成最为稳定的金属结构。

1. 电子海模型

电子海模型是将金属键描述成金属正离子在电子海中的规则排列，碱土金属键的电子海模型如图 5-26 所示。

在金属中，价电子容易摆脱金属原子的束缚成为自由电子。金属正离子靠这些自由电子的胶合作用形成金属晶体。自由电子在外加电场的作用下会定向流动形成电流。受热时，不断碰撞的电子可传递能量，受到外力冲击时，由于自由电子的胶合作用，金属正离子间容易滑动。因此金属具有良好的导电性、导热性和延展性。

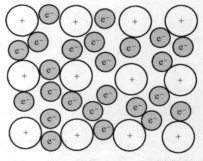

图 5-26　碱土金属键的电子海模型

2. 能带理论

金属键的能带理论是现代金属理论之一，它是以分子轨道理论为基础发展起来的。

金属晶体中原子呈紧密堆积，若干原子轨道可组合形成若干分子轨道。例如，金属钠原子的电子结构式为 $1s^2 2s^2 2p^6 3s^1$。当 2 个 Na 原子相互靠近时，由于原子间的相互作用，相应的原子轨道如 2s、2p、3s 可分别组合得到 2 个相应的分子轨道，3 个 Na 原子可组合得到 3 个分子轨道。聚集的 Na 原子数越多，形成的分子轨道数必然也越多。1mol 金属钠有 6.02×10^{23} 个 Na 原子，可形成 6.02×10^{23} 个分子轨道。分子轨道数目如此之多，其能级间能量相差甚微，可看作一连续的、具有一定能量范围的能带。金属钠中能带形成的示意图如图 5-27 所示。在金属钠晶体中有多少 Na 原子，其能带就由多少个分子轨道构成。这就是金属键的能带理论。

根据金属键的能带模型，能带又分为满带、半满带和空带，如图 5-27b 所示。

满带是指分子轨道能级被电子全部占有的能带，例如，Na 的 2s、2p 能带。

半满带是指分子轨道能级部分被电子占有的能带，例如，Na 的 3s 能带。半满带又称为导带。

空带是指分子轨道能级无电子占有的能带，例如，Na 的 3p、4s 等能带。

能带之间的能量间隔为禁带。如同原子中电子不能具有 1s 与 2s 之间的能量一样，在金属晶体内，电子不能具有禁带中的能量。禁带的能量间隔常用 E_g 表示，称为禁带宽度能量。如果原子轨道能级非常接近，或者形成晶体原子继续靠近时，能带之间会发生重叠，金属钠的能带如图 5-28 所示，一些金属的最外层 ns、np 能带会重叠。ⅡA、ⅡB 族的单质就属于此种情况。

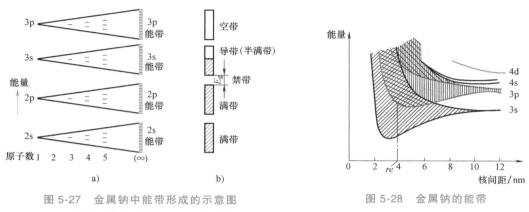

图 5-27 金属钠中能带形成的示意图
a）原子增加形成的能带 b）电子充填

图 5-28 金属钠的能带

金属键的能带理论认为，导带中的电子运动范围较大，可在整个晶体内活动，称为非定域电子。非定域电子也就是通常描绘金属键时所说的自由电子。

根据金属键的能带模型可以解释半导体和绝缘体的性质。半导体和绝缘体的能带相似，都是在满带上有一空带，两带间由禁带间隔，若禁带宽度能量 E_g 较小，受光和热的作用，满带中的电子部分激发，越过禁带进入空带，空带即成为导带，具备了导电条件。若禁带宽度能量 E_g 较大，受热和光照作用的满带中的电子不能越过禁带而进入空带，也就不能导电。一般半导体的 $E_g<2eV$（Ge 的 E_g 为 0.7eV，Si 的 E_g 为 1.1eV），温度越高，受热激发越强，这种作用足以抵消由于原子振动加剧所引起的电阻增加，净结果是温度升高，导电性增强。光照引起的效果也同样。一般绝缘体的 $E_g>6eV$（金刚石的 $E_g≈7eV$），E_g 越大的物质，绝缘性越好。当外加电压足够高时，绝缘体中满带的少量电子也可获得能量越过禁带进入空带，这就是绝缘体被击穿的导电现象。

由上述内容可知，不论是共价键、离子键，还是金属键，本质上都是电性的。

5.4 晶体结构

晶体的种类繁多，按晶体内部微粒的组成和相互作用，可分为离子晶体、原子晶体、分子晶体、金属晶体和混合型晶体。

1. 离子晶体

在离子晶体的晶格结点（晶格上排有微粒的点）上交替排列着正离子和负离子，正、负离子间以静电引力（离子键）相互作用。由于离子键没有方向性和饱和性，在空间条件许可的情况下，各离子将尽可能吸引异号离子，以降低系统能量。氯化钠的晶体结构如图

5-29 所示。化学式 NaCl 只表示晶体中 Na^+ 与 Cl^- 的比例是 1：1，并不表示 1 个氯化钠分子的组成。在离子晶体中，没有独立存在的小分子，但习惯上仍把 NaCl 称为氯化钠晶体的分子式。

在典型的离子晶体中，离子电荷越多，离子半径越小，所产生的静电场强度越大，与异号电荷离子的静电作用也越大，因此，离子晶体的熔点也越高，硬度也越大。属于离子晶体的物质通常是活泼金属的盐类和氧化物，例如，可作为红外光谱仪棱镜的氯化钠、溴化钾晶体，作为耐火材料的氧化镁晶体，作为建筑材料的碳酸钙晶体等。

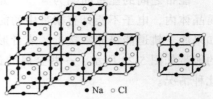

图 5-29　氯化钠的晶体结构

2. 原子晶体

原子晶体的晶格结点上排列着原子，原子之间由共价键联系着。以典型的金刚石原子晶体为例，其晶体结构如图 5-30 所示。每个碳原子能形成 4 个 sp^3 杂化轨道，可以和 4 个碳原子形成共价键，组成正四面体。属于原子晶体的物质，单质中除金刚石外，还有可作为半导体元件的单晶硅和锗，化合物中如碳化硅、砷化镓、二氧化硅等。

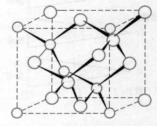

图 5-30　金刚石的晶体结构

原子晶体一般具有很高的熔点和很大的硬度，在工业上常被选为磨料或耐火材料，金刚石的熔点可高达 3550℃，是所有单质中熔点最高的，其硬度也极大。原子晶体的延展性很小，有脆性。由于晶体中没有离子，固态、熔融态的原子晶体都不易导电，所以一般是电的绝缘体。原子晶体在一切溶剂中都不溶。

3. 分子晶体

在分子晶体的晶格结点上排列着分子（极性分子或非极性分子）。二氧化碳的晶体结构如图 5-31 所示，在分子之间有分子间作用力及氢键存在。许多非金属单质和非金属元素组成的化合物（包括绝大多数的有机物）都能形成分子晶体。

由于分子间力较弱，所以分子晶体的硬度较小，熔点一般低于 400℃，并有较大的挥发性，如碘片、萘晶体等。分

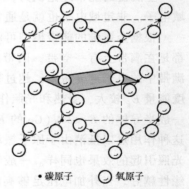

·碳原子　○氧原子

图 5-31　二氧化碳的晶体结构

子晶体是由电中性的分子组成的，固态和熔融态下都不导电，是电绝缘体。但某些分子晶体含有极性较强的共价键，能溶于水形成水合离子而导电，如醋酸。

4. 金属晶体

在金属晶体的晶格结点上排列着原子或正离子，金属的晶体结构如图 5-32 所示，在这些离子、原子之间，存在着从金属原子脱落下来的电子（图中的黑点表示电子），这些电子并不固定在某些金属离子的附近，而可以在整个晶体中自由运动，称为自由电子。整个金属晶体中的原子（或离子）与自由电子所形成的化学键称为金属键，这种键可以看成是由多个原子共用一些自由电子所组成的。

图 5-32　金属的晶体结构

金属键的强弱与单位体积内的自由电子数（或自由电子密度）有关，半径较小、自由电子较多的金属键较强，熔点较高。

金属晶体单质多数具有较高的熔点和较大的硬度。耐高温金属指熔点高于铬（熔点为1857℃）的金属，集中在副族，其中熔点最高的是钨（3410℃）和铼（3180℃），是测高温用的热电偶材料。也有部分金属单质的熔点较低，如汞的熔点是−38.87℃，常温下为液体。金属晶体具有良好的导电、导热性，尤其是第Ⅰ副族的 Cu、Ag、Au，有金属光泽，具有良好的延展性等性能。

5. 混合型晶体

有些晶体内可能同时存在着几种不同的作用力，具有若干种晶体的结构和性质，这类晶体称为混合型晶体，例如具有层状结构的石墨，如图 5-33 所示。石墨晶体中同层粒子间以共价键结合，平面结构的层与层之间则以分子间力结合，所以石墨是混合型晶体。由于层间的结合力较弱，容易滑动，所以石墨常被用作润滑材料。

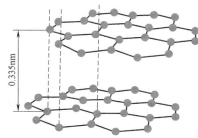
图 5-33　具有层状结构的石墨

本 章 小 结

本章首先介绍了原子结构，原子由原子核和核外电子组成。在化学反应中，原子核的组成不变，但核外电子的运动状态是可以改变的，这也是化学反应的实质。

核外电子的运动具有能量量子化、波粒二象性、统计性的特征，可用 n、l、m 三个量子数确定一个原子轨道，n、l、m、m_s 确定核外电子的运动状态。可用小黑点的疏密程度表示核外电子单位体积内出现的概率，形成的图形称为电子云。

原子核外电子分布遵循泡利不相容原理、能量最低原理和洪特规则，可以用原子的电子排布式表示。原子核外电子分布的周期性是元素周期律的基础，元素周期表则是元素周期律的表现形式。通过周期、族可以表示元素在周期表中的位置。原子外层电子构型的周期性变化决定了元素性质的周期性变化，如原子半径、电离能、电子亲和能、电负性、金属性和非金属性，以及氧化数的周期性变化。

在化学中，把分子或晶体中相邻两个原子（或离子）之间强烈的相互作用称为化学键。化学键通常分为三大类型：离子键、共价键和金属键。不同的化学键可以形成不同类型的化合物。分子间力又称范德华力，是决定物质熔点、沸点、熔化热、溶解度等性质的主要因素。分子间力实质上是静电力，有色散力、诱导力、取向力三种类型。晶体的种类繁多，可分为离子晶体、原子晶体、分子晶体、金属晶体和混合型晶体。

思 考 与 练 习 题

一、填空题

1. 在下列空白处填入所允许的量子数。

1）$n = 1$，$l =$ ＿＿＿＿＿＿，$m =$ ＿＿＿＿＿＿。

2）$n=2$，$l=1$，$m=$ _____。

3）$n=3$，$l=2$，$m=$ _____。

2. 波函数 Ψ 是描述 _____ 的数学函数式，其和 _____ 是同义词。$|\Psi|^2$ 的物理意义是 _____；电子云是 _____ 的形象化表示。

3. 第四周期中，原子的 4p 轨道半充满的元素为 _____；3d 轨道半充满的元素为 _____（填写元素符号）。

4. 价电子构型 $3d^8 4s^2$ 的元素，属于第 _____ 周期 _____ 族 _____ 区，元素符号是 _____。

5. A、B 两元素的原子仅差一个电子，A 是相对原子质量最小的活泼金属元素，B 却是很不活泼的元素，则 A 为 _____ 元素，B 为 _____ 元素。

6. 在元素周期表中，根据元素原子的外层电子构型可分为 s 区、_____、_____、_____ 和 _____ 五个区，各区的价电子通式分别为 $ns^{1\sim2}$、_____、_____、$(n-1)d^{10}ns^{1\sim2}$、$(n-2)f^{0\sim14}(n-1)d^{0\sim2}ns^2$。

7. 在极性分子之间存在 _____ 力；在极性分子和非极性分子之间存在 _____ 力；在非极性分子之间存在 _____ 力。

8. 根据金属键的能带模型，能带又分为 _____、_____ 和空带。

二、选择题

1. 对于 4 个量子数，下列叙述中正确的是（　　）。

A. 磁量子数 $m=0$ 的轨道都是球形的　　　　B. 角量子数 l 可以取从 0 到 n 的正整数

C. 决定多电子原子中电子能量的是主量子数　　D. 自旋量子数 m_s 与原子轨道无关

2. 角量子数 $l=2$ 的电子，其磁量子数 m（　　）。

A. 只能为 +2

B. 只能为 −1、0、+1 三者中的某一个数值

C. 可以为 −2、−1、0、1、2 中的任意一个数值

D. 可以为任何一个数值

3. 下列原子轨道表示符号中错误的是（　　）。

A. p_x　　　　　　B. p_{xy}　　　　　　C. s　　　　　　D. d_{xy}

4. 原子核外 M 层可容纳的最多电子数是（　　）。

A. 8 个　　　　B. 18 个　　　　C. 32 个　　　　D. 50 个

5. 若基态原子的第五电子层只有 2 个电子，则该原子的第四电子层电子数为（　　）。

A. 8　　　　　　B. 18　　　　　　C. 8~18　　　　　　D. 18~32

6. 原子最外层电子构型为 ns_2 的主族元素，其各级电离能的变化为（　　）。

A. $I_1 < I_2 < I_3$　　　　　　　　　　B. $I_1 > I_2 > I_3$

C. $I_1 < I_2 \ll I_3$　　　　　　　　　　D. $I_1 > I_2 \gg I_3$

7. 下列元素电负性大小次序正确的是（　　）。

A. S<N<O<F　　　　　　　　　　B. S<O<N<F

C. Na<Ca<Mg<K　　　　　　　　　D. Hg<Cd<Zn

8. 下列叙述中正确的是（　　）。

A. 金属正离子的半径大于其原子半径

B. 金属正离子的半径小于其原子半径

C. 非金属负离子的半径与其原子半径相等

D. 非金属负离子的半径小于其原子半径

9. 下列元素中具有最大电子亲和能的是 （　　）。

A. 磷　　　　　　　B. 硫　　　　　　　C. 氯　　　　　　　D. 氮

10. 下列化合物中含有极性共价键的是 （　　）。

A. $KClO_3$　　　　B. Na_2O_2　　　　C. Na_2O　　　　D. KI

11. 水分子中氧原子的杂化轨道是 （　　）。

A. sp　　　　　　B. sp^2　　　　　C. sp^3　　　　　D. dsp^2

12. HF 具有反常的高沸点是由于 （　　）。

A. 氢键　　　　　B. 极性共价键　　　C. 范德华力　　　D. 离子键

三、简述题

1. 元素 A 在 $n=5$、$l=0$ 的轨道上有一个电子，其次外层 $l=2$ 的轨道上电子处于全充满状态，而元素 B 与 A 处于同一周期，若 A、B 的简单离子混合，则有难溶于水的黄色沉淀 AB 生成。

1） 写出元素 A、B 的核外电子排布式、价电子构型。

2） A、B 各处于第几周期第几族？金属还是非金属？

3） 写出 AB 的化学式。

2. 根据元素周期表填表。

元素符号	V	Bi			Pt
元素名称			钼	钨	
所属周期					
所属族					
价电子构型					

3. 若有原子序数递增的如下 A～B8 种元素，试按下列条件推断它们的元素符号和在周期表中的位置（周期、族、区），并写出其价电子构型。

1） A 所能形成的有机物种类极多。

2） B 的单质在常温下是气体，性质很稳定，是第二轻的气体。

3） C 的 2p 电子数为 1s 电子数的 2 倍。

4） D、E 为非金属元素，与氢气化合生成 HD 和 H_3E。

5） 第四周期元素 F，其 3d 层电子是 4s 层电子的 4 倍。

6） G 与 H 的导电性优越，且为同一副族。

7） I 的原子序数是 A、B、C、D、E、H 所有元素之和。

第 6 章

氧化还原反应与电化学基础

本章首先介绍氧化还原反应的基本概念及如何对反应方程式进行配平，并以氧化还原反应为基础，分析原电池和电解池的原理，介绍化学电源和电解池的实际应用；同时，阐述电极电势的概念，研究影响电极电势的因素，讨论电极电势在电化学中的应用。

6.1 氧化还原反应的基本概念

所有化学反应可分为两大类：①非氧化还原反应，即反应体系中各组分之间没有电子得失或偏移的反应，如酸碱中和反应、沉淀反应等；②氧化还原反应，即有电子得失或偏移的反应，广泛存在于冶金工业、化学工业、金属腐蚀与防护、新型材料的制备以及生物体内的代谢过程中。

6.1.1 氧化值

1970 年，国际纯粹与应用化学联合会（IUPAC）提出了氧化值（Oxidation Number）的正式定义：氧化值是某元素各原子的表观电荷数（Apparent Charge Number），又称为氧化数；其数值取决于原子形成分子时的得失电子数或偏移的电子数。例如，反应 $H_2 + \frac{1}{2}O_2 \rightarrow H_2O$，由于氧的电负性大于氢，氢氧原子间共用电子对，接近氧原子，偏离氢原子，则氢原子的表观电荷数为+1，而氧原子的表观电荷数为−2。

元素在化合物状态时所带的表观电荷数，也是氧化值。氧化值的确定规则见表 6-1，氧化值不一定是整数。例如，计算 $S_4O_6^{2-}$ 离子中硫的氧化值 x，由表 6-1，有 $4x+(-2)\times 6=-2$，$x=5/2$。

> 例 6.1 计算：1）$KMnO_7$ 中 Mn 的氧化值；2）$Cr_2O_7^{2-}$ 中 Cr 的氧化值。
>
> 解：1）设 Mn 的氧化值为 x，则 $(+1)+x+(-2)\times 4=0, x=+7$
>
> 2）设 Cr 的氧化值为 y，则 $2y+(-2)\times 7=-2$，$y=+6$

氧化还原反应是在反应过程中，元素的原子或离子氧化值发生变化的反应，可拆分为两个半反应：氧化值升高的反应称为氧化反应，氧化值降低的反应称为还原反应；氧化值升高的物质称为还原剂，氧化值降低的物质称为氧化剂。

表 6-1　氧化值的确定规则

序号	规则		举例
1	单质中,元素的氧化值为零		Cl_2 中 Cl,金属 Cu,Al 氧化值为零
2	化合物分子中,所有元素氧化值之和为零		MgO 中 Mg 的氧化值为+2,O 的氧化值为-2,代数和是$(+2)+(-2)=0$
	离子中所有元素氧化值之和等于离子的电荷数		SO_4^{2-} 中 S 的氧化值为+6,O 的氧化值为-2,代数和是$(+6)+(-2)\times4=-2$
3	氢化物	氢的氧化值通常为+1	H_2O 中 H 的氧化值为+1
		离子型氢化物中氢的氧化值为-1	NaH、CaH_2 中 H 的氧化值为-1
	氧化物	氧的氧化值通常为-2	Fe_3O_4 中 O 的氧化值为-2
		过氧化物中氧的氧化值为-1	Na_2O_2、H_2O_2 中 O 的氧化值为-1
		超氧化物中氧的氧化值为-1/2	KO_2 中 O 的氧化值为-1/2
		氧在氟化物中的氧化值为+1或+2	OF_2 和 O_2F_2 中 O 的氧化值为+2 和+1
	氟化物	氟的氧化值通常为-1	OF_2 和 O_2F_2 中 F 的氧化值均为-1
	碱金属化合物	碱金属的氧化值通常为+1	KO_2 中 K 的氧化值为+1
	碱土金属化合物	碱土金属的氧化值通常为+2	MgO 中 Mg 的氧化值为+2

例如：

$$2Na(s)+Cl_2(g)\longrightarrow2NaCl(s)$$

Na 的氧化值升高，发生氧化反应，则 Na 为还原剂；Cl 的氧化值降低，发生还原反应，Cl_2 为氧化剂。此氧化还原反应可分为两个半反应

氧化反应：$2Na-2e\longrightarrow2Na^+$；还原反应：$Cl_2+2e\longrightarrow2Cl^-$

氧化还原反应的类型有以下三种。

1. 分子间氧化还原反应

氧化值升高和降低发生在不同的化合物中，如

$$H_2+Cl_2\longrightarrow2HCl$$

H 的氧化值由 0 升高到+1，发生氧化反应；Cl 的氧化值由 0 降低到-1，发生还原反应。

2. 分子内氧化还原反应

氧化值升高和降低均发生在同一化合物中，如

$$2KClO_3\longrightarrow2KCl+O_2$$

$KClO_3$ 中 O 的氧化值由-2 升高到 0，发生氧化反应；Cl 的氧化值由+5 降低到-1，发生还原反应。

3. 歧化反应

该反应是分子内氧化还原反应的特例，氧化值升高和降低均发生在同一化合物的同一元素中，如

$$H_2O+Cl_2 \longrightarrow HCl+HClO$$

Cl_2 中 Cl 的氧化值既可由 0 升高到 +1，又可从 0 降低到 -1。也就是说，Cl_2 本身既是氧化剂，又是还原剂。

6.1.2 氧化还原反应方程式的配平

氧化还原反应方程式的配平方法很多，这里主要介绍氧化值法和离子-电子法。

1. 氧化值法

（1）配平的原则　　还原剂的氧化值升高与氧化剂的氧化值降低的总值应相等；反应前后各元素的原子总数应相等。

（2）配平的步骤

1）书写出未配平的反应方程式

$$FeS_2+O_2 \longrightarrow Fe_2O_3+SO_2$$

2）找出元素原子的氧化值升、降值并求出氧化值升、降值的最小公倍数，

$$
\left.
\begin{array}{l}
FeS_2 \text{ 中 } \quad Fe \quad 3-2=1 \\
FeS_2 \text{ 中 } \quad S \quad 2\times[4-(-1)]=10
\end{array}
\right\} \times 4 = 44
$$

$$O_2 \text{ 中 } \quad O \quad 2\times[(-2)-0]=-4 \quad \times 11 = -44$$

可得 FeS_2 的系数是 4，O_2 的系数是 11。

3）用观察法配平氧化值未改变的元素原子数目。因此，配平后的反应方程式为

$$4FeS_2+11O_2 \longrightarrow 2Fe_2O_3+8SO_2$$

为了配平氧化值未改变的元素原子数目，可采用如下方法：若反应在水溶液中进行，可在方程式左侧或右侧加上 H_2O；若反应在酸性介质中进行，可在方程式左侧或右侧加上 H^+；若反应在碱性介质中进行，可在方程式左侧或右侧加上 OH^-。

例 6.2　配平反应方程式

$$As_2S_3+HNO_3 \longrightarrow H_3AsO_4+H_2SO_4+NO。$$

解：1）找出元素原子的氧化值升、降值及求出氧化值升、降值的最小公倍数；

$$
\begin{array}{l}
HNO_3 \text{ 中 } \quad N \quad 2-5=-3 \quad\quad\quad \times 28 = -84 \\
\left.
\begin{array}{l}
As_2S_3 \text{ 中 } \quad As \quad 2\times[5-3]=4 \\
As_2S_3 \text{ 中 } \quad S \quad 3\times[6-(-2)]=24
\end{array}
\right\} \times 3 = 84
\end{array}
$$

可得 HNO_3 的系数是 28，As_2S_3 的系数是 3。

2）配平氧化值未改变的元素原子数目：方程式左侧有 28 个 H 原子，84 个 O 原子；右侧有 36 个 H 原子，88 个 O 原子。为了使反应前后各元素的原子总数应相等，应在方程式左侧加上 4 个 H_2O。

因此，配平后的反应方程式为

$$3As_2S_3+28HNO_3+4H_2O \longrightarrow 6H_3AsO_4+9H_2SO_4+28NO$$

2. 离子-电子法

（1）配平的原则　还原剂失去的电子数与氧化剂得到的电子数应相等；反应前后各元素的原子总数应相等。

（2）配平的步骤

1）书写出未配平的离子反应方程式

$$Fe^{2+}+Cr_2O_7^{2-}\longrightarrow Fe^{3+}+Cr^{3+}$$

2）将上述方程式分解为两个半反应方程式

$$Fe^{2+}+e^-\longrightarrow Fe^{3+}\qquad\text{还原反应}$$
$$Cr_2O_7^{2-}\longrightarrow Cr^{3+}+3e^-\qquad\text{氧化反应}$$

3）配平半反应方程式，使方程式两边相同元素的原子数相等。如果反应在酸性介质中进行，可在方程式中氧原子多的一侧加上 H^+，另一侧加上 H_2O；而当反应在碱性介质中进行时，可在方程式中氧原子多的一侧加上 H_2O，另一侧加上 OH^-。

$$Fe^{2+}+e^-\longrightarrow Fe^{3+}\qquad\text{还原反应}$$
$$Cr_2O_7^{2-}\longrightarrow 2Cr^{3+}+7H_2O+6e^-\qquad\text{氧化反应}$$

4）找出得失电子数的最小公倍数，将两个半反应方程式乘以相应的系数后相加，得到配平的离子反应方程式。

$$Fe^{2+}+e^-\longrightarrow Fe^{3+}\qquad\times 6$$
$$\underline{+)\quad Cr_2O_7^{2-}+14H^+\longrightarrow 2Cr^{3+}+7H_2O+6e^-\quad\times 1}$$
$$6Fe^{2+}+Cr_2O_7^{2-}+14H^+\longrightarrow 6Fe^{3+}+2Cr^{3+}+7H_2O$$

5）根据需要也可写成分子方程式。

将离子方程式中的 H^+（OH^-）写成酸（碱）时，加入的酸（碱）与反应物不能发生反应，也不能引入其他杂质。在上述配平后的离子反应方程式中，加入 SO_4^{2-} 既可配平 Fe^{2+}，也可配平 H^+，由此可加入 H_2SO_4，将离子方程式改为如下的分子方程式。

$$6FeSO_4+K_2Cr_2O_7+7H_2SO_4\longrightarrow 3Fe_2(SO_4)_3+2Cr_2(SO_4)_3+K_2SO_4+7H_2O$$

例6.3　配平反应方程式

$$Cr(OH)_4^-+ClO^-\longrightarrow Cl^-+CrO_4^{2-}$$

解：1）将反应方程式分解为两个半反应方程式

$$ClO^-+2e^-\longrightarrow Cl^-$$
$$Cr(OH)_4^-\longrightarrow CrO_4^{2-}+3e^-$$

2）配平半反应方程式

$$ClO^-+H_2O+2e^-\longrightarrow Cl^-+2OH^-$$
$$Cr(OH)_4^-+4OH^-\longrightarrow CrO_4^{2-}+4H_2O+3e^-$$

3）配平离子反应方程式

$$ClO^-+H_2O+2e^-\longrightarrow Cl^-+2OH^-\qquad\times 3$$
$$\underline{+)\quad Cr(OH)_4^-+4OH^-\longrightarrow CrO_4^{2-}+4H_2O+3e^-\quad\times 2}$$
$$2Cr(OH)_4^-+3ClO^-+2OH^-\longrightarrow 2CrO_4^{2-}+3Cl^-+H_2O$$

4）改写成分子方程式

$$2NaCr(OH)_4+3NaClO+2NaOH \longrightarrow 2Na_2CrO_4^{2-}+3NaCl+H_2O$$

利用氧化值法配平氧化还原反应方程式更为简单、快捷，并可应用于气、液和固相中发生的氧化还原反应；而离子-电子法只能应用于水溶液中氧化还原反应的配平。

6.2 原电池及其电动势

1791 年，意大利生物学家伽尔瓦尼（Galvani）首次发现了生物电。意大利的科学家伏打（Voltul）于 1800 年，根据伽尔瓦尼的实验，用盐水浸过的纸板将铜片与锌片隔开制成了伏打电池，使化学能转变为电能，伏打电池是最早的原电池。

6.2.1 原电池的构成与分类

1. 原电池的构成

原电池（Galvanic Cell）是借助于氧化还原反应将化学能转变为电能的装置。在原电池中，组成氧化还原总反应的两个"半反应"分别在两处进行，电子不是直接由还原剂转移给氧化剂，而是通过外电路进行转移。电子有规则地定向移动，从而产生了电流，实现了由化学能到电能的转化。

原电池中发生失电子反应的电极称为阳极，得电子反应的电极称为阴极，而将得、失电子反应之和所组成的化学反应称为电池反应。原电池中电势高的电极称为正极，电势低的电极称为负极，正极和负极上所发生的得、失电子反应称为正极反应和负极反应。

1863 年，英国化学家丹尼尔（J. F. Daniel）将锌片和铜片分别插入盛有硫酸锌和硫酸铜溶液的烧杯中，构成铜-锌电池的两个电极，然后利用盐桥将烧杯中的电解质溶液连接起来构成电池的内回路，并采用导线将锌片、铜片和负载连接起来构成电池的外回路。

铜锌原电池装置示意图如图 6-1 所示，锌片上 Zn 原子失去电子，发生氧化反应，变成 Zn^{2+} 溶解进入 $ZnSO_4$ 溶液中，电子经过外回路移向铜片；$CuSO_4$ 溶液中 Cu^{2+} 得到电子，发生还原反应，变成 Cu 原子沉积在铜片上，完成了原电池外回路的电子导电。由于 Zn^{2+} 进入 $ZnSO_4$ 溶液中，溶液中的正电荷过剩，而 Cu^{2+} 离开 $CuSO_4$ 溶液沉积在铜片上，使溶液中的负电荷过剩，从而阻碍了氧化还原反应进一步进行。而盐桥中的 K^+、Cl^- 或 NO_3^- 分别移入盛有 $CuSO_4$ 和 $ZnSO_4$ 溶液的烧杯中，保持电解质溶液的电中性，使得、失电子反应顺利进行，完成了原电池内回路的离子导电。

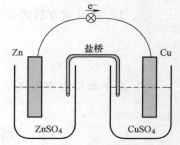

图 6-1　铜锌原电池装置示意图

锌片上 Zn 原子失去电子，电势低，锌片作为原电池的负极；溶液中 Cu^{2+} 得到电子沉积在铜片上，电势高，铜片成为原电池的正极。铜-锌电池中发生的电极反应和电池反应如下：

负极：$Zn(s)-2e^- = Zn^{2+}(aq)$　　　　　　　　　　　　　　氧化反应

正极：$Cu^{2+}(aq)+2e^- = Cu(s)$　　　　　　　　　　　　　　还原反应

电池反应：$Zn(s)+Cu^{2+}(aq)=Zn^{2+}(aq)+Cu(s)$　　　　　　　氧化还原反应

原电池中所有电极上进行的反应均是氧化还原反应，根据电极材料和与其相接触电解液的不同，可将电极分为下列 4 种类型。

（1）**金属-金属离子电极**　将金属置于其阳离子盐溶液中构成的电极称为金属-金属离子电极。如铜-锌电池中的锌电极和铜电极，分别表示为 $Zn^{2+} \mid Zn$ 和 $Cu^{2+} \mid Cu$。此类电极的通式表示为 $M^{z+} \mid M$，电极反应的通式表示为 $M^{z+}+ze^{-}\rightarrow M$。

（2）**气体-离子电极**　将惰性金属上吸附上气体，并插入含有该种气体离子的溶液中所构成的电极称为气体-离子电极。如氢电极，表示为 $H^{+} \mid H_2(g) \mid Pt(s)$，电极反应为 $2H^{+}+2e^{-}\rightarrow H_2$；氯电极，表示为 $Cl^{-} \mid Cl_2(g) \mid Pt(s)$，电极反应为 $2Cl^{-}-2e^{-}\rightarrow Cl_2$。

（3）**金属-金属难溶盐电极**　将金属表面覆盖一层该金属的难溶盐，再置于含有难溶盐相同阴离子的溶液中所构成的电极称为金属-金属难溶盐电极。如甘汞电极，表示为 $Cl^{-} \mid Hg_2Cl_2(s) \mid Hg$，电极反应为 $Hg_2Cl_2+2e^{-}\rightarrow 2Hg+2Cl^{-}$；银-氯化银电极，表示为 $Cl^{-} \mid AgCl_2(s) \mid Ag$，电极反应为 $Ag^{+}+e^{-}\rightarrow Ag$。

（4）**氧化还原电极**　将惰性金属置于含有同一种元素不同价态离子的溶液中所构成的电极称为氧化还原电极。如，将铂片插入 Sn^{4+}、Sn^{2+} 或 Fe^{3+}、Fe^{2+} 的溶液中，电极表示为 $Sn^{4+},Sn^{2+} \mid Pt$ 或 $Fe^{3+},Fe^{2+} \mid Pt$，电极反应各表示为 $Sn^{4+}+2e^{-}\rightarrow Sn^{2+}$ 或 $Fe^{3+}+e^{-}\rightarrow Fe^{2+}$。

2. 原电池的分类

原电池可分为可逆电池和不可逆电池。可逆电池应满足如下要求：①电池放电时的电极反应和电池充电时的电极反应互为逆反应，即电池具有化学可逆性；②当电池在无限接近平衡态下进行充电或放电时，正逆过程所做的功及吸放的热才能数值相等符号相反，当电池放电后再充电恢复原来状态时，环境也能同时复原，即电池具有热力学可逆性。

下面以铜-锌电池为例，说明何谓可逆电池和不可逆电池。图 6-2 所示为电池充、放电示意图。

如图 6-2a 所示，铜-锌电池的正、负极电势差为 E，并外接一个具有反向正、负极电势差为 $E_{外}$ 的电池。

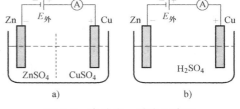

图 6-2　电池充、放电示意图

当 $E>E_{外}$ 时，铜-锌电池处于放电状态；当 $E<E_{外}$ 时，电池处于充电状态。电池充电、放电的电极反应和电池反应如下：

$E>E_{外}$

锌极：$Zn(S)-2e^{-}=Zn^{2+}(aq)$　　　　　氧化反应

铜极：$Cu^{2+}(aq)+2e^{-}=Cu(s)$　　　　　还原反应

———————————————————————————

电池反应：$Zn(s)+Cu^{2+}(aq)=Zn^{2+}(aq)+Cu(s)$

$E<E_{外}$

锌极：$Zn^{2+}(aq)+2e^{-}=Zn(s)$　　　　　还原反应

铜极：$Cu(s)+2e^{-}=Cu^{2+}(aq)$　　　　　氧化反应

———————————————————————————

电池反应：$Zn^{2+}(aq)+Cu(s)=Zn(s)+Cu^{2+}(aq)$

很明显，铜-锌电池充电、放电时的电极反应和电池反应都具有化学可逆性。

当 $E_{外}$ 比 E 小一个无限小值时，铜-锌电池无限缓慢地放电，将化学能转变为电能；而当 $E_{外}$ 比 E 大一个无限小值时，对电池无限缓慢地充电，将电能转变为化学能，系统和环境均能够复原，则电池具有热力学可逆性。

图 6-2a 中，虚竖直线表示将 $CuSO_4$ 和 $ZnSO_4$ 溶液隔开而不混溶的素瓷隔板，但正、负离子可以通过隔板进行电荷传递。当电池放电时，锌片上 Zn 原子失去电子，变成 Zn^{2+} 溶入 $ZnSO_4$ 溶液，过剩的 Zn^{2+} 通过素瓷隔板扩散到 $CuSO_4$ 溶液中；相反，当电池充电时，铜片上 Cu 原子失去电子，变成 Cu^{2+} 溶入 $CuSO_4$ 溶液，过剩的 Cu^{2+} 通过素瓷隔板扩散到 $ZnSO_4$ 溶液中。由此可知，电池充、放电时，在素瓷隔板两侧存在离子扩散的不可逆性，使素瓷隔板两侧的不同电解质溶液存在着液体接界电势，造成电池具有热力学不可逆性。所以，图 6-2a 所示的铜-锌电池是不可逆电池。而图 6-1 所示的铜-锌电池中，将 $CuSO_4$ 和 $ZnSO_4$ 溶液分别放入两个不同的烧杯中，利用盐桥将烧杯中的不同电解液连接起来，消除离子扩散的不可逆性和液体接界电势。由此，图 6-1 所示的铜-锌电池是可逆电池。

图 6-2b 中，将锌片和铜片同时插入 H_2SO_4 溶液中，构成单液电池。电池充、放电的电极反应和电池反应如下

$E>E_{外}$

锌极：$Zn(S) - 2e^- = Zn^{2+}(aq)$ 氧化反应

铜极：$2H^{2+}(aq) + 2e^- = H_2(g)$ 还原反应

电池反应：$Zn(s) + 2H^+(aq) = Zn^{2+}(aq) + H_2(g)$

$E<E_{外}$

锌极：$2H^+(aq) + 2e^- = H_2(g)$ 还原反应

铜极：$Cu(s) - 2e^- = Cu^{2+}(aq)$ 氧化反应

电池反应：$Cu(s) + 2H^+(aq) = Cu^{2+}(aq) + H_2(g)$

很明显，由于电池的充、放电反应不是互为逆反应，不具有化学可逆性，则电池属于不可逆电池。

6.2.2 原电池的设计

1. 原电池书写方法的规定

1）按照发生氧化反应的负极在左侧，发生还原反应的正极在右侧，由左至右，逐一书写出构成电池的各种物质，并标注上相态、气体分压、溶液活度等；

2）用"$|$"表示两相的界面，用"$\parallel$"表示盐桥（双垂线也可以是虚线）；

3）气体做电极时，必须附以惰性金属。

前面所述的铜-锌电池可表示如下：

$$Zn(s) | ZnSO_4(c_1) \parallel CuSO_4(c_2) | Cu(s)$$

而由氢电极和氯电极组成的原电池表示为

$$Pt | H_2(p_{H_2}) | HCl(c) | Cl_2(p_{Cl_2}) | Pt$$

2. 原电池的设计

将化学反应设计成原电池的原则是：

1）若反应前后有元素的氧化值发生变化，把发生氧化作用的元素所对应的电极作为负极，把发生还原作用的元素所对应的电极作为正极。

2）若反应前后无元素的氧化值发生变化，可根据反应物和产物的种类确定出一个电极，然后通过总反应减去该电极反应，得到另一个电极反应，从而确定出另一个电极。

3）将所设计电池的电极反应和电池反应，与所给的化学反应进行比较，若一致，则所设计电池为正确。

例 6.4　将下列化学反应设计成电池：

1）$Zn(s) + H_2SO_4(c_1) \longrightarrow ZnSO_4(c_2) + H_2(p_{H_2})$

2）$AgCl(s) + I^-(c_1) \longrightarrow AgI(s) + Cl^{-1}(c_2)$

解： 1）该反应中 Zn 元素的氧化值在反应前后有变化，Zn 原子失去电子，发生氧化反应，变成 Zn^{2+} 进入 $ZnSO_4$ 溶液中，Zn 可作为负极，书写在左侧；而 H 元素的氧化值在反应前后也有变化，H^+ 得到电子，发生还原反应，变成 H_2 从 H_2SO_4 溶液中析出，H^+ 可作为正极，书写在右侧。需用盐桥将 $ZnSO_4$ 和 H_2SO_4 这两种不同的电解液连接起来。

设计电池可表示为

$$Zn(s)|ZnSO_4(c_2) \parallel H_2SO_4(c_1)|H_2(p_{H_2})|Pt$$

电池的电极反应为

负极：$Zn(s) - 2e^- = Zn^{2+}(c_2)$

正极：$2H^+(c_1) + 2e^- = H_2(p_{H_2})$

电池反应：$Zn(s) + 2H^+(c_1) = Zn^{2+}(c_2) + H_2(p_{H_2})$

与所给化学反应一致，所设计电池合理。

2）该反应中各元素的氧化值无变化，由反应物 I^- 和产物 $AgI(s)$ 来看，电极反应为

$$Ag(s) + I^-(c_1) \longrightarrow AgI(s) + e^-$$

给定总反应与该电极反应之差为

$$AgCl(s) + e^- \longrightarrow Ag(s) + Cl^-(c_2)$$

为另一电极反应，则所设计电池可表示为

$$Ag(s)|AgCl(s)|Cl^-(c_2) \parallel I^-(c_1)|AgI(s)|Ag(s)$$

电池的电极反应为

负极：$Ag(s) + I^-(c_1) = AgI(s) + e^-$

正极：$AgCl(s) + e^- = Ag(s) + Cl^-(c_2)$

电池反应：$AgCl(s) + I^-(c_1) = AgI(s) + Cl^-(c_2)$

与所给化学反应一致，所设计电池合理。

6.2.3　原电池的热力学

1. 原电池电动势的定义与测定

原电池电动势，用 E 表示，是指在通过电池的电流趋于零时，电池正、负极的电势差

值，与构成电池的各种物质有关。当这些物质均处于标准态时，此时电池的电动势称为标准电动势，用 $E^{\ominus}$ 表示。

图 6-3 所示为波根多夫（Poggendorff）对消法测电动势的原理图，该方法常用来测量原电池的电动势。图中，工作电池、可变电阻和滑线电阻构成回路，均匀滑线电阻可产生均匀的电势差。当开关置于 S 处，标准电池的电动势为 E_N，移动滑动触点 B，使检流计读数为零，这时滑线电阻 AB 段产生的电势差恰好等于 E_N；然后将开关置于 X 处，同样移动滑动触点 B 至 B'，使检流计读数为零，此时待测电池的电动势 E_x 应等于滑线电阻 AB' 段产生的电势差。因电势差与电阻线长度成正比，所以待测电池的电动势为

$$E_x = E_N \frac{\overline{AB}}{\overline{AB'}}$$

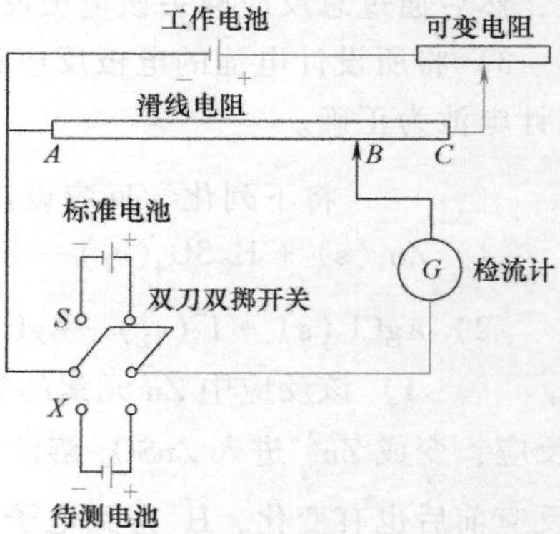

图 6-3　波根多夫对消法测
电动势的原理图

2. 原电池的热力学

在等温等压的外界条件下，原电池系统内发生化学反应对环境所做的可逆非体积功，即为电池可逆放电时所做的功，其值等于由电池负极移到正极的电量 q 与电池电动势 E 的乘积，可用下式表示

$$w' = qE = zFE \tag{6-1}$$

式中，电量 q 等于电极反应中转移的电子数 z 与法拉第常数 F 的乘积。

在等温等压可逆过程中，系统的摩尔吉布斯函数变等于其对环境所做的最大非体积功，即

$$\Delta_r G_m = -w' \tag{6-2}$$

由式（6-1）和式（6-2），有

$$\Delta_r G_m = -w' = -zFE \tag{6-3}$$

如果已知反应的吉布斯函数变，可以计算出可逆电池的电动势，也可将自发的氧化还原反应设计成可逆电池，然后测定电池在一定温度和压力下的电动势，再利用式（6-3）计算出反应的吉布斯函数变。

如果组成原电池的各种物质均处于标准态，那么电池的标准电动势 $E^{\ominus}$ 和标准摩尔吉布斯函数变 $\Delta_r G_m^{\ominus}$ 也有如下关系：

$$\Delta_r G_m^{\ominus} = -w' = -zFE^{\ominus} \tag{6-4}$$

由式（3-4）得

$$\Delta_r G_m^{\ominus} = -RT\ln K^{\ominus}$$

结合式（6-4），有

$$\ln K^{\ominus} = \frac{zFE^{\ominus}}{RT} \tag{6-5}$$

例 6.5 已知铜-锌电池的标准电动势为 1.103V，试计算该电池的标准摩尔吉布斯函数变。

解：铜-锌电池电极反应为

$$负极：Zn \rightarrow Zn^{2+}+2e^-；正极：Cu^{2+}+2e^- \rightarrow Cu$$

由式（6-4），有

$$\Delta_r G_m^\ominus = -zFE^\ominus = -2 \times 96500 \times 1.103 kJ \cdot mol^{-1} = -213 kJ \cdot mol^{-1}$$

例 6.6 电池 $Cu(s)|Cu^{2+}(c_1) \parallel Ag^+(c_2)|Ag(s)$ 的标准电动势为 0.453V，计算该电池反应在 298K 时的标准平衡常数。

解：此电池反应为

$$Cu(s)+2Ag^+(c_2)=Cu^{2+}(c_1)+2Ag(s)$$

由式（6-5），有

$$\ln K^\ominus = \frac{zFE^\ominus}{RT} = \frac{2 \times 96500 \times 0.453}{8.314 \times 298} = 15.356$$

$$K^\ominus = 2.27 \times 10^{15}$$

6.3 电极电势及其应用

6.3.1 电极电势的产生

铜-锌电池放电时，电子由锌电极经外回路流向铜电极，说明铜、锌电极间存在一定的电势差，而该电势差是由于铜、锌电极上各自的电势不同引起的，那么铜电极和锌电极的电极电势是如何产生的呢？

1889 年，德国化学和物理学家能斯特（W. Nernst）提出了双电层理论，可以通过图 6-4 所示的双电层来解释电极电势产生的原因。

当把 Zn 片插入 $ZnSO_4$ 溶液中时，构成 Zn 片晶格的 Zn^{2+} 与 $ZnSO_4$ 溶液中极性较大的水分子相互吸引发生了水合作用，使一部分 Zn^{2+} 与 Zn 片中其他 Zn^{2+} 间的作用力减弱，而后离开 Zn 片进入溶液中，电子则留在 Zn 片上，使 Zn 片表面带负电荷。这些负电荷以库仑力吸引 $ZnSO_4$ 溶液中的 Zn^{2+}，使其停留在 Zn 片表面附近，造成 Zn 片与 $ZnSO_4$ 溶液界面上出现了电势差。

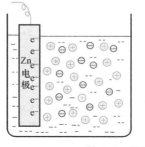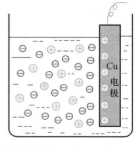

图 6-4 双电层示意图

此电势差阻碍了 Zn 片中 Zn^{2+} 的进一步溶解，却促使溶液中的 Zn^{2+} 沉积回 Zn 片。当溶解速率与沉积速率相等时，在 Zn 片和 $ZnSO_4$ 溶液的相界面上就形成了 Zn 片表面带负电荷、溶液带正电荷的离子双电层。这种自发形成的离子双电层，使 Zn 片表面产生了一定的电极电势。

若将 Cu 片插入 CuSO₄ 溶液中，Cu 与 Zn 相比是不活泼金属，CuSO₄ 溶液中的 Cu^{2+} 从 Cu 片表面获得电子而沉积在 Cu 片表面上，使 Cu 片表面带正电荷。Cu^{2+} 向 Cu 片表面转移，破坏了 CuSO₄ 溶液的电中性。溶液中过剩的 SO_4^{2-} 被 Cu 片表面的 Cu^{2+} 吸附到 Cu 片表面附近，形成了 Cu 片表面带正电荷、溶液带负电荷的离子双电层。这种自发形成的离子双电层，使 Cu 片表面产生了一定的电极电势。

因此，金属的电极电势可定义为金属与金属盐溶液相界面之间形成离子双电层而产生的电势差，用符号 φ 表示。金属的电极电势受金属在金属盐溶液中的活泼性、金属离子的浓度和温度等因素的影响。

6.3.2 标准电极电势

迄今为止，尚无法测定单个电极上电极电势的绝对值。而 **IUPAC** 于 1958 年规定：电极的电极电势就是所给电极与同温下的标准氢电极所组成电池的电动势。

图 6-5 所示为标准氢电极的示意图。在温度为 298.15K 时，将镀铂黑的铂片插入含有 $H^+(1mol \cdot L^{-1})$ 的溶液中，并不断通入氢气冲打铂片（$p_{H_2}^{\ominus}=100kPa$）。标准氢电极上发生的电极反应如下：

$$\frac{1}{2}H_2(g, p_{H_2}) \rightarrow H^+(\alpha_{H^+}) + e^-$$

标准氢电极的电极电势规定为零，即 $\varphi^{\ominus}(H^+/H_2)=0.0000V$。

确定某电极的标准电极电势时，可将标准氢电极作为负极、待测电极作为正极组成如下原电池：

$$Pt|H_2(p_{H_2}^{\ominus}=100kPa)|H^+(1mol \cdot L^{-1}) \parallel 待测电池$$

如果待测电池处于温度为 298.15K、溶液浓度为 $1mol \cdot L^{-1}$ 或气体压力为 $p^{\ominus}=100kPa$ 的环境中，那么所测定上述电池的标准电动势为待测电池的标准电极电势，可用下式表示：

$$E^{\ominus}=\varphi^{\ominus}_{待测电极}-\varphi^{\ominus}(H^+/H_2)=\varphi^{\ominus}_{待测电极} \quad (6-6)$$

例如，欲测定铜电极的标准电极电势。将铜电极与标准氢电极组成如下原电池：

$$Pt|H_2(p_{H_2}^{\ominus}=100kPa)|H^+(1mol \cdot L^{-1}) \parallel Cu^{2+}(1mol \cdot L^{-1})|Cu$$

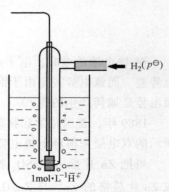

图 6-5　标准氢电极的示意图

利用电位差计，测得该电池在 298.15K 时的标准电动势为 0.3400V，则铜电极的标准电极电势为

$$\varphi^{\ominus}(Cu^{2+}/Cu)=\varphi^{\ominus}(Cu^{2+}/Cu)-\varphi^{\ominus}(H^+/H_2)=E^{\ominus}=0.3400V$$

实际上，大多数化学反应是在非标准态下进行的，能斯特根据化学反应等温方程、摩尔吉布斯函数变与电池电动势、电极的电极电势等关系，提出了电池和电极的能斯特方程，从理论上可以计算出任意状态下电极的电极电势 φ。

对于任意指定的电极，其电极反应可以写成如下通式：

$$a Ox(氧化态)+ze^- \rightleftharpoons bR(还原态)$$

$$\varphi = \varphi^{\ominus} - \frac{RT}{zF}\ln\frac{[c_R/c^{\ominus}]^b}{[c_{Ox}/c^{\ominus}]^a} \tag{6-7}$$

式（6-7）称为电极的能斯特方程。式中，c_R 和 c_{Ox} 是还原态物质和氧化态物质的浓度或压力。

当温度为 298.15K 时，电极的能斯特方程可换算成下式：

$$\varphi = \varphi^{\ominus} - \frac{0.059}{z}\lg\frac{[c_R/c^{\ominus}]^b}{[c_{Ox}/c^{\ominus}]^a} \tag{6-8}$$

例 6.7 已知 298.15K 时，$\varphi^{\ominus}_{Zn^{2+}/Zn} = -0.7618V$，计算此温度下 $c_{Zn^{2+}} = 0.0010 mol \cdot L^{-1}$ 时，锌电极的电极电势。

解：电极反应为

$$Zn^{2+}(aq) + 2e^- \rightleftharpoons Zn(s)$$

由式（6-8），有

$$\varphi_{Zn^{2+}/Zn} = \varphi^{\ominus}_{Zn^{2+}/Zn} + \frac{0.059}{2}\lg\frac{c_{Zn^{2+}}}{c^{\ominus}} = -0.7618V + \frac{0.059}{2}\lg\frac{0.0010}{1}V = -0.8503V$$

通过式（6-7）计算电极的电极电势时，应注意以下问题：

1）电极上所发生的得、失电子反应需配平。

2）电极反应中，纯固体或液体不列入能斯特方程；溶液中的离子浓度要除以标准浓度（$1mol \cdot L^{-1}$）；气体的分压则要除以标准压力（100kPa）。

3）电极反应方程式中，氧化态、还原态物质的相对浓度或相对压力的指数为方程式中物质的化学计量数。

4）若电极反应中有 H^+ 或 OH^- 参加反应，则 c_{H^+} 或 c_{OH^-} 也应写进能斯特方程中，其指数为配平方程式中的各自化学计量数。

例 6.8 已知 298.15K 时，$\varphi^{\ominus}_{O_2/OH^-} = 0.4010V$，$p_{O_2} = 100kPa$、$c_{OH^-} = 10^{-7}mol \cdot L^{-1}$，计算此温度下 O_2/OH^- 电极的电极电势。

解：电极反应为

$$O_2(p_{O_2}) + H_2O(aq) + 4e^- \rightleftharpoons OH^-(aq)$$

由式（6-8），有

$$\varphi_{O_2/OH^-} = \varphi^{\ominus}_{O_2/OH^-} - \frac{0.059}{4}\lg\frac{[c_{OH^-}/c^{\ominus}]^4}{p_{O_2}/p^{\ominus}} = \left[0.4010 - \frac{0.059}{4}\lg\left(\frac{10^{-7}}{1}\right)^4\right]V = 0.8140V$$

6.3.3 影响电极电势的因素

1. 温度对电极电势 φ 的影响

由式（6-7）来分析温度 T 对 φ 值的影响。当 $\dfrac{[c_R/c^{\ominus}]^b}{[c_{Ox}/c^{\ominus}]^a} > 1$ 时，T 升高，φ 值减小；而

当 $\dfrac{\left[c_R/c^{\ominus}\right]^b}{\left[c_{Ox}/c^{\ominus}\right]^a}<1$ 时，T 升高，φ 值增加。

2. 浓度对电极电势 φ 的影响

由式 (6-7) 来分析浓度对 φ 值的影响。当增大氧化态物质的浓度（压力）或减小还原态物质的浓度（压力），使 $\dfrac{\left[c_R/c^{\ominus}\right]^b}{\left[c_{Ox}/c^{\ominus}\right]^a}<1$ 时，φ 值减小；而当减小氧化态物质的浓度（压力）或增大还原态物质的浓度（压力），使 $\dfrac{\left[c_R/c^{\ominus}\right]^b}{\left[c_{Ox}/c^{\ominus}\right]^a}<1$ 时，φ 值增加。

例 6.9 已知 298.15K 时，$\varphi^{\ominus}_{Cu^{2+}/Cu}=0.3400V$，计算此温度下 $c_{Cu^{2+}}=0.0010mol\cdot L^{-1}$ 和 $0.01mol\cdot L^{-1}$ 时，铜电极的电极电势。

解：电极反应为

$$Cu^{2+}(aq)+2e^-\rightleftharpoons Cu(s)$$

由式 (6-8)，有

$$\varphi_{Cu^{2+}/Cu}=\varphi^{\ominus}_{Cu^{2+}/Cu}+\frac{0.059}{2}lg\frac{c_{Cu^{2+}}}{c^{\ominus}}=\left(0.3400+\frac{0.059}{2}lg\frac{0.0010}{1}\right)V=0.2515V$$

$$\varphi_{Cu^{2+}/Cu}=\varphi^{\ominus}_{Cu^{2+}/Cu}+\frac{0.059}{2}lg\frac{c_{Cu^{2+}}}{c^{\ominus}}=\left(0.3400+\frac{0.059}{2}lg\frac{0.010}{1}\right)V=0.2810V$$

3. pH 值对电极电势 φ 的影响

如果溶液中有 H^+ 和 OH^- 参加的反应，溶液的 pH 值会影响 φ 值。

例 6.10 已知 $\varphi^{\ominus}_{MnO_4^-/Mn^{2+}}=1.5100V$，$c_{MnO^{4-}}=c_{Mn^{2+}}=1mol\cdot L^{-1}$，试计算 298.15K 时，高锰酸钾分别在 $c_{H^+}=10mol\cdot L^{-1}$ 和 $10^{-5}mol\cdot L^{-1}$ 酸性介质中的电极电势。

解：高锰酸钾在酸性介质中的电极反应为

$$MnO_4^-(aq)+8H^+(aq)+5e^-\rightleftharpoons Mn^{2+}(aq)+4H_2O(aq)$$

由式 (6-8)，有

$$\varphi_{MnO_4^-/Mn^{2+}}=\varphi^{\ominus}_{MnO_4^-/Mn^{2+}}-\frac{0.059}{5}lg\frac{\left[c_{Mn^{2+}}/c^{\ominus}\right]}{\left[c_{MnO_4^-/Mn^{2+}}/c^{\ominus}\right]\left[c_{H^+}/c^{\ominus}\right]}=\left(1.51-\frac{0.059}{5}lg\frac{1}{10^8}\right)V$$

$$=1.6000V$$

$$\varphi_{MnO_4^-/Mn^{2+}}=\varphi^{\ominus}_{MnO_4^-/Mn^{2+}}-\frac{0.059}{5}lg\frac{\left[c_{Mn^{2+}}/c^{\ominus}\right]}{\left[c_{MnO_4^-/Mn^{2+}}/c^{\ominus}\right]\left[c_{H^+}/c^{\ominus}\right]}=\left(1.51-\frac{0.059}{5}lg\frac{1}{10^{-5}}\right)V$$

$$=1.0340V$$

从计算结果可以看出，通过调控溶液的 pH 值，可以改变 φ 值。

4. 难溶化合物或配合物的生成对电极电势 φ 的影响

在电极反应中，如果溶液中的离子反应生成沉淀或配合物，会使该离子浓度降低，从而使 φ 值发生改变。

例 6.11 298.15K 时，电极反应 $Ag^+ + e^- \rightleftharpoons Ag$，$\varphi^{\ominus}_{Ag^+/Ag} = 0.7990V$。如果向系统中加入 NaI，当 AgI 达到沉淀溶解平衡时，溶液中 $c_{I^-} = 1\,mol \cdot L^{-1}$，计算 $\varphi_{Ag^+/Ag}$ 值。

解： 由 $AgI(s) \rightleftharpoons Ag^+(aq) + I^-(aq)$，查表，有 $K^{\ominus}_{sp}(AgI) = 8.52 \times 10^{-17}$，沉淀反应达平衡，则

$$c_{Ag^+} = K^{\ominus}_{sp}(AgI)/c_{I^-} = (8.52 \times 10^{-17}/1)\,mol \cdot L^{-1} = 8.52 \times 10^{-17}\,mol \cdot L^{-1}$$

由式（6-8），有

$$\varphi_{Ag^+/Ag} = \varphi^{\ominus}_{Ag^+/Ag} - \frac{0.059}{1}\lg\frac{1}{c_{Ag^+}/c^{\ominus}} = \left(0.7990 - 0.059\lg\frac{1}{8.52 \times 10^{-17}}\right)V = -0.1516V$$

从计算结果可以看出，溶液中加入 I^-，生成了 AgI 沉淀，使 Ag^+ 浓度减小，$\varphi_{Ag^+/Ag}$ 值远远低于 $\varphi^{\ominus}_{Ag^+/Ag}$ 值。

例 6.12 298.15K 时，电极反应 $Ag^+ + e^- \rightleftharpoons Ag$，$\varphi^{\ominus}_{Ag^+/Ag} = 0.7990V$。如果向系统中加入氨水，溶液中有反应 $Ag^+(aq) + 2NH_3(aq) \rightleftharpoons [Ag(NH_3)_2]^+(aq)$ 发生并且达到平衡，若 $c_{Ag^+[Ag(NH_3)_2]^-} = c_{NH_3} = 1\,mol \cdot L^{-1}$，$K^{\ominus}_f = 1.1 \times 10^7$，计算 $\varphi_{Ag^+/Ag}$ 值。

解： 由 $Ag^+(aq) + 2NH_3(aq) \rightleftharpoons [Ag(NH_3)_2]^+(aq)$ 达平衡，得

$$c_{Ag^+} = \frac{c_{[Ag(NH_3)]^+}}{K^{\ominus}_f(c_{NH_3})^2} = \frac{1}{1.1 \times 10^7}\,mol \cdot L^{-1} = 0.9091 \times 10^{-7}\,mol \cdot L^{-1}$$

由式（6-8），有

$$\varphi_{Ag^+/Ag} = \varphi^{\ominus}_{Ag^+/Ag} - \frac{0.059}{1}\lg\frac{1}{c_{Ag^+}/c^{\ominus}} = \left(0.7990 - 0.059\lg\frac{1}{0.9091 \times 10^{-7}}\right)V = 0.3825V$$

这表明，当 Ag^+ 与 NH_3 反应生成 $[Ag(NH_3)_2]^+$ 时，Ag^+ 浓度降低，从而使银电极的 φ 值降低。

6.3.4 电极电势的应用

1. 计算原电池的电动势

计算原电池的电动势有两种方法：

1）根据电池的正、负反应，利用式（6-7）分别计算出正、负极的电极电势 φ_+ 和 φ_-，则电池的电动势 $E = \varphi_+ - \varphi_-$。

2）查表查出电池的正、负极标准电极电势 $\varphi^{\ominus}_+$ 和 $\varphi^{\ominus}_-$，计算出原电池的标准电动势 $E^{\ominus}$，

再根据电池反应，直接利用电池的能斯特方程计算出其电动势 E。

例 6.13　298.15K 时，计算下列电池的电动势。

$$Zn\ (s)\ |\ Zn^{2+}(0.1875mol \cdot L^{-1})\ \|\ Cd^{2+}(0.0137mol \cdot L^{-1})\ |\ Cd\ (s)$$

解：查表，得 $\varphi^{\ominus}_{Zn^{2+}/Zn} = -0.7630V$，$\varphi^{\ominus}_{Cd^{2+}/Cd} = -0.4030V$

电池的负极反应：$Zn\ (s) \rightarrow Zn^{2+}(aq) + 2e^-$；正极反应：$Cd^{2+}(aq) + 2e^- \rightarrow Cd\ (s)$

由式（6-8），有

$$\varphi_{Zn^{2+}/Zn} = \varphi^{\ominus}_{Zn^{2+}/Zn} - \frac{0.059}{2}lg\frac{1}{c_{Zn^{2+}}/c^{\ominus}} = \left(-0.7630 - \frac{0.059}{2}lg\frac{1}{0.1875}\right)V = -0.7844V$$

$$\varphi_{Cd^{2+}/Cd} = \varphi^{\ominus}_{Cd^{2+}/Cd} - \frac{0.059}{2}lg\frac{1}{c_{Cd^{2+}}/c^{\ominus}} = \left(-0.4030 - \frac{0.059}{2}lg\frac{1}{0.0137}\right)V = -0.4580V$$

电池的电动势 $E = \varphi_+ - \varphi_- = (-0.4580 + 0.7844)V = 0.3264V$

电池反应为 $Zn\ (s) + Cd^{2+}(aq) \rightarrow Zn^{2+}(aq) + Cd\ (s)$

电池的标准电动势 $E^{\ominus} = \varphi^{\ominus}_{Cd^{2+}/Cd} - \varphi^{\ominus}_{Zn^{2+}/Zn} = (-0.4030 + 0.7630)V = 0.3600V$

由电池的能斯特方程可得

$$E = E^{\ominus} - \frac{0.059}{2}lg\frac{c_{Zn^{2+}}/c^{\ominus}}{c_{Cd^{2+}}/c^{\ominus}} = \left(0.3600 - \frac{0.059}{2}lg\frac{0.1875}{0.0137}\right)V = 0.3265V$$

2. 判断氧化还原反应进行的方向

恒温恒压下，氧化还原反应自发进行的方向可由反应的摩尔吉布斯函数变 $\Delta_r G_m$ 来判断，而氧化还原反应的 $\Delta_r G_m$ 与原电池的电动势 E 之间的关系为 $\Delta_r G_m = -zFE$，因此可根据 E 值，判断氧化还原反应自发进行的方向，这种方法称为 电动势法。

$$\Delta_r G_m < 0, \quad E > 0; \quad 即 \varphi_+ > \varphi_-; \quad 反应正向自发进行$$
$$\Delta_r G_m > 0, \quad E < 0; \quad 即 \varphi_+ < \varphi_-; \quad 反应反向自发进行$$
$$\Delta_r G_m = 0, \quad E = 0; \quad 即 \varphi_+ = \varphi_-; \quad 反应处于平衡态$$

例 6.14　判断下列反应能否自发进行：

$$Zn\ (s) + Cu^{2+}(aq, 1.0mol \cdot L^{-1}) \rightarrow Zn^{2+}(aq, 0.1mol \cdot L^{-1}) + Cu\ (s)$$

解：查表，得 $\varphi^{\ominus}_{Zn^{2+}/Zn} = -0.7630V$，$\varphi^{\ominus}_{Cu^{2+}/Cu} = 0.3417V$

$$E^{\ominus} = \varphi^{\ominus}_{Cu^{2+}/Cu} - \varphi^{\ominus}_{Zn^{2+}/Zn} = (0.3417 + 0.7630)V = 1.1047V$$

$$E = E^{\ominus} - \frac{0.059}{2}lg\frac{c_{Zn^{2+}}/c^{\ominus}}{c_{Cu^{2+}}/c^{\ominus}} = \left(1.1047 - \frac{0.059}{2}lg\frac{0.1}{1}\right)V = 1.1342V > 0$$

因此，反应可以正向自发进行。

3. 判断氧化剂及还原剂氧化还原性能的相对强弱

当氧化还原电对中的氧化态物质和还原态物质均处于标准态时，电对的标准电极电势越小，电对中的还原态物质越易失去电子，为**强还原剂**，氧化态物质越难得到电子，为**弱氧化剂**；电对的标准电极电势越大，电对中的氧化态物质越易得到电子，为**强氧化剂**，还原态物质越难失去电子，为**弱还原剂**。

例 6.15 已知电对 MnO_4^-/Mn^{2+}、Br_2/Br^-、Cl_2/Cl^-、I_2/I^-、Fe^{3+}/Fe^{2+} 均处于标准态，比较各电对中氧化态物质和还原态物质的氧化还原性能的相对强弱。

解：查表，得 $\varphi^{\ominus}_{MnO_4^-/Mn^{2+}} = 1.507V$，$\varphi^{\ominus}_{Br_2/Br^-} = 1.066V$，$\varphi^{\ominus}_{Cl_2/Cl^-} = 1.396V$；$\varphi^{\ominus}_{I_2/I^-} = 0.5355V$，$\varphi^{\ominus}_{Fe^{3+}/Fe^{2+}} = 0.771V$

则 $\varphi^{\ominus}_{MnO_4^-/Mn^{2+}} > \varphi^{\ominus}_{Cl_2/Cl^-} > \varphi^{\ominus}_{Br_2/Br^-} > \varphi^{\ominus}_{Fe^{3+}/Fe^{2+}} > \varphi^{\ominus}_{I_2/I^-}$

由此可知，电对中氧化态物质的氧化能力大小顺序为 $MnO_4^- > Cl_2 > Br_2 > Fe^{3+} > I_2$；

电对中还原态物质的还原能力大小顺序为 $I^- > Fe^{2+} > Br^- > Cl^- > Mn^{2+}$。

4. 判断氧化还原反应进行的程度

氧化还原反应进行的程度，可由其 $K^{\ominus}$ 值进行判断，而 $K^{\ominus}$ 值又可以由氧化还原反应所组成的原电池的 $E^{\ominus}$ 计算出来。

例 6.16 判断下列反应在 298K 下进行的程度。

$$Zn\,(s) + Cu^{2+}(aq,1mol \cdot L^{-1}) \rightarrow Zn^{2+}(aq,1mol \cdot L^{-1}) + Cu\,(s)$$

解：将氧化还原反应组成一个原电池

$$Zn\,(s)\,|\,Zn^{2+}(1mol \cdot L^{-1})\,\|\,Cu^{2+}(1mol \cdot L^{-1})\,|\,Cu\,(s)$$

查表，得 $\varphi^{\ominus}_{Zn^{2+}/Zn} = -0.7630V$，$\varphi^{\ominus}_{Cu^{2+}/Cu} = 0.3417V$

$$E^{\ominus} = \varphi^{\ominus}_{Cu^{2+}/Cu} - \varphi^{\ominus}_{Zn^{2+}/Zn} = (0.3417+0.7630)\,V = 1.1047V$$

由式 (6-5)，有

$$\ln K^{\ominus} = \frac{zFE^{\ominus}}{RT} = \frac{2 \times 96500 \times 1.1047}{8.314 \times 298} = 86.06；\quad K^{\ominus} = 2.37 \times 10^{37}$$

$K^{\ominus}$ 值越大，反应进行得越彻底。

6.4 电解

6.4.1 电解的基本原理

电解池是将电能转化为化学能的装置，图 6-6 所示为电解池装置示意图。图中外接电源的正、负极连接两个 Pt 电极，两个电极插入盛有 $CuCl_2$ 溶液的电解池中。连接正极的 Pt 电极，其电极电势较高，为阳极；连接负极的 Pt 电极，其电极电势较低，为阴极。电子由电源负极流入阴极，而溶液中的 Cu^{2+} 移向阴极，并在阴极得到电子，被还原为 Cu，沉积在 Pt 电极上，发生的还原反应称为**阴极反应**，即 $Cu^{2+}+2e^- \rightarrow Cu$；而 Cl^- 移向阳极，在阳极上失去

电子生成 Cl_2，在阳极附近溢出，Cl^- 所失去的电子经阳极流向电源的正极，阳极发生的氧化反应称为**阳极反应**，即 $2Cl^- - 2e^- \rightarrow Cl_2$。阴、阳极发生的得、失电子反应的总和为**电解反应**，即 $Cu^{2+} + 2Cl^- \rightarrow Cu + Cl_2$。

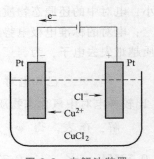

图 6-6　电解池装置示意图

6.4.2　分解电压和超电势

1. 分解电压

在大气压力下，利用 Pt 电极电解 $0.1 mol \cdot L^{-1}$ 的 NaOH 溶液为例来解释电解的分解电压。图 6-7 所示为测定分解电压的装置，伏特计 V 和电流计 A 分别用来记录在任一外加电压下电解池的电压和电流值；而通过调节可变电阻 R 来给电解池施加不同的外加电压。当外加电压很小时，几乎无电流通过电路；电压增加，通过电解池的电流也略有增加，变化很慢；当电压增加到某一数值后，电流随电压直线上升，同时阳极和阴极上有气泡不断逸出。测定分解电压的电流-电压曲线如图 6-8 所示，在图中，D 点的电压是使 NaOH 溶液在两个 Pt 电极上持续分解所需的最小外加电压，称为**分解电压**。

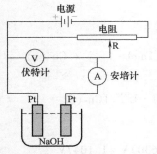

图 6-7　测定分解电压的装置

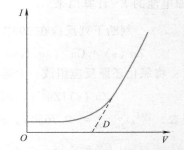

图 6-8　测定分解电压的电流-电压曲线

在外加电压作用下，NaOH 溶液中的 H^+ 向阴极迁移，并在阴极上得到电子被还原为氢气；而溶液中的 OH^- 向阳极迁移，并在阳极上失去电子被氧化为氧气，则

阴极反应：$2H^+(aq) + 2e^- \rightarrow H_2(g)$

阳极反应：$2OH^-(aq) - 2e^- \rightarrow \dfrac{1}{2}O_2(g) + H_2O(aq)$

电解反应为 $2H^+(aq) + 2OH^-(aq) \rightarrow H_2(g) + \dfrac{1}{2}O_2(g) + H_2O(aq)$

氢气和氧气以小气泡的形式分别附着在两个 Pt 电极表面上，与 NaOH 溶液共同构成了下列电池：

$$Pt | H_2(g) | NaOH (0.1 mol \cdot L^{-1}) | O_2(g) | Pt$$

该电池产生了一个与外加电压方向相反的电动势，称为**反电动势**。当电极表面氢气和氧气的量较少时，其压力远小于大气的压力。氢气和氧气不但不能离开 Pt 电极表面从溶液中逸出，反而有可能扩散到溶液中，此时由电池产生的反电动势小于外加电压，使电解电路中流动的电流较小。当吸附在 Pt 电极上的氢气和氧气的压力增加到等于大气的压力时，气体从溶液中逸出，这时两电极上电解产物的浓度达极大值，反电动势也达到极大值，若再增大外加电压，电流会直线上升。当外加电压等于分解电压时，阴、阳极的电极电势分别称为氢气和氧气的析出电势。

2. 超电势

由电池能斯特方程可计算出上述电池在 298.15K 时，电解 NaOH 溶液的理论分解电压。

$$E = E^\ominus - \frac{0.059}{2}\lg\frac{(p_{H_2}/p^\ominus)(p_{O_2}/p^\ominus)^{\frac{1}{2}}}{(c_{H^+}/c^\ominus)^2(c_{Cl^-}/c^\ominus)^2} = \varphi^\ominus_{OH^-|O_2|Pt} - \varphi^\ominus_{H^+|H_2|Pt} - \frac{0.059}{2}\lg\frac{1}{0.1^2\times(10^{-13})^2}V$$

$$= (0.401 - 0 + 0.77)V = 1.23V$$

然而通过图 6-7 所示的装置测定 $0.1mol \cdot L^{-1}$ 的 NaOH 溶液的实际分解电压为 1.7V，与理论分解电压相比多出 0.47V。造成这种现象的原因是：①电解溶液内阻的存在；②浓差极化或电化学极化使阴极和阳极发生了电极极化。

超电势，又称过电位，描述了当电极上有电流通过时，使电极的电极电势偏离其平衡态电极电势的状况，用符号 η 表示，数学表达式为

$$\eta = \varphi_{不可逆} - \varphi_{可逆} \tag{6-9}$$

超电势易受电极材料、电极的表面状态、电流密度、温度、电解质溶液的性质和浓度、溶液中杂质等因素的影响。

6.4.3　电解产物的判断

电解池中阴、阳两极所析出的电解产物，要根据各种电解产物实际析出电势的高低来判断，而实际析出电势可由理论析出电势和由于电极上有电流通过而引起的超电势一起估算出来。体系中实际析出电势最低的电对中的还原态物质，可能优先在阳极失电子而被氧化；实际析出电势最高的电对中的氧化态物质，可能优先在阴极得电子而被还原。表 6-2 列出了盐类电解产物的一般规律。

表 6-2　盐类电解产物的一般规律

类别	电极	电解的一般规律		举例
熔融盐	铂或石墨电极	熔融盐中的正、负离子分别在阴、阳两极上发生还原和氧化后所得的产物		$CuCl_2 \rightarrow Cu + Cl_2$
盐类水溶液	金属做阳极	阴极产物	溶液中电极电势代数值大于 Al 的金属离子首先得电子	$M^{z+} + ze^- \rightarrow M$
			溶液中电极电势代数值小于 Al(包括 Al)的金属离子不能得电子，而是溶液中 H^+ 首先得电子	$2H^+ + 2e^- \rightarrow H_2$
		阳极产物	除 Pt、Au 外的金属阳极首先失去电子，以金属离子形式溶解溶液中	$M \rightarrow M^{z+} + ze^-$
			铂或石墨等惰性电极做阳极，电解溶液有含 S^{2-}、Br^-、I^-、Cl^- 等简单阴离子，这些阴离子首先失去电子	$2Cl^- \rightarrow Cl_2 + 2e^-$
			铂或石墨等惰性电极做阳极，电解溶液有含氧酸 SO_4^{2-} 等复杂阴离子，一般是溶液中 OH^- 失去电子	$4OH^- \rightarrow 2H_2O + O_2 + 4e^-$

6.5 化学电源

化学电源是将自发进行的氧化还原反应过程中的化学能转变为电能的装置,具有电容量大、比能量高、工作温度范围广、寿命长、价格低、使用方便等优点,被广泛应用于人们的日常生活、工业生产以及军事航天等领域。

化学电源是实用的原电池,种类繁多,按其使用特点可以分为一次电池、二次电池和燃料电池三大类。

6.5.1 一次电池

一次电池是指放电到活性物质耗尽时不能再生的电池,常用于低功率和中等功率放电,是人们日常生活中以及军事上便于携带和广泛使用的化学电源。

1. 锌锰干电池

锌锰干电池是日常生活中常用的干电池,其结构如图 6-9 所示。粉状质量分数为 70% ~ 75% 的天然 MnO_2 或质量分数为 91% ~ 93% 的电解 MnO_2 被压成圆柱形的电芯作为正极;炭棒在电芯的中央,为集流体,用来传导电流,并在炭棒的头部套置铜帽以便帮助人们从外部区分正负极;电芯外面包有棉纸,用来防止芯粉脱落;焊接锌筒或整体锌筒既是电池的负极,又为其容器,底部有绝缘垫片,可以防止正、负极间的短路;糊状的电解液起着离子导电的作用,又是正、负极间的隔离层;空气室是为气体或电糊膨胀而留有的余地;封口剂用来密封电池,防止电解液干枯。

电池可表示为

$$(-)Zn \mid NH_4Cl, ZnCl_2 \mid MnO_2, C(+)$$

电池的电极、电池反应为

负极:$Zn + 2NH_4Cl \rightarrow Zn(NH_3)_2Cl_2 \downarrow + 2H^+ + 2e^-$

正极:$2MnO_2 + 2H^+ + 2e^- \rightarrow 2MnOOH$

电池反应:$Zn + 2MnO_2 + 2NH_4Cl \rightarrow 2MnOOH + Zn(NH_3)_2Cl_2 \downarrow$

锌锰干电池的电动势为 1.5V,与电池大小无关,实际能量密度为 20 ~ 80Wh·kg^{-1}。由于使用过程中锌筒的自溶解和电池正极的活性下降,电池的电容量下降较为严重。

2. 碱性锌锰电池

电解液采用 KOH 水溶液的锌锰电池简称为碱锰电池,由于其性能优异,价格较低,已逐渐成为锌锰干电池的替代品。

图 6-10 所示为纽扣形碱锰电池的示意图。图中将被 ZnO 所饱和的 KOH 电解液加入少量的 CMC 调制成膏状作为负极,装入钢壳的壳体中,并与壳体紧密接触。在负极上方装上隔膜,隔膜孔径应适当,吸液量大,既利于离子通过,又能防止活性物质穿过而短路。而隔膜上方是以电解 MnO_2 和胶体石墨所构成的正极,电池盖与正极紧密接触。壳体与盖之间用塑料密封圈隔开,既起密封作用,又起正负极间的绝缘作用。

碱锰电池可表示为

$$(-)Zn \mid KOH \mid MnO_2(+)$$

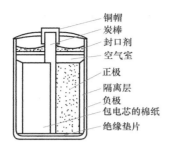

图 6-9　锌锰干电池的结构

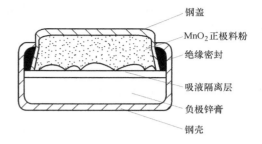

图 6-10　纽扣形碱锰电池的示意图

电池的电极、电池反应为

负极：$Zn+2OH^- \rightarrow Zn(OH)_2 \rightleftharpoons ZnO+H_2O+2e^-$

正极：$MnO_2+H_2O+e^- \rightarrow 2MnOOH+OH^-$

电池反应：$Zn+2MnO_2+H_2O \rightarrow 2MnOOH+ZnO$

碱锰电池可大功率连续放电，且在低温条件下的放电特性也较好。但是，电池的密封性不好，易出现爬碱现象；因采用多孔锌电极为负极，电池自放电量较大。

6.5.2　二次电池

二次电池，又可称为蓄电池，可以多次反复使用，是当活性物质耗尽后，通过外接直流电源进行充电使活性物质再生的电池，如铅蓄电池、银锌蓄电池等。

1. 铅蓄电池

铅蓄电池是法国物理学家普兰特（G. Planté）于 1859 年首先发明的。其正极活性物质是附在铅板上的 PbO_2，负极活性物质为海绵状的金属 Pb，电解液为密度为 $1.22 \sim 1.28g \cdot cm^{-3}$ 的 H_2SO_4 水溶液。铅蓄电池所用原料易得，价格低廉，可大电流放电，使用可靠；废旧电池易回收；被广泛地应用于起动电源、车用电池、公共场所紧急备用电源、照明灯电源等。

实用的铅蓄电池是将多个单体铅蓄电池置于同一电池槽中串联使用。单体铅蓄电池主要是由活性物质 PbO_2 和 Pb 分别被固定在板栅上所组成的正极和负极、防止正极和负极短路的隔板、H_2SO_4 电解液以及槽盖所构成的。

铅蓄电池可表示为

$$(-)Pb \mid H_2SO_4(\rho = 1.22 \sim 1.28g \cdot cm^{-3}) \mid PbO_2(+)$$

在电池充放电时，电极、电池反应可表示为

负极：$Pb+HSO_4^- \underset{\text{充电}}{\overset{\text{放电}}{\rightleftharpoons}} PbSO_4+H^++2e^-$

正极：$PbO_2+3H^++HSO_4^-+2e^- \underset{\text{充电}}{\overset{\text{放电}}{\rightleftharpoons}} PbSO_4+2H_2O$

电池反应：$PbO_2+Pb+2H_2SO_4 \underset{\text{充电}}{\overset{\text{放电}}{\rightleftharpoons}} 2PbSO_4+2H_2O$

铅蓄电池的标称电压为 2V。但是，随着电池放电速率加快，该值下降较快。当接近于放电截止电压时，必须马上进行充电，否则将发生不可逆硫酸盐化的现象，导致电池失效。电池在不使用的情况下，由于正、负极活性物质 PbO_2 和 Pb 在 H_2SO_4 电解液中不稳定，常发生自放电现象，导致电池容量下降。因此，一般采用纯度高的材料，在电解液中加入缓蚀剂，以克服自放电现象。

2. 银锌蓄电池

银锌蓄电池出现于 20 世纪 50 年代，正极活性物质为 AgO 和 Ag_2O，负极为 Zn，电解液为质量分数为 40% 的 KOH 水溶液。

银锌蓄电池可表示为

$$(-)Zn \mid KOH(40\ wt\%) \mid Ag_2O, Ag(+)$$

在电池充放电时，电极、电池反应可表示为

负极：$Zn + 2OH^- \underset{充电}{\overset{放电}{\rightleftharpoons}} Zn(OH)_2 + 2e^-$

正极：$Ag_2O + H_2O + 2e^- \underset{充电}{\overset{放电}{\rightleftharpoons}} 2Ag + OH^-$

电池反应：$Zn + Ag_2O + H_2O \underset{充电}{\overset{放电}{\rightleftharpoons}} 2Ag + Zn(OH)_2$

银锌蓄电池的理论电动势为 1.86 V，质量能量密度可达 $100 \sim 300 Wh \cdot kg^{-1}$，体积能量密度可达 $180 \sim 220 Wh \cdot dm^{-3}$，是铅蓄电池的 2~4 倍，属于一种高能电池。其比功率是目前所使用蓄电池中最高的，银锌蓄电池适宜于高速率放电，且在大电流放电时，电池容量下降较小。但是，由于银的价格较高，电池成本相应也较高；同时，电池的循环寿命短，低温下电池性能也不理想。这些缺点使银锌蓄电池的应用局限于一些对电池有特殊要求，且不计成本的领域。

6.5.3 燃料电池

燃料电池属于高能电池，不同于一般的原电池和蓄电池，所需的正、负极活性物质全部由电池外部供给，是将燃料的化学能直接转换为电能的装置。燃料电池的能量利用率可达80%。与传统的火力发电厂相比，燃料电池发电只排放极少量的有害物质，可以减少大气污染。燃料电池还具有较快的负载响应速度，比能量高，运行稳定性好，易维护，这些是其他能量转化装置所不具备的。目前，纽约和东京已有燃料电池发电站在运转。

燃料电池的分类方法较多，按供料形式可分为液体型、气体型两种；按温度可分为常温型、中温型、高温型和超高温型四种；按燃料的来源可分为直接型、间接型和再生型三种。燃料电池按燃料来源的分类见表 6-3。

表 6-3　燃料电池按燃料来源的分类

电池名称	分类	种类	举例
燃料电池	直接型	低温（<200℃）	H_2-O_2、有机物-氧、含氮化合物-O_2 或 H_2O、氢-卤素、金属-氧
		中温（200~750℃）	H_2-O_2、CO-O_2、NH_3-O_2
		高温（>750℃）	H_2-O_2、CO-O_2
	间接型	重整燃料电池	天然气、石油、甲醇、乙醇、煤、氨
		生化燃料电池	葡萄糖、碳水化合物、尿素
	再生型		热再生、充电再生、光化学再生、辐射化学再生

现以图 6-11 所示的碱性氢-氧燃料电池为例，来说明燃料电池的结构和工作原理。在结构上，燃料电池一般由含有催化剂的负极和正极以及在正、负极之间起着离子导电作用的电解质所构成。燃料电池工作时，向电池的负极不断地供给燃料（如 H_2），向正极连续地提供氧化剂（如 O_2 或空气），这样在催化剂的作用下，氢气经负极解离为氢原子，并与电解液中的 OH^- 结合生成水，释放出电子；电子流经外电路经过负载而流到通氧气的正极，氧与电解液中的 H_2O 发生电化学反应生成 OH^-。因此，燃料电池的反应过程即为水电解反应的逆过程。

碱性氢-氧燃料电池可表示为

$$(-)M \mid H_2(g) \mid KOH \mid O_2(g) \mid M(+)$$

M 为多孔金属或碳电极。电极、电池反应可表示为

负极：$H_2 + 2OH^- \longrightarrow 2H_2O + 2e^-$

正极：$\dfrac{1}{2}O_2 + H_2O + 2e^- \longrightarrow 2OH^-$

电池反应：$H_2 + \dfrac{1}{2}O_2 \longrightarrow H_2O$

如果电解质采用 H_2SO_4 来代替 KOH，形成的酸性氢-氧燃料电池可表示为

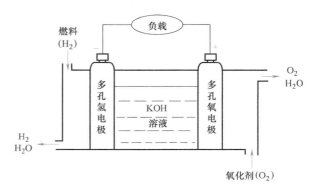

图 6-11 碱性氢-氧燃料电池示意图

$$(-)M \mid H_2(g) \mid H_2SO_4 \mid O_2(g) \mid M(+)$$

电极、电池反应可表示为

负极：$H_2 \longrightarrow 2H^+ + 2e^-$

正极：$\dfrac{1}{2}O_2 + 2H^+ + 2e^- \longrightarrow 2H_2O$

电池反应：$H_2 + \dfrac{1}{2}O_2 \longrightarrow H_2O$

显然，氢-氧燃料电池无论使用酸性或碱性电解质，其电池反应表达式均相同。

6.5.4 绿色电池

与传统化学电源相比，锂离子电池、钠硫电池、导电聚合物电池等新型化学电源具有重量轻、体积小、电容量和比功率高、无污染等优点，被称为新一代无污染的绿色电池。

1. 锂离子电池

锂离子电池是二次电池，可反复充放电，能量密度和功率密度均较高，寿命长，并且很环保，主要应用于便携式电子产品、电动汽车、大规模储能设备以及分散式移动电源等领域，其负极材料是嵌入锂离子的碳材料（天然石墨、人造石墨、石油焦、碳微球、碳纤维等），正极材料常用 Li_xCoO_2、Li_xNiO_2、Li_xMnO_2 或 Li_xFeO_2 等，电解液一般采用六氟磷酸锂（$LiPF_6$）与碳酸二乙酯（DEC）的混合溶液。

在电池充放电时，电极、电池反应可表示为

负极：$Li_xC_6 \underset{充电}{\overset{放电}{\rightleftharpoons}} xLi^+ + 6C + ne^-$

正极：$xLi^+ + Li_{1-x}CoO_2 + ne^- \underset{充电}{\overset{放电}{\rightleftharpoons}} LiCoO_2$

电池反应：$Li_xC_6 + Li_{1-x}CoO_2 \underset{充电}{\overset{放电}{\rightleftharpoons}} 6C + LiCoO_2$

2. 钠硫电池

钠硫电池的原材料来源广泛，价格低，无污染；电池的理论比能量高达 $760wh \cdot kg^{-3}$，无自放电现象，重量和体积仅为铅蓄电池的 $1/5 \sim 1/3$，但其比能量是铅蓄电池的 $2 \sim 3$ 倍，目前主要用于车辆驱动和电站储能等方面。

钠硫电池的负极是金属钠、单质硫与碳的混合物，正极的活性物质为 β-Al_2O_3 陶瓷，此物质也同时起到隔膜和电解质的作用。电池充放电时，电极、电池反应可表示为

负极：$2Na \underset{充电}{\overset{放电}{\rightleftharpoons}} 2Na^+ + 2e^-$

正极：$2Na^+ + xS + 2e^- \underset{充电}{\overset{放电}{\rightleftharpoons}} Na_2S_x$

电池反应：$2Na + xS \underset{充电}{\overset{放电}{\rightleftharpoons}} Na_2S_x$

本章小结

本章介绍了氧化值的概念以及氧化值的确定规则；反应过程中元素原子（或离子）的氧化值发生变化的反应称为氧化还原反应，常采用氧化值法和离子-电子法对其方程式进行配平。

原电池是通过自发的氧化还原反应将化学能转变为电能的装置，可分为可逆电池和不可逆电池。利用原电池书写规则，可将自发的氧化还原反应表示为可逆电池，其正、负极的电势差值为电池的电动势，该值可通过对消法实验测定。根据原电池电动势与摩尔吉布斯函数变的关系，可通过电化学实验间接测出标准平衡常数。

电解池是通过非自发的氧化还原反应将电能转化为化学能的装置。为了使电解反应顺利进行，施加在电解池两极上的外加电压必须高于电解液的理论分解电压，这主要是由于电极上发生浓差极化或电化学极化所引起的。预估电解池两极上的电解产物，需考虑电解液的分解电压、电解产物在电极上的超电势以及所用的电极材料等因素。

通常将进行实际应用的原电池称为化学电源，根据其使用特点分为一次电池、二次电池和燃料电池。锂离子电池、钠硫电池等新型电池具有重量轻、体积小、电容量和比功率高、无污染等优点，称为新一代无污染的绿色电池。

思考与练习题

一、填空题

1. H_2S 和 K_2MnO_4 中 S 和 Mn 的氧化值为_____和_____。

2. 将反应 $H_2O_2 + PbS \rightarrow PbSO_4$ 配平，为_____。

3. 已知 $\varphi^{\ominus}_{Fe^{3+}/Fe^{2+}} > \varphi^{\ominus}_{Cu^{2+}/Cu}$，若组成电池，电池符号为_____，正极反应为_____，负极

反应为_____，电池反应为_____。

4. 电极电势值越小，则电对中还原态物质的还原能力越_____；电极电势值越大，则电对中氧化态物质的氧化能力越_____。

5. 电解食盐水，在阳极上首先放电的是_____，而在阴极上首先放电的是_____。

6. 构成原电池的电极通常分为_____种类型。

7. 在原电池中，负极发生____反应，正极发生____反应；在电解池中，阳极发生____反应，阴极发生____反应。

8. 化学电源由____、____、____和____组成。

二、选择题

1. 下列关于原电池的说法错误的是（　　）。

A. 得到电子的极叫正极，正极被还原

B. 电流从负极流向正极

C. 盐桥使电流构成通路

D. 原电池是借助于氧化还原反应使化学能转变成电能的装置

2. 对于电池反应 $Ni(s) + Cu^{2+}(aq) = Ni^{2+}(0.1mol \cdot L^{-1}) + Cu(s)$，当该原电池的电动势为零时，$Cu^{2+}$ 浓度为（　　）。

A. $5.71 \times 10^{-21} mol \cdot L^{-1}$　　　　　　　　B. $5.05 \times 10^{-27} mol \cdot L^{-1}$

C. $7.10 \times 10^{-4} mol \cdot L^{-1}$　　　　　　　　D. $7.56 \times 10^{-11} mol \cdot L^{-1}$

3. 有关标准氢电极的说法不正确的是（　　）。

A. 标准氢电极是指将吸附纯氢气（1.01×10^5 Pa）达饱和的镀铂黑的铂片浸在 H^+ 浓度为 $1mol \cdot L^{-1}$ 的酸性溶液中所组成的电极

B. 使用标准氢电极可以测定所有金属的标准电极电势

C. H_2 分压为 1.01×10^5 Pa，H^+ 的浓度已知但不是 $1mol \cdot L^{-1}$ 的氢电极也可用来测定其他电极电势

D. 任何一个电极的电势绝对值都无法测得，电极电势是指定标准氢电极的电势为 0 而测出的相对电势

4. 已知 $\varphi^{\ominus}_{Cl_2/Cl^-} > \varphi^{\ominus}_{Br_2/Br^-} > \varphi^{\ominus}_{I_2/I^-}$，下列说法正确的是（　　）。

A. Br_2 只能氧化 I_2，不能氧化 Cl_2　　　　B. I^- 能还原 Br^- 和 Cl^-

C. Br^- 能还原 Cl_2，但不能还原 I_2　　　　D. Cl_2 可氧化 Br^-，但不能氧化 I^-

5. 电解烧杯中的 $MgCl_2$ 溶液，其电解产物是（　　）。

A. Mg，H_2　　　　B. Cl_2，H_2　　　　C. Mg，O_2　　　　D. $Mg(OH)_2$，Cl_2

6. 电解时在阳极上放电的物质是（　　）。

A. 阳离子　　　　　　　　　　　　　　B. 电极电势代数值较小的还原态物质

C. 电极电势代数值较大的氧化态物质　　D. 电极电势代数值较大的还原态物质

7. 电池 $Pt | H_2 | HCl(aq) \| CuSO_4(aq) | Cu$ 的电动势与（　　）无关。

A. 温度　　　　B. 盐酸浓度　　　　C. 氢气体积　　　　D. 氢气压力

8. 下列电极中，φ 值最小的是（　　），设 p_{H_2} 都为 $100kPa$。

A. $c_{H^+} = 1mol \cdot L^{-1}$ 的 H^+/H_2

B. HAc、NaAc 浓度均为 0.1mol·L^{-1} 溶液中的 H^+/H_2

C. 1mol·L^{-1} HAc 溶液中的 H^+/H_2

D. 1mol·L^{-1} HF 溶液中的 H^+/H_2

三、简述题

1. 举例说明氧化还原反应的意义及氧化与还原、氧化剂与还原剂之间的关系。

2. 试从电极名称、电子流动方向、电极反应等方面具体说明原电池和电解池在构造上和原理上有何不同。

3. 标准电极电势有哪些应用？

4. 什么是电极的电极电势？单个电极的电势能否测量？如何用能斯特公式计算电极的电极电势？

5. 根据电对 I_2/I^-、Fe^{3+}/Fe^{2+} 的标准电极电势判断，若将两电对组成原电池，哪一电对做正极？哪一电对做负极？写出电极反应和电池反应。

6. 实际分解电压为什么高于理论分解电压？

7. 在电解时，阴、阳离子分别在阳、阴极上放电，其放电先后次序有何规律？

四、计算题

1. 写出 Zn｜Zn^{2+}（$1×10^{-6}$ mol·L^{-1}）‖Cu^{2+}（0.01mol·L^{-1}）｜Cu 电池的电极反应、电池反应，并根据 $\varphi^\ominus$ 值计算电池的电动势、电池反应的标准平衡常数 $K^\ominus$ 和标准摩尔吉布斯函数变 $\Delta_r G_m^\ominus$。

2. 由标准钴电极和标准氯电极组成原电池，测得其电动势为 1.63V，此时钴电极做负极，现氯的标准电极电势为+1.358V，试问：1）此电池反应的方向如何？2）钴标准电极的电极电势是多少？3）当氯气的压力增大或减小时，电池的电动势将发生怎样的变化？请说明原因。4）当 Co^{2+} 浓度降低到 0.01mol·L^{-1}，电池的电动势为多少？

3. 将下列反应组成原电池（温度为 298.15K）

$$2 I^-(aq) + 2 Fe^{3+}(aq) = I_2(s) + 2 Fe^{2+}(aq)$$

1）计算原电池的标准电动势；2）计算摩尔吉布斯函数变；3）用符号表示原电池；4）计算 $c_{I^-}=0.01$ mol·L^{-1} 以及 $c_{Fe^{3+}}=c_{Fe^{2+}}=0.1$ mol·L^{-1} 时，原电池的电动势。

4. 已知 $\varphi^\ominus_{Ag^+/Ag}=0.80$V，试计算当 $c_{Ag^+}=0.01$ mol·L^{-1} 和 0.001mol·L^{-1} 时，Ag 的电极电势。

5. 列出下列在标准态时的电对中氧化态物质和还原态物质的氧化还原性能的相对强弱。

MnO_4^-/Mn^{2+}、Fe^{2+}/Fe、$S_2O_8^{2-}/SO_4^{2-}$、I_2/I^-、Fe^{3+}/Fe^{2+}

第7章

化学与工程材料

工程材料是应用最为广泛的一类材料。本章将介绍工程材料的分类，并从化学的角度去讨论和分析工程材料的特点、腐蚀与防护、摩擦与润滑以及表面处理技术，为人们合理和科学地研制、应用和保护工程材料打下一定的化学基础。

7.1 工程材料概述

7.1.1 工程材料的分类

工程材料是指用于机械、车辆、船舶、建筑、化工、能源、仪器仪表、航空航天等工程领域的材料，也包括一些用于制造工具的材料和具有特殊性能（如耐蚀、耐高温等）的材料。

工程材料用途广泛，种类繁多，有不同的分类方法，按其化学成分一般可以分为金属材料、无机非金属材料、高分子材料和复合材料四大类，表7-1列示了工程材料的具体种类。

表 7-1 工程材料的具体种类

工程材料
- 金属材料
  - 黑色金属材料：碳钢、铸铁和合金
  - 有色金属材料：铝、铅、铜、镁、镍等及其合金
- 无机非金属材料
  - 耐火材料：耐火砌体材料、耐火水泥及耐火混凝土
  - 耐火隔热材料：硅藻土、硅石、玻璃纤维、石棉及其制品
  - 耐蚀（酸）非金属材料：铸石、石墨、耐酸水泥、天然耐酸石材和玻璃等
  - 陶瓷材料：电气绝缘陶瓷、化工陶瓷、结构陶瓷和耐酸陶瓷等
- 高分子材料
  - 塑料：聚甲氟乙烯、ABS、聚丙烯、聚砜和聚乙烯等
  - 橡胶：天然橡胶、丁苯橡胶、氯丁橡胶、硅橡胶等
  - 合成纤维：聚酯纤维和聚酰胺纤维等
- 复合材料
  - 无机-有机复合材料：玻璃纤维增强塑料、聚合物混凝土、沥青混凝土等
  - 非金属-金属复合材料：钢筋混凝土、钢丝网水泥、塑铝复合管、铝箔面油毡等
  - 其他复合材料：水泥石棉制品、不锈钢包覆钢板等

工程材料也可按其用途分为两类。一类主要是利用其力学性能的结构材料，是目前使用

量最大的工程材料，它可进一步分为工程结构材料、机器用材料、工具材料以及有着特殊用途的材料；另一类主要是利用其物理、化学性能的功能材料，虽然应用量较小，却迅速得到发展，对社会发展影响较大。随着机电一体化技术的进步，结构材料和功能材料日益融合，形成新型的结构功能材料。

7.1.2　工程材料的特点

工程材料的特点是由其化学成分和内部的组织结构所决定的，是其微观结构特征的宏观反映。根据其化学成分的不同，工程材料可分为金属材料、无机非金属材料、高分子材料和复合材料，这些材料分别由不同元素的原子、离子或分子通过金属键、离子键、共价键或分子间作用力结合而成。由于它们的成分、结合力以及制造工艺不同，其特点也会存在相当大的差异。

金属材料包括黑色金属材料和有色金属材料。黑色金属材料包括碳钢、铸铁、合金钢、有色金属及其合金。碳钢和铸铁的基本元素是铁和碳，一般钢中碳的质量分数≤2.06%，铸铁中碳的质量分数≤5%。在普通碳钢的基础上添加适量的一种或多种合金元素（硅、锰、铬、镍、钨、钼等元素以及稀土元素）就构成了合金钢；根据合金元素的含量，合金钢又可分为低合金钢（合金的质量分数<5%）、中合金钢（合金的质量分数为5%~10%）和高合金钢（合金的质量分数>10%）。而目前在工业上广泛使用的铝、铜、钛、镁、镍等有色金属及其合金，具有黑色金属及其合金所没有的许多特殊的机械、物理和化学性能。

金属材料的内部结构一般为多晶体，而每个晶粒内的原子按一定方式（如体心立方、面心立方或密排六方等）有序排列。大部分金属原子之间是以金属键结合的，而过渡金属结合键是金属键和共价键的混合键。金属内部结构和原子之间的结合方式决定了金属材料具有以下特点：密度大、较高的硬度和强度、良好的延展性、导电性和导热性优良、热膨胀系数大；切削加工性能好，可锻性、可铸性、可焊性均良好；但易发生锈蚀现象，对其防护要求高。

无机非金属材料，也称为硅酸盐材料，包括各种金属与非金属形成的无机化合物和非金属单质材料，是以某些元素的氧化物、碳化物、氮化物、卤素化合物、硼化物以及硅酸盐、铝酸盐、磷酸盐、硼酸盐等物质组成的材料。

传统的无机非金属材料通常包括水泥、玻璃、陶瓷以及耐火材料等，其特点是物化性质稳定、抗腐蚀和耐高温性能较好，但脆性大、抗冷热冲击性能较差。新型的无机非金属材料有先进陶瓷（压电陶瓷、导体和半导体陶瓷、高温陶瓷和生物陶瓷等）、高纯硅、碳素材料（碳纤维、石墨和金刚石）、非晶态材料（凝胶、非晶态半导体、金属玻璃）、人工晶体和无机涂层等；这些材料具有强度高，耐高温，优良的电学、光学和生物相容性等特点。

与金属的晶体结构相比，无机非金属材料的结构相对复杂，并且没有自由电子，具有比金属键和纯共价键更强的离子键和混合键。因此，无机非金属材料比金属材料的抗断强度低，缺少延展性。

高分子材料是以高分子化合物为基础的材料，通常是相对分子质量在10000以上的化合物的总称；其化学组成比较简单，是由成千上万的原子以共价键相互结合而成，分子尺寸很大，长度一般在100~10000nm之间；结构上是由许多个结构相同的单体经加聚或缩聚反应连接而成。

高分子材料按其用途可分为塑料、橡胶、纤维、涂料、胶黏剂和功能性高分子材料。塑料是以聚合物为主要成分，添加适量的填充剂、增塑剂、稳定剂、着色剂和润滑剂，在一定温度和压力下塑化成型，质量轻、比强度高、电绝缘性能和耐蚀性优良，且易加工成型。橡胶通常在−40~80 ℃的温度范围内有显著的弹缩性；其抗疲劳、电绝缘、耐化学腐蚀及耐磨等性能也均良好。纤维是指长度与直径之比大于100的、具有一定韧性线条状或丝状的高分子材料；具有比重小、强度和弹性高、耐磨和耐酸碱性好、防蛀、防霉等优点。涂料是指由成膜物质、颜料、溶剂、催干剂、增塑剂等组分构成的多组分体系，成分不同，其性能也不同。胶黏剂是由高分子与硬化剂、填料、溶剂等共同构成的多组分体系。根据其用途，胶黏剂可分为承载负荷大、化学稳定性好、耐冷热性能良好的结构胶和承载负荷小、耐热性差的通用胶。功能性高分子材料是将适当的官能团引进高分子中，生成具有光敏性、导电性、催化性、生物特性、能量转化性、信息传递、转换或贮存等特定功能的材料，其应用对计算机超小型化、能源开发等都起到了促进作用。

复合材料是由两种或多种性质不同的材料通过物理或化学方法复合，在宏观上组成的具有新性能的材料。复合材料的综合性能明显优于其组成材料的性能，具有"轻质高强"、比强度和比刚度高、可设计性好、耐蚀性能优、热性能和电性能良好等优点。因此，有学者认为，21世纪是复合材料的时代。

7.2 工程材料的腐蚀与防护

金属材料腐蚀的直接损失是巨大的，据估计全世界每年因腐蚀报废的钢铁设备约占钢铁年产量的30%；而非金属材料中，混凝土和高分子材料的腐蚀所造成的损失也是惊人的。因此，了解金属、混凝土和高分子材料腐蚀的原因和机理，对于有效地防止和控制腐蚀，有着十分重要的意义。

7.2.1 金属的腐蚀与防护

金属腐蚀是指金属在环境介质（最常见的是液体和气体）的化学、电化学和物理作用下而产生损坏或变质的现象。金属的腐蚀是由外部介质的作用引起的，这种作用首先发生在金属与介质的接触界面上而引起腐蚀破坏，然后再向金属内部深入发展。

按照腐蚀过程的特点，金属腐蚀分为物理腐蚀、化学腐蚀和电化学腐蚀。

1. 物理腐蚀

物理腐蚀是指金属由于单纯的物理溶解作用所引起的破坏。许多金属在高温熔盐、熔碱及液态金属中，可发生物理腐蚀。如盛放熔融锌的钢容器，铁被液态的锌溶解，致使容器腐蚀。

2. 化学腐蚀

化学腐蚀是指金属与环境介质直接发生纯化学反应而引起的变质和损坏。其特点是在一定条件下，金属表面的原子与非电解质中的氧化剂直接发生氧化还原反应，形成腐蚀产物；电子的得失在同一部位，于同一瞬间完成，无腐蚀微电流产生。

化学腐蚀的介质往往是不导电、不电离的物质。金属与干燥气体（如 O_2、H_2S、SO_2 和 Cl_2 等）或非电解质溶液（如苯、酒精等）直接作用而引起的腐蚀均属于化学腐蚀。温度对化学腐蚀的影响较大。例如：钢材在室温或较低温度和干燥的空气中，因为反应速率较低，相对稳定；但随着温度升高，反应速率急剧增加。在高温下，钢材往往易失去电子而被氧化，生成一层由 FeO、Fe_3O_4 和 Fe_2O_3 组成的氧化皮；同时，钢材也易发生脱碳现象，致使钢铁硬度减小以及疲劳极限降低。

3. 电化学腐蚀

电化学腐蚀是指金属和环境介质因发生电化学作用而引起的破坏。金属在酸、碱、盐等电解质溶液中的腐蚀就属于电化学腐蚀。腐蚀过程是通过在金属暴露表面上形成腐蚀电池来进行的。例如：碳钢在酸中腐蚀，阳极的铁被氧化成 Fe^{2+} 并进入溶液中，所放出的电子移向阴极（钢中比铁不活泼的成分，如渗碳体 Fe_3C、碳以及其他金属和杂质），H^+ 在阴极上吸收电子而被还原成氢气析出。溶液中的 Fe^{2+} 与由水解离出的 OH^- 结合，生成 $Fe(OH)_2$。整个过程中，阳极反应为 $Fe \rightarrow Fe^{2+}+2e^-$，阴极反应为 $2H^++2e^-\rightarrow H_2$，并且流过金属内部的电子流和介质中的离子流连接在一起，共同构成了腐蚀原电池。

电化学腐蚀的主要形式有析氢腐蚀、吸氧腐蚀和浓差腐蚀等。

（1）析氢腐蚀　析氢腐蚀，也称为氢去极化腐蚀，是以氢离子还原反应为阴极过程的腐蚀。当金属的平衡电极电势比氢的平衡电极电势更低时，两电极存在着一定的电势差，金属与氢电极组成腐蚀原电池，阳极反应放出的电子不断地由阳极流向阴极，致使金属腐蚀，同时不断地析出氢气。金属 Fe、Ni 和 Zn 等的平衡电极电势比氢的平衡电极电势低，易发生析氢腐蚀；而 Cu 和 Ag 等的平衡电极电势比氢的平衡电极电势高，不会发生析氢腐蚀。

（2）吸氧腐蚀　吸氧腐蚀，也称为氧去极化腐蚀，是以氧分子还原反应为阴极过程的腐蚀，是电化学腐蚀的主要形式，几乎是无处不在。大多数金属在中性和碱性溶液中的腐蚀，以及少数电极电势较高的金属（如 Cu）在含有溶解氧的弱酸溶液中的腐蚀，都属于吸氧腐蚀。这是由于溶液中氧的还原反应的电极电势要比氢的还原反应的电极电势高 1.229V。与氢的还原反应相比，氧的还原反应可以在高得多的电极电势下进行。

在酸性溶液中，氧的还原反应为

$$O_2+4H^++4e^-\rightarrow 2H_2O$$

在碱性溶液中，氧的还原反应为

$$O_2+2H_2O+4e^-\rightarrow 4OH^-$$

（3）浓差腐蚀　浓差腐蚀是指由于氧浓度不同而造成的腐蚀。例如：钢板暴露于潮湿的空气中，总会形成一层 Fe_2O_3 薄膜，如果该膜是致密的，则可以阻止腐蚀进行。若膜上有小孔，那么将会把小面积金属本体裸露出来，这里的金属就会被腐蚀。Fe_2O_3、$Fe(OH)_3$ 等腐蚀产物疏松地堆积在周围，把孔遮住。氧气难以进入孔内，致使孔内为贫氧区，孔周围为富氧区，发生浓差腐蚀，使小孔内金属被腐蚀的深度不断加深，甚至穿孔。

目前常用的防止金属腐蚀的方法有以下几种。

1）改善金属耐腐蚀性能。尽量除去或减少金属中的有害杂质；降低金属表面的粗糙度；将不同金属制成合金，这样既不改变金属的性能，又可提高金属的耐蚀性能。例如：锆合金可耐 70%硫酸、25%盐酸、强碱溶液和熔融碱的腐蚀。

2）改变环境。改变环境是通过采用去除介质中的有害成分、调节介质的pH值或加入缓蚀剂等方法，改变介质的性质，降低或消除介质对金属的腐蚀作用。例如用Na_2SO_3除去水中的溶解氧，反应式为

$$2Na_2SO_3+O_2 =\!=\!=\!= 2Na_2SO_4$$

铬酸盐、重铬酸盐、硝酸盐、亚硝酸盐等无机缓蚀剂在溶液中时，可以使钢铁钝化形成钝化膜，从而将金属表面与腐蚀介质隔离开，以减缓腐蚀；乌洛托品、二甲苯硫脲、亚硝酸二异丙胺等有机缓蚀剂可以吸附在金属表面，形成一层难溶且腐蚀介质难透过的保护膜，可延缓金属腐蚀速率，起到保护金属的作用。

3）保护层法。在金属表面上施加覆盖层将金属与周围介质隔绝，是防止金属腐蚀最普遍、最重要的方法。保护层应具有较好的连续性和致密性，在所处的介质中应保持高度的稳定性和牢固性。常用的保护层有金属层和非金属层两大类，具体分类见表7-2。

表7-2 常用保护层的分类

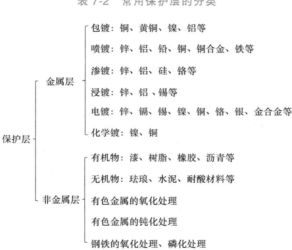

4）电化学保护。**电化学保护**是指通过改变材料表面的电化学条件来减缓腐蚀或使腐蚀停止的方法，可分为阴极保护和阳极保护。

① 阴极保护。阴极保护是指将被保护金属作为阴极，使之发生阴极极化以减缓或防止金属腐蚀的方法，它又分为外加电流和牺牲阳极两种方法。

a. 外加电流保护法。将被保护金属与外加直流电源的负极相连，由电源向其输送阴极电流使之发生阴极极化而减缓或防止金属腐蚀的方法称为外加电流保护法，主要用于地下管道、地下金属设备、某些冷却器、冷凝器、热交换器的防腐。图7-1所示为地下管道外加电流保护法示意图。

b. 牺牲阳极保护法。将被保护金属与一种电极电势更低的金属（作为阳极）连接，使被保护金属发生阴极极化来减缓或防止金属腐蚀的方法称为牺牲阳极保护法，主要用于舰船、水上飞机、海底设备的防腐。图7-2所示为地下管道牺牲阳极保护法示意图。

② 阳极保护。阳极保护是指将被保护金属与外加直流电源正极相连，由电源向其输送阳极电流使之发生阳极极化至一定的电极电势，达到并维持钝态，使阳极过程受到阻滞，导致金属腐蚀速度显著减小的一种电化学保护方法。其特点为耗电量小，但在难钝化或含氯离

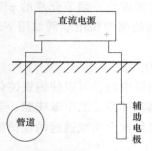

图 7-1　地下管道外加电流保护法示意图

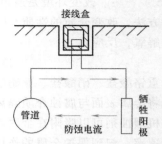

图 7-2　地下管道牺牲阳极保护法示意图

子的介质中不能使用，主要用于酸碱介质中化工设备的保护，如硫酸不锈钢冷却器的阳极保护、氨水的碳钢贮槽阳极保护等。图7-3所示为阳极保护法示意图。

防止金属腐蚀的方法很多，但究竟采取哪一种方法，要从金属的性质、应用条件、对防护的要求、经济性等方面进行综合考虑，也可以几种方法同时使用，取长补短。

图 7-3　阳极保护法示意图

7.2.2　混凝土的腐蚀与防护

1. 混凝土腐蚀的类型

混凝土是指以水泥为胶结材料，含砂子和碎石的混合物。水泥熟料是由硅酸三钙（$3CaO \cdot SiO_2$）、硅酸二钙（$2CaO \cdot SiO_2$）、铝酸三钙（$3CaO \cdot Al_2O_3$）和铁铝酸四钙（$2CaO \cdot Al_2O_3 \cdot Fe_2O_3$）等组成。这些熟料与水发生水合作用，凝固后成为水泥石。由于水泥熟料水化不完全，多余的水会蒸发，在水泥石中形成孔隙和毛细管，而水泥石、砂子和碎石的界面上也会有孔隙生成。所以，混凝土是一种多微孔非均质的结构材料。腐蚀介质会通过孔隙渗透到混凝土内部，从而发生混凝土腐蚀。

按腐蚀产物的形态，可将混凝土腐蚀分为以下五种类型。

（1）溶出型腐蚀　溶出型腐蚀是指混凝土中的可溶性成分 $Ca(OH)_2$ 受到软水的作用，产生物理性溶解、浸出，引起水泥石中的胶凝体水解，使混凝土的强度降低。软水对混凝土的溶出型腐蚀作用比较缓慢，而在冷却塔、水坝等设施中，由于经常受软水冲刷或渗透，需考虑溶出型腐蚀的影响。

（2）分解型腐蚀　分解型腐蚀是指由混凝土发生炭化以及酸性溶液或镁盐溶液对混凝土侵蚀等原因引起的腐蚀。大气中含有 0.03% 的 CO_2，所以天然水一般都因吸收 CO_2 而显酸性。当天然水中所吸收 CO_2 的浓度 $\geqslant 10mg \cdot cm^{-3}$ 时，碳酸溶液渗透到混凝土的孔隙中会与 $Ca(OH)_2$ 反应生成难溶的 $CaCO_3$，反应进行会消耗 $Ca(OH)_2$，导致混凝土中碱度降低和混凝土的粉化，这种现象也称为混凝土的炭化。大气中的 CO_2 也能进入混凝土，并与之反应生成 $CaCO_3$，发生炭化作用。在工业生产中，混凝土可能受到盐酸、硫酸、硝酸、醋酸和乳酸等溶液的腐蚀。酸性溶液能与硬化水泥石中的钙离子反应生成可溶性的钙盐，并使混凝土内部的碱性减弱。含有 $MgCl_2$、$MgSO_4$ 和 $Mg(HCO_3)_2$ 等镁盐的地下水、海水及某些工业废水，其中所含的 Mg^{2+} 可与混凝土中的 $Ca(OH)_2$ 反应生成 $Mg(OH)_2$，使游离的 $Ca(OH)_2$ 浓度降低，导致混凝土中的胶凝体分解。

（3）膨胀型（结晶型）腐蚀　膨胀型（结晶型）腐蚀是指硫酸盐溶液进入混凝土孔隙后，与混凝土中的氢氧化钙发生反应生成硫酸钙，再进一步与水合铝酸钙作用，生成硫铝酸钙，混凝土的体积膨胀至原来的两倍以上而引起混凝土的膨胀腐蚀。而无水 Na_2SO_4 不与混凝土反应，但在高温干燥的环境中，会在混凝土孔隙中形成 $Na_2SO_4 \cdot 10H_2O$ 结晶，使混凝土的体积膨胀至原来的 4 倍，也会致使混凝土发生膨胀腐蚀。

（4）微生物腐蚀　微生物腐蚀是指在有氧和水的环境中，细菌（硫杆菌等）可将硫转变为硫酸，而硫酸可以引起混凝土的分解腐蚀。硫主要来自于矿物硫、油田中的硫化物或者管道中的污水。

（5）碱集料反应　碱集料反应是指水泥石中的强碱（Na_2O 和 K_2O）会与骨料中的 SiO_2 发生作用，在骨料中形成一层致密的碱-硅酸盐凝胶（如 $Na_2SiO_3 \cdot 2H_2O$），凝胶遇水膨胀，使骨料与水泥石之间的界面胀裂，致使混凝土破坏。

2. 混凝土中钢筋腐蚀的原因

混凝土对钢筋起着一定的保护作用。从物理保护的方面来讲，混凝土将钢筋完全覆盖，在一定时期内，可以将钢筋与外面的环境介质隔离开。钢筋在相对干燥和缺乏腐蚀介质的条件下，可以保持不腐蚀的状态，但这种物理隔离保护作用很难长期保持。从化学保护的方面来讲，混凝土内部的液体基本上是 $Ca(OH)_2$ 的饱和溶液（pH>12），在该介质中，钢筋表面有一层致密的由 $\gamma\text{-}Fe_2O_3$ 或 Fe_3O_4 组成的钝化膜，阻止了内部金属与外部介质接触，使金属免遭腐蚀。但由于以下几种情况的存在，混凝土中钢筋的钝化膜会遭到破坏，使钢筋发生腐蚀。

1）混凝土保护层出现了裂缝，环境腐蚀介质易通过裂缝到达钢筋表面而引起腐蚀。

2）CO_2、SO_2、酸雨、工业酸性介质等渗入混凝土中，并与所含碱性物质反应，使其 pH<11.5 时，钢筋表面开始活化，钝化膜遭到破坏。

3）盐酸、NaCl 溶液、$CaCl_2$ 溶液等中的 Cl^- 或亚氯酸盐、硫酸盐、铵盐等物质渗透进混凝土，到达钢筋表面，使钢筋钝化膜活化，引起腐蚀。

4）在应力作用下，钝化膜受到破坏。当拉应力和介质侵蚀同时作用时，钢筋表面会出现裂缝，甚至突然断裂。

5）钢筋中含有碳、硅、锰等合金元素和杂质，不同元素处于相同或不同介质中，其电极电势也不同，不同元素之间存在着电势差，混凝土中的介质（水等）构成离子通路，钢筋本身构成电子通路，具备了腐蚀电池的必要条件。因此，混凝土中的钢筋锈蚀，也是电化学腐蚀作用的结果。

3. 混凝土腐蚀的防护措施

对于混凝土腐蚀的防护，应根据环境条件，采取以下相应的防护措施：

1）提高混凝土自身的防护措施。选择优质水泥、增加水泥用量；降低水灰比；使用优良的外加剂、掺合料，增加混凝土保护层的厚度；在混凝土表面增设耐腐层，如涂刷氯磺化聚乙烯涂料等。

2）在满足建筑结构要求的前提下，选择耐蚀性强的材料。如选用耐蚀水泥，采用聚合物水泥混凝土（树脂混凝土）等。

3）加入多功能、综合性的钢筋阻锈剂。

4）对钢筋混凝土管道、公路桥梁等采用阴极保护措施。

7.2.3 高分子材料的腐蚀与防护

日常生活中常见的塑料、涂料、纤维、橡胶等都属于高分子材料，它们也都是优良的防腐蚀材料。但是，在对高分子材料进行加工、贮存以及使用的过程中，在热、光、辐射、气候等作用下，高分子材料的物理化学性能和力学性能会逐渐退化，直至其使用价值丧失。人们把这种现象称为高分子材料的腐蚀，俗称"老化"。

当高分子材料发生腐蚀，其外观会出现污渍、斑点、银纹、裂缝、喷霜、粉化以及颜色和光泽性的变化；溶解性、溶胀性、流变性、耐寒、耐热、透水、透气等物理性能也都会发生变化；抗拉强度、抗弯强度和抗冲击强度也会产生变化；绝缘性能、击穿强度、介电常数等也会发生变化。

与金属材料腐蚀相比，高分子材料腐蚀具有其独特的特点：一方面，金属是导体，腐蚀是以金属离子溶解进入电解液的形式发生，可以用电化学过程进行描述，而高分子材料一般不导电，也不以离子形式溶解，不能用电化学规律进行说明；另一方面，金属腐蚀大多始于金属表面并逐步深入其内部，而对于高分子材料而言，所处环境中的试剂向材料内渗透扩散是其腐蚀的主要因素。同时，高分子材料中的某些组分，如增塑剂、稳定剂等也会从材料内部向外扩散迁移，溶解于介质中。

引起高分子材料腐蚀的原因，既有内在因素，又有外在因素，其腐蚀通常是内外因素综合作用的结果。

1. 内在因素

（1）高分子的化学结构　高分子化学键中的弱键，易断裂而成为自由基，从而引发材料的腐蚀反应。

（2）高分子的物理形态　许多高分子的物理形态并不均一，这是与高分子材料分子排序有关。分子键排列有序形成结晶区，无序的分子键排列形成非结晶区。在一般情况下，高分子材料的腐蚀反应是从非结晶区，逐渐扩散到结晶区。

（3）相对分子质量和相对分子质量分布　高分子的相对分子质量大小与腐蚀关系不大，而相对分子质量的分布对材料的腐蚀影响很大。分布越宽，端基越多，越易引起材料的腐蚀反应。

（4）立体规整性影响　一般规整性高的高分子要比无规整性结构的高分子耐蚀性能好，而聚丙烯则因有比较规整的定向叔-C-H基，氧化时生成的过氧化自由基易引起在分子内部的链增长反应，耐蚀性能反而较差。

（5）微量金属杂质和其他杂质　加工高分子材料时，和金属接触，有可能混入微量金属；或是聚合反应，残留一些金属催化剂，这都有可能使材料自发氧化而腐蚀。

2. 外在因素

外在因素主要包括化学、物理和生物因素。

（1）化学因素　化学因素包括臭氧、氧、酸、水、碱等的作用。高分子链中除 C 外，还含有 O、N、Si 等原子，它们与 C 之间构成醚键、酯键、酰胺键等极性键，在酸或碱的催化作用下发生水解而使高分子材料降解破坏。如聚酯的水解反应

$$R-COOR' \xrightarrow{\text{H}^+ \text{或 OH}^-} R-COOH' + HOR'$$

大气中的氧、臭氧、污染物（NO_2、SO_2 等）在一定的环境条件下，可使高分子材料发生化学反应而被破坏。如氧气使高分子材料腐蚀，是因为氧分子具有较强的渗透性，氧分子可优先"进攻"材料分子链的薄弱部分，使其同氧分子结合，一起生成过氧化物，致使分子链断裂。

（2）物理因素　物理因素包括光、热、机械、高能辐射等作用。光氧化降解取决于高分子链吸收波长的能量和化学键的强度。如波长在 $280 \sim 320nm$ 之间的紫外线可使含醛基、酮基或羰基的高分子发生降解或交联而腐蚀。高分子中的添加剂、催化剂残渣、微量金属元素可加速高分子材料的光氧化腐蚀过程。热降解主要对非生物降解高分子材料起作用。随着温度的上升，高分子材料分子活动加剧，一旦高分子获得足够的能量，其化学键会发生断裂，进而影响材料的力学性能，使材料发生腐蚀。高能辐射源（α、β、γ、X 等射线）可使高分子发生电离或产生激发而发生降解或交联反应。如聚乙烯、聚丙烯、聚苯乙烯、聚氯乙烯、橡胶、尼龙等的高分子碳链—CH_2—的 α 碳上至少有一个氢，则占优势；在高能辐射下，易发生交联反应。而聚四氟乙烯、聚甲基丙烯酸甲酯、聚异丁烯等的 α 碳上没有氢，则不占优势；在高能辐射下，会发生降解反应。

（3）生物因素　生物因素包括昆虫、真菌、霉菌和藻类等微生物作用，引起高分子材料的生物降解或微生物腐蚀。

对高分子材料必须采取以下相应的方法，阻止其腐蚀，延长其使用寿命：

1）在高分子材料中加入稳定剂。稳定剂是指能抑制光、氧、热等外在因素对高分子材料产生破坏的物质，可分为能使自由基链式反应终止的链终止剂和能抑制引发自由基反应的抑制性稳定剂。

2）用物理方法进行防护。采用涂漆、镀金属、涂覆等手段在高分子材料表面附上保护层，阻挡或隔绝材料腐蚀的外在因素，如在橡胶表面涂蜡。

3）改进高分子加工工艺，减少加工过程中杂质的引入量，尽量消除高分子的内应力，适当控制高分子的聚集态结构。

4）采用共聚、共混、接枝等物理或化学改性措施，将高分子改性，引进耐腐蚀结构。

7.3　材料的摩擦与润滑

为了减少或防止材料的摩擦和磨损，通常可以选用优质耐磨的高分子摩擦材料、选取合理先进的润滑材料-纳米润滑剂，也可以采用机械或化学抛光对材料表面进行有效的处理。

7.3.1　机械与化学抛光

工业生产中常采用抛光处理方法来清理、强化和光整金属表面。常用的抛光方法可分为六种：机械抛光、化学抛光、电解抛光、超声波抛光、流体抛光和磁研磨抛光。其中，机械抛光和化学抛光是在生产中应用最为广泛的抛光方法。

机械抛光是靠切削、材料表面塑性变形去掉表面的凸部而得到平滑面的抛光方法，又分为轮式抛光、滚筒抛光和振动抛光。

机械抛光的过程依次为粗抛、中抛和精抛。粗抛是指采用硬轮对经过或未经过磨光的表面进行抛光，它对基体材料有一定的磨削作用，能去除较粗的磨痕；中抛是指使用较硬的抛光轮对经过粗抛的表面做进一步的加工，它可以去除粗抛在基体材料上留下的划痕，产生中等光亮的表面；**精抛**是指采用软轮抛光以获得镜面般的光亮表面，它对基体材料的磨削作用最小，是抛光的最后工序。

目前，机械抛光主要还是靠人工完成。因此，抛光技术是影响抛光质量的主要因素。除此之外，抛光质量还与模具材料、抛光前的表面状况、热处理工艺等因素有关。而优质的钢材是获得良好的抛光质量的前提条件，如果钢材表面硬度不均或特性上有差异，往往会造成抛光困难。钢材中的各种夹杂物和气孔也会对抛光质量有影响。

化学抛光是将机械零件浸入特制的化学溶液中，利用金属表面凸起部位比凹洼部位溶解速度快的现象以实现零件表面的抛光方法。其**特点**为：适合于处理大型的各种建筑型材或形状复杂的大型零部件，对于较小的零部件，则可以同时处理很多工件，效率高，抛光处理能力大；设备简单，不需要直流电源和电挂具，可以根据每批所处理的工件数量而设计建造，造价低廉；主要用于工件的装饰性加工；抛光过程中所产生的有害气体，对操作人员的健康和环境有一定的影响；与电化学抛光相比，化学抛光后的零部件表面粗糙度较大，表面光滑和光亮程度较差；抛光液的消耗量大，寿命短，再生困难。

采用化学抛光工艺去处理机械抛光难以处理的细长、厚度小或形状复杂的小零部件时，其具有效率高、成本低、劳动强度低的优点。以化学抛光作为钢铁表面前处理工序，使其表面易于与电镀或化学镀层结合，也可提高其表面上转化膜、着色膜层的致密平整性和附着力，从而使工件的装饰性和耐蚀性能提高，延长其使用寿命。但是，化学抛光所用溶液的温度高、挥发性强、酸雾大，并且对抛光设备的腐蚀性强，而且抛光质量比不上机械抛光及电化学抛光。

7.3.2 纳米润滑剂

从广义上讲，凡是能减少相对摩擦副表面的摩擦和磨损，具有润滑作用的液体和固体介质，均可称为**润滑剂**。由于纳米材料具有表面与界面效应、小尺寸效应、量子尺寸效应和宏观量子隧道效应四大特征，有学者将纳米粒子作为添加剂加入润滑油中形成**纳米润滑剂**。纳米添加剂的分类见表 7-3。

表 7-3 纳米添加剂的分类

种类	分类	举例
纳米添加剂	纳米金属单质粉体	纳米铜、纳米铅、纳米锡、纳米锌、纳米镍、纳米铋
	层状无机物类	石墨、MoS_2、WS_2
	纳米氧化物	二氧化硅、ZnO、Fe_3O_4、PbO、TiO_2
	纳米硫化物	MoS_2、ZnS、硫化铜、硫化铅、硫化锰
	纳米硼系化合物	硼酸、硼酸钙、硼酸钾、硼酸镁、硼酸钛、硼酸铜
	纳米稀土化合物	LaF_3、CeF_3、稀土氟化物、稀土氢氧化物、稀土硼酸盐
	高分子纳米微球	聚苯乙烯纳米微球、聚苯乙烯/聚甲基丙烯酸酯纳米微球

纳米添加剂的润滑作用机理明显不同于传统的添加剂，主要是在摩擦过程中形成了纳米颗粒自身沉积膜及由润滑剂活性元素同金属摩擦副表面相互作用生成的摩擦化学膜，二者组合成复合边界润滑膜，而该膜的生成避免了摩擦界面间的直接接触，减少了粘着磨损，使纳

米润滑油添加剂具有良好的减摩抗磨性能和较高的承载能力，并对磨损表面具有一定的自修复功能。如将 Cu、Ni、Bi、Ag、Sn、Pb 等金属单质纳米微粒加入润滑油中形成纳米润滑剂，这些纳米微粒作为润滑油添加剂的作用原理区别于有机化合物添加剂在摩擦副表面形成复合表面膜，是在摩擦副表面熔融形成液滴，这种液滴易与固体表面结合，形成光滑的保护层，同时填充摩擦微划痕，可以大幅度降低摩擦和磨损，尤其在高载荷、低速和高温振动条件下效果更为显著。

纳米添加剂的制备方法可分为液相法、固相法和气相法。液相法是以均相溶液为出发点，通过各种途径使溶质与溶剂分离，得到所需的前驱体，再经热解得到纳米离子。液相法又可分为溶胶-凝胶法、沉淀法、微乳化液法和水解法。固相法分为物理粉碎法和机械合金法，是通过固相到固相的变化制备粉体，所得的粉体与最初的固相原料可以是同一物质，也可以不是同一物质。气相法是直接利用气体或通过将物质变为气体，使其在气体状态下发生物理或化学变化，最后冷凝聚成纳米颗粒，该方法又包括蒸发冷凝法和溅射法。

为了进一步提高润滑油的润滑性能、抗磨性能和抗氧化性能，显示出纳米粒子作为润滑油添加剂的优越性能，还需在以下方面展开进一步研究：制备纳米添加剂的新工艺；纳米润滑油的减磨机理；纳米添加剂的复合作用；开发环保型纳米添加剂。

7.3.3　高分子摩擦材料

高分子摩擦材料是现代机械运动工件的转动和控制系统中必不可少的部件，广泛应用于航空、航天、铁道、汽车、石油等部门。高分子摩擦材料通常是由高分子基体、增强材料和填料所组成的三元复合材料。

基体主要为树脂或橡胶，与高分子摩擦材料的性能密不可分。过去摩擦材料的基体大多数为纯酚醛树脂。尽管纯树脂的压缩强度、耐水性、耐酸性、耐烧蚀性能较好，但是其伸长率较低、脆性大、耐碱性差。因此，目前基体已改用各种改性酚醛树脂、树脂/橡胶共混物、热固性或热塑性树脂。摩擦材料中的增强材料现在已用钢纤维、玻璃纤维、碳纤维、矿渣纤维和钛酸钾纤维，代替过去通常使用的石棉纤维。填料也是摩擦性能调节剂，可对摩擦材料的摩擦性能起着多方面的调节作用，利用减摩或摩阻填料，可提高材料的稳定性和耐磨性。例如：将酚醛树脂摩擦粉作为填料，可使石棉摩擦材料的摩擦系数平稳，磨损下降。

高分子摩擦材料根据其结构可分为有机基、半金属基、少或非石棉基等类型；制造工艺主要包括：干法工艺、半干法工艺、湿法工艺、层压工艺、编织工艺、缠绕工艺、抄取工艺、带衬背工艺、不同时加热加压工艺和热处理操作工艺等。

高分子摩擦材料的摩擦机理主要为粘着摩擦机理和形变摩擦机理。

1. 粘着摩擦机理

高分子材料产生粘着是因为：①高分子材料质软，易变形；②高分子材料的分子链在滑动过程中会发生相互扩散，导致接触表面的粘着力增大。高分子材料与摩擦副的接触是载荷作用下所有分散的微凸体面积总和。在高分子树脂材料滑动过程中，微凸体发生相互接触，使接触点及其附近材料表面的粘着部位产生剪切作用和切向阻力，造成了材料表面的刮擦和撕脱现象。随着滑动摩擦的继续，会再次生成新的微凸体然后再被磨损掉。因为粘着力与分子作用力相似，也就是说微凸体接触面的强度接近于基体材料自身抗剪强度。所以，基体材料的抗剪强度决定了摩擦力大小和对材料的撕扯情况。

2. 形变摩擦机理

高分子材料的滑动接触界面存在着两种不同作用形式的形变。第一种是高分子材料与摩擦副的微凸体之间机械锁合所造成的塑性变形和微观变形；第二种是由于质软的高分子材料表面被摩擦副上质硬的微凸体犁削、堆积、撕裂或切削等作用造成宏观形变。在滑动过程中，微凸体被犁削磨损消失与堆积再生成过程一直交替地进行，这也决定了高分子材料表面的粗糙度、相对硬度以及磨屑碎片的状态。当硬质摩擦副的微凸体受压嵌入高分子软材料表面时，如果高分子材料的抗剪强度低于微凸体的硬度，高分子材料的表面就会有犁沟出现；若与之相反，高分子材料与硬质摩擦副的接触面将产生机械锁合作用造成的微观形变。

除此之外，高分子材料属于黏弹性材料，它的弹性滞后特性会引起滞后变形，使其能量损失就可能较大，是影响滑动摩擦机理的另一种原因。

影响高分子材料摩擦磨损的内在因素包括高分子的化学结构、凝聚态的结构和结晶度以及共聚共混的成分；而外在因素为载荷、速度和温度等滑动条件，以及环境气氛与介质等。

为了进一步改善高分子摩擦材料，可以从多方面入手改性基体材料或开发新型基体材料；选用更合适的增强纤维和填料；加强高分子摩擦材料的结构分析、摩擦机理探讨和表面性能研究。

7.4 材料的表面处理

对材料进行表面处理，可以解决机械零部件和工程构件的耐磨、防腐和装饰性问题，并可用于制造各种功能器件和新型材料。

7.4.1 材料的表面处理技术

材料的表面处理技术是指利用各种物理的、化学的或机械的工艺方法使基体材料表面形成一层与基体的机械、物理和化学性能不同的表层，以提高基体的耐蚀性、耐磨性，增加其装饰性或满足其他特种功能要求。

在实际应用中，材料表面处理技术有以下特点：①因为材料的磨损、腐蚀和疲劳等失效现象都发生在表面，所以不必从整体上改善材料，只需对材料表面进行改性或强化，可以节约材料；②可使材料获得超细晶粒、非晶态、过饱和固溶体、多层结构层等特殊表面层，这是整体材料很难或无法获得的；③表面涂层很薄，涂层用料较少，为了保证涂层的性能质量，即使采用贵重稀缺元素，也不会增加很多成本；④利用各种材料表面技术，不但可以制造性能优异的零部件产品，而且可以修复已经磨损或腐蚀失效的零部件。

按工艺过程特点，材料的表面处理技术可分为以下六类。

1. 表面化学热处理

表面化学热处理是指在一定温度下，在不同的活性介质中，向金属表面渗入适当的元素，这些元素会同时向金属内部渗入并形成一定厚度的扩散层，从而改变金属表面层的成分、组织和性能。例如：渗氮可使金属表面硬度达到 $950 \sim 1200HV$；渗碳、渗氮、渗铬等渗层中，相变使体积发生变化，导致表面层产生很大的残余压应力，可提高材料疲劳强度；渗硫可以使金属表面具有良好的抗粘着、抗咬合的能力和减小摩擦系数；渗氮、渗铝等可以提高金属表面的耐蚀性。

2. 电镀及电刷镀

（1）电镀 电镀，即金属的电沉积，是指通过电解的方法在金属电极表面沉积出致密的、结合牢固的镀层的过程。电镀可使基体材料的表面性质发生改变，如改善外观，增加硬度，提高耐蚀、耐磨及减磨性，提供特殊的电、磁、光、热以及其他的特殊物理性能。

电镀虽是材料表面处理技术的重要手段，但是，由于其自身所具备的特殊条件，化学或电化学沉积方法也用来作为新材料的研发和制备的途径。传统的电镀用来制备纯金属、合金，直接电铸也可以用于零部件的生产。现在，人们利用电镀技术制备不同类型的复合材料，如粉末、短纤维、长纤维缠绕和晶须增强型材料，也可制造半导体材料，如薄膜型半导体元件、光导、电导、磁导、光敏电阻等元器件。

（2）电刷镀 电刷镀是指一种不需要镀槽，采用含有专门的镀液（电解液）的镀笔（阳极），以电沉积的方法来涂刷具有相反极性的加工件的表面处理技术。电刷镀时，直流电源负极接旋转的工件；正极连接的镀笔，一般是由金属导电材料或石墨制成，其前端用脱脂棉包住，而镀液浸贮在脱脂棉套内。金属离子在电场力的作用下扩散到工件表面，并在表面上获得电子而沉积在表面上，形成电镀层。电刷镀主要应用于大型零部件的局部电镀或大中型零部件的局部修复。

3. 堆焊和热喷涂

（1）堆焊 堆焊是指利用电弧或离子电源将具有特定性能的合金熔化并涂覆在基体材料表面以达到耐磨耐蚀目的的技术。在堆焊过程中，基体材料也会熔化并与焊层在一定厚度上混合，焊层与基体材料之间形成冶金结合过渡区。堆焊合金有铁基、碳化钨基、铜基、镍基和钴基合金。堆焊技术常用于轧辊、轴等易磨损或易腐蚀零部件的修复，这是因为修复的费用比制造新产品的费用低得多，并且零部件的使用寿命也比新产品要长。

（2）热喷涂 热喷涂是指将金属或非金属材料加热熔化，靠压缩气体连续吹喷到零部件表面上，形成与基体材料牢固结合的涂层，使零部件表面获得所需要的物理化学性能的技术。热喷涂广泛用于大型水闸闸门、造纸机烘缸、煤矿井下钢结构、高压输电铁塔、电视台天线、大型钢桥梁、化工厂大型贮罐和管道的防腐。热喷涂也可用来修复已磨损的零部件，或在零部件的易磨损部位预先喷涂上耐磨材料，如风机主轴、高炉风口、汽车曲轴、机床主轴和导轨等。热喷涂还可用于制备航空、航天和原子能等领域所使用的具有耐高温、隔热、导电、绝缘、防辐射等性能的涂层。

4. 激光表面处理技术

激光表面处理技术属于高能密度的材料表面处理技术，是指以 $10^4 \sim 10^8 \mathrm{W \cdot cm^{-2}}$ 的高功率密度的激光束照射工件，使工件表面的温度瞬间上升至相变温度或熔点以上的温度，当激光束从工件表面移开时，工件由于自身传导而迅速冷却，其表面发生淬硬强化的技术。激光表面处理技术主要包括激光表面合金化和激光表面熔凝等处理技术。例如，用 Ni-Cr-Mo-Si-B 合金粉末，在 $20^{\#}$ 钢基体上进行表面合金化处理，表面层硬度可达到 1600HV，这样既保持了钢的好韧性，又提高了其耐磨性。而利用激光表面熔凝处理技术对拖拉机气缸套进行处理，可使缸套表面形成高硬度的莱氏体，消除表层的石墨，细化显微组织，显著地提高了缸套的耐磨性和使用寿命。

5. 气相沉积

气相沉积是指从气相物质中析出固相并沉积在基体材料表面的一种表面镀膜技术。根据使用的原理不同，气相沉积可分为化学气相沉积（CVD）和物理气相沉积（PVD）两大类。CVD是指利用气态物质在固态工件表面进行化学反应，生成固态沉积物的过程，如气相的 $TiCl_4$ 与 N_2 和 H_2 在受热钢的表面通过还原反应形成 TiN 耐磨耐蚀沉积层。而 PVD 是指蒸发、电离或溅射等物理过程中产生的原子或分子沉积在基体材料表面上，形成薄膜或涂层的方法，其沉积速度比 CVD 快，适用于高速钢、碳素钢、陶瓷、高聚物、玻璃等各种材料。

6. 其他表面处理技术

（1）冷粘涂覆工艺　冷粘涂覆工艺是指将某种胶黏剂和具有一定特性的填充材料按合适的配方及规范混合起来，涂覆在清理好的零部件表面上，以获得零部件所需性能的一种新型表面处理技术。

（2）真空熔结涂层　真空熔结涂层是指使用真空熔结设备，在真空条件下，对涂覆于零件表面的某些自熔性合金粉、纯金属、高硬度的间隙相以及某些金属陶瓷粉末加热，用表面冶金的方法得到耐磨、耐蚀及耐高温等优良性能的表面涂层。该技术已实际应用于内燃机排气阀、汽轮发电机叶片、线材轧辊、轧钢机导卫板等零部件上，并取得较好的效果。

7.4.2　钢表面强化的化学方法

钢表面强化的化学方法是指对钢件表面进行某种化学处理，改变其表面的化学成分、组织结构、形态和应力状态等，从而提高钢件表面的耐磨性、耐蚀性、抗氧化性能以及疲劳强度等性能的方法。这些方法包括有渗碳、碳氮共渗、化学镀等。

渗碳是指向 20、20Cr、20CrMnTi 等低碳钢表面渗入碳原子的过程，以提高钢的硬度、耐磨性、耐蚀性、接触疲劳强度和弯曲疲劳强度，并使其心部仍能保持良好的韧性和塑性。渗碳主要用于汽车的齿轮、爪型离合器，以及受到严重磨损和较大冲击载荷的零部件。

常用的渗碳方法有气体渗碳法、固体渗碳法和真空渗碳法三种。目前生产中，气体渗碳法应用较为广泛，是指将钢件密封在渗碳炉中，加热到 900~950℃，向炉内滴入易分解的有机液体（煤油、苯、甲醇等），或直接通入气体（煤气、石油液化气等），对钢件表面渗碳的方法。其优点是渗碳层的质量和力学性能较好，生产效率高，缺点是渗碳层的成分和深度不易控制。固体渗碳法是指将钢件埋入木炭渗剂中，装箱密封后，在高温下加热进行渗碳的方法，其优点是操作简单，缺点是渗碳速度慢，劳动条件差。真空渗碳法是指将钢件放入真空渗碳炉中，抽真空后，通入渗碳气体并加热，对钢件表面渗碳的方法，其优点是渗碳层的质量好，渗碳速度快。

碳氮共渗是指在含有碳、氮原子的介质中，将钢件加热到 700~880℃，使其表面被碳、氮原子渗入的一种工艺方法，主要分为液体和气体碳氮共渗两种。

液体碳氮共渗，也称为氰化，有毒、污染环境、劳动条件较差，已很少应用。气体碳氮共渗又分为高温和低温两种。低温气体碳氮共渗，也称为软氮化，是尿素、甲酰胺、氨气、三乙醇胺等共渗介质在 560~570℃ 下发生热分解反应，产生的活性氮、碳原子被钢件表面吸收，通过扩散渗入其表面层，从而获得以氮为主的氮碳共渗层。软氮化的表面渗层硬度较一般气体氮化处理的低，且脆性较小。该工艺已广泛应用于模具、量具、刀具、曲轴、齿轮、气缸套等耐磨工件的处理。高温气体碳氮共渗，主要是渗碳，但由于氮的渗入，碳浓度很快得到提高，从而降低了共渗温度，缩短了操作时间。与渗碳工艺类似，将钢件密封在炉中，加热到 830~850℃，向炉内滴入煤油，同时通入氨气，经保温 4~6h，钢件表面可获得深度为 0.5~0.8mm 的共渗层。高温气体碳氮共渗主要用于形状复杂、要求变形小的小型耐磨零部件。

化学镀是指在无外加电流条件下，利用化学方法使溶液中的金属离子被还原为金属，并沉积在基体表面，形成镀层的工艺方法。常温下，镍磷合金镀层的硬度在 600HV 左右，在钢件表面化学镀镍磷合金，可提高钢件表面的硬度。

化学镀镍磷合金镀液的主要成分为 $NiSO_4 \cdot 6H_2O$ 和 $NaH_2PO_2 \cdot 2H_2O$；主要反应是在水溶液中镍离子和次亚磷酸根离子碰撞时，由于镍触媒作用析出氢原子，而氢原子又被催化金属吸附并使之活化，把水溶液中的镍离子还原为金属镍而形成镀层。另外，亚磷酸根离子由于在催化剂表面析出氢原子的作用，被还原成活性磷，并与镍结合在一起形成镍磷合金镀层。

非晶态镍磷合金镀层是通过化学沉积而获得的，凡镀液能浸到的部位，即使是形态非常复杂的零部件，也能得到均匀的镀层。镀层在钢铁基体上能产生 4MPa 的压应力，而镀层与钢的热膨胀系数相当。因此，镀层的附着力较好，一般可达 300~400MPa。镀层具有高硬度、低韧性和较低的热导率，抗拉强度超过 700MPa。镀层为非晶态，不存在晶界、位错等晶体缺陷，是单一均匀组织，不易形成电偶腐蚀，并且镀层的均匀性好，拉应力小，致密性好，所以镀层具有优良的抗腐蚀性能。化学镀现已广泛应用于石化、汽车、造船、轻纺等多个工业领域中。

7.4.3 高分子材料表面处理的化学方法

高分子材料是指由 C、H、O、N 等少量元素组成，相对分子质量较大，由一种或多种结构单元多次重复连接起来形成的化合物。高分子材料的表面能较低，具有化学惰性，当表面受到污染时，高分子材料表面很难润湿和粘合。因此，常常需要对材料表面进行处理。采用化学方法对材料表面进行处理具有处理效果好、不需要特殊设备、操作简单等优点。高分子材料表面处理的化学方法主要包括化学试剂处理法和化学氧化法两种。

化学试剂处理法是指使用化学试剂浸渍高分子材料，使其表面发生化学性质和物理性质变化的方法。含氟高分子材料具有耐热性强、化学性质稳定、电性能优良和较好的抗水气穿透性能，广泛应用于化学、电子工业和医学领域。但其表面能较低，润湿性和粘结性均较差。如果将含氟高分子材料浸入钠萘溶液（将 23g 金属钠加入含有 128g 萘的 1L 四氢呋喃中，充分搅拌制成）中，待其表面变黑，将其取出并依次用丙酮和水清洗，烘干。处理后的高分子材料的表面张力、极化度和润湿性会得到显著提高。化学氧化法是较早用于对聚烯烃进行表面处理的方法，是指利用氧化剂处理聚烯烃，使其表面粗糙并氧化生成极性基团，从而改善材料的粘结性、印刷性和涂覆性能的方法。化学氧化法又可分为液体氧化法和气体氧化法。

液体氧化法是指将聚烯烃浸泡在处理液中，控制适当的温度和浸泡的时间，利用处理液的强氧化作用使聚烯烃表面分子氧化，在其表面生成羟基、羰基、羧基、磺酸基和具有不饱和键的极性基团的方法。所用处理液通常是重铬酸盐-硫酸系、无水铬酸-四氯乙烷系、铬酸-醋酸系、氯酸-硫酸系、硫酸铵-硫酸铜混合溶液、过氧化氢、王水等。极性基团的生成，使聚烯烃的亲油表面活化为亲水表面，材料的表面张力提高，同时大大地增强了其润湿性与粘结性，并增大了材料的表面粗糙度。虽然该技术处理效果较好，但有大量酸废液产生，污染严重，限制了其广泛应用。气体氧化法是利用空气、氧气、臭氧等气体使聚烯烃材料表面氧化，以提高材料表面的粘附性。其中臭氧氧化法有较高的使用价值，与空气或氧气氧化法不同，其一般不受聚烯烃材料中抗氧剂的影响，有利于增强臭氧对材料表面的氧化效果。使用热空气氧化法时，可以在空气中添加含 N 的络合物、二元酸以及有机过氧化物等，可使聚烯烃材料的表面剥离强度达到 0.408～0.784MPa。气体氧化法工艺简单、处理效果明显、没有污染；但是，使用此技术需要有与材料尺寸相当的鼓风机或类似加热设备，致使其应用也受到一定程度的限制。

本 章 小 结

工程材料按化学成分分为金属材料、无机非金属材料、高分子材料和复合材料四大类。金属材料包括碳钢、铸铁、合金钢、有色金属及其合金，具有良好的力学性能、物理性能、化学性能及工艺性能，是目前最重要的工程材料。无机非金属材料包括了各种金属与非金属形成的无机化合物和非金属单质材料，具有不可燃性、抗腐蚀性、高硬度和良好的耐压性，是应用较为广泛的一类工程材料。高分子材料按其用途可分为塑料、橡胶、纤维、涂料、胶黏剂和功能性高分子材料六类，具有原料丰富、成本低、加工方便的特点。复合材料是由两种或多种性质不同的材料通过物理或化学方法复合而成，其性能优于它的组成材料。

工程材料的腐蚀包括金属材料的腐蚀和非金属材料的腐蚀。金属材料腐蚀分为物理腐蚀、化学腐蚀和电化学腐蚀。其中电化学腐蚀最普遍，对金属材料的危害最为严重。选择耐腐蚀的金属或合金、覆盖保护层、添加缓蚀剂和电化学保护法可抑制金属的腐蚀。混凝土腐蚀和高分子材料腐蚀属于非金属材料的腐蚀。混凝土腐蚀的防护，应针对腐蚀的原因采取相应的措施。若混凝土中钢筋的钝化膜不被破坏，则其可免遭腐蚀。高分子材料的腐蚀通常是内外因素综合作用的结果。在高分子材料中加入稳定剂、用物理方法在材料表面涂覆保护层、减少加工过程中杂质的引入量以及对其改性等方法都可以阻止高分子材料的腐蚀。

机械抛光和化学抛光在工业生产中常被用来清理、强化及光整金属表面。纳米润滑剂是利用润滑油中纳米粒子，在摩擦过程中形成的沉积膜和润滑剂活性元素同金属摩擦副表面相互作用生成的摩擦化学膜，来减少相对摩擦副表面的摩擦和磨损。高分子摩擦材料是由高分子基体、增强材料和填料所构成。其摩擦机理主要为粘着摩擦机理和形变摩擦机理，是现代机械运动工件的转动和控制系统中必不可少的部件。

材料表面处理技术用来对机械零部件和工程构件进行表面处理，可以解决其耐磨、防腐和装饰性问题。采用渗碳、碳氮共渗、化学镀等化学方法可以对钢的表面进行强化。对高分子材料表面进行处理，主要是为了改善材料表面的润湿性、粘结性等性能。

思考与练习题

一、填空题

1. 工程材料按其化学成分可以分为_____、_____、_____和_____四大类。

2. 胶黏剂是由_____、_____、_____、_____等一起构成的多组分体系。

3. 高分子材料按其用途可分为_____、_____、_____、_____、_____和_____。

4. 金属腐蚀按照腐蚀过程的特点，分为_____、_____和_____。

5. 金属在_____条件下可发生电化学腐蚀，电化学腐蚀可分为_____和_____两种腐蚀。铁在潮湿空气、中性介质中的腐蚀属于_____腐蚀。

6. 常用的四种金属材料防腐的措施有_____、_____、_____和_____。

7. 混凝土腐蚀按腐蚀产物的形态，可分为_____、_____、_____、_____和_____五种类型。

8. 材料表面处理技术按工艺过程特点可分为_____、_____、_____、_____、_____和_____六类。

二、选择题

1. 属于有色金属材料的是（　　）。
A. 钢　　　　　B. 铸铁　　　　　C. 合金　　　　　D. 铝

2. 合金钢中合金元素的质量分数为（　　）是低合金钢。
A. <3%　　　B. <5%　　　C. <7%　　　D. 3%～5%

3. 金属（　　）的平衡电极电势比氢的平衡电极电势高，不会发生析氢腐蚀。
A. Fe　　　　B. Ag　　　　C. Ni　　　　D. Zn

4. 在电化学保护中，牺牲阳极的电极电势（　　）。
A. 比被保护设备的电极电势低　　　B. 比被保护设备的电极电势高
C. 与被保护设备的电极电势差不多

5. 工业上为了防止暴露于大气中的铁制容器外壁遭受腐蚀，常采用的经济易行的措施是（　　）。
A. 牺牲阳极保护法　　　　　B. 外加电流保护法
C. 涂刷油漆　　　　　D. 覆盖金属铬镀层

6. （　　）腐蚀不属于混凝土腐蚀。
A. 分解型　　　B. 溶出型　　　C. 膨胀型　　　D. 应力型

7. （　　）不能使高分子材料发生降解现象。
A. 光照　　　B. 热　　　C. 溶胀和溶解　　　D. 机械

8. 不属于强化钢材表面的化学热处理方法的是（　　）。
A. 渗碳　　　B. 渗氮　　　C. 渗硫　　　D. 渗硼

三、简述题

1. 简述无机非金属材料的定义、分类及特点。
2. 何谓复合材料？其特点有哪些？
3. 防止金属腐蚀的方法有哪些？各根据什么原理？
4. 化学腐蚀与电化学腐蚀的本质区别是什么？
5. 为什么和锌棒接触能防止铁管道的腐蚀？
6. 简述机械抛光的具体过程。
7. 什么是高分子材料的腐蚀？引起高分子材料腐蚀的主要因素是什么？
8. 简述纳米润滑剂的定义、特点及机理。

四、计算题

1. 银在酸化到 $pH=3$ 的 $0.1mol \cdot L^{-1}$ 的硝酸银溶液中能否发生析氢腐蚀？

2. 在 pH = 0 的除氧硫酸铜溶液中（$c_{Cu^{2+}} = 0.1mol \cdot L^{-1}$），铜能否发生析氢腐蚀生成 Cu^{2+}？

3. 在 pH = 10 的除氧氰化钾溶液中（$c_{CN^-} = 0.5mol \cdot L^{-1}$），铜能否发生析氢腐蚀？假设腐蚀生成的 $[Cu(CN)_2]^-$ 的浓度等于 $10^{-4}mol \cdot L^{-1}$，已知电极反应 $Cu + 2CN^- \Longrightarrow [Cu(CN)_2]^- + e^-$ 的标准电极电势 $\varphi^{\ominus} = -0.446V$。

第 8 章

化学安全知识与意外防护

8.1 化学试剂

8.1.1 化学试剂的分类

化学试剂是进行化学研究、成分分析的相对标准物质，是科技进步的重要条件，广泛用于物质的合成、分离、定性和定量分析等。我国化学试剂产品有国家标准（GB）、化工部标准（HG）及企业标准（QB）三级。

化学试剂产品已有数千种，有分析试剂、仪器分析专用试剂、指示剂、有机合成试剂、生化试剂等。随着科学技术和生产的发展，新的试剂种类不断产生，一般将化学试剂分为标准试剂、一般试剂、高纯试剂、专用试剂四大类。

（1）**标准试剂** 标准试剂是指用于衡量待测物质化学量的标准物质。标准试剂的特点是主体含量高且准确可靠，其产品一般由大型试剂厂生产，并严格按国家标准进行检验。国产主要标准试剂的种类与用途见表 8-1。

表 8-1 国产主要标准试剂的种类与用途

试剂种类	试剂用途
滴定分析第一基准试剂	工作基准试剂的定值
滴定分析工作基准试剂	滴定分析标准溶液的定值
杂质分析标准溶液	分析中作为微量杂质分析的标准
滴定分析标准溶液	滴定分析法测定物质的含量
一级 pH 基准试剂	pH 基准试剂定值和高精密度 pH 计的校准
pH 基准试剂	pH 计的校准(定位)
热值分析试剂	热值分析仪的标定
色谱分析标准	气相色谱法进行定性和定量分析的标准
临床分析标准溶液	临床化验
农药分析标准	农药分析
有机元素分析标准	有机物元素分析

（2）一般试剂　　一般试剂是指实验室最普遍使用的试剂，如图 8-1 所示，一般可分为四个等级及生化试剂等。一般试剂的级别、中文名称、英文符号、适用范围及标签颜色见表 8-2（指示剂也属于一般试剂）。

图 8-1　一般试剂

表 8-2　一般试剂的级别、中文名称、英文符号、适用范围及标签颜色

级别	中文名称	英文符号	适用范围	标签颜色
一级	优级纯 （保证试剂）	GR	精密分析实验	绿色
二级	分析纯 （分析试剂）	AR	一般分析实验	红色
三级	化学纯	CP	一般化学实验	蓝色
四级	实验试剂	LR	一般化学实验 辅助试剂	棕色 或其他颜色
生化试剂	生化试剂 生物染色剂	BR	生物化学及 医用化学实验	咖啡色 染色剂（玫瑰色）

（3）高纯试剂　　高纯试剂主要用于微量分析中试样的制备，其特点是杂质含量低（比优级纯和基准试剂都低），主体含量一般与优级纯试剂相当，而且规定检测的杂质项目比同种优级纯或基准试剂多 1~2 倍，在标签上标有"特优"或"超优"字样。

（4）专用试剂　　专用试剂是指具有特殊用途的试剂，如仪器分析中的色谱分析标准试剂、固定液、液相色谱填料、薄层色谱试剂、核磁共振分析用剂等。其主体含量高、杂质少，对于一些分析方法（如发射光谱分析），只需将干扰杂质控制在不产生明显干扰的限度以下即可。

8.1.2　化学试剂的贮存

化学试剂一般应贮存在通风良好、干净和干燥的房间，要远离火源，并防止污染。根据试剂性质可以选择不同的贮存方法。

1）固体试剂应装在广口瓶中，液体试剂应盛在细口瓶或滴瓶中。见光易分解的试剂（$AgNO_3$、$KMnO_4$、$CHCl_3$、CCl_4 等）应盛放在棕色瓶中。容易侵蚀玻璃而影响纯度的试剂，如氢氟酸、含氟盐、苛性碱等应贮存于塑料瓶中，盛碱的瓶子要用橡皮塞。

2）吸水性强的试剂，如无水碳酸钠、苛性钠、过氧化钠等应严格用蜡密封瓶口。

3）剧毒试剂，如氰化物、砒霜等应设专人保管，并需履行一定手续后再取用，以免发生事故。

4）特种试剂应采取特殊贮存方法。如易受热分解的试剂，必须存放在冰箱中；易吸湿或氧化的试剂，则应贮存于干燥器中；金属钠应浸在煤油中；白磷要浸在水中等。

此外，盛溶液的试剂瓶外面应贴上标签，标明试剂的名称、规格、浓度、配制时间等。试剂瓶上的标签，最好涂上石蜡，以防标签受试剂侵蚀而脱落。

8.2 化学安全常识及意外事故处理

8.2.1 化学安全常识

进行化学实验的人员，应遵循以下安全守则：

1）必须熟悉实验室及其周围环境和水、电闸及燃气阀等的位置。

2）实验开始前应检查仪器是否完整无损，装置是否正确稳妥，在征求指导教师同意之后，才可进行实验。

3）实验进行时，不得离开岗位，要经常留意化学反应是否正常，装置有无漏气、破裂等现象。

4）做危险性较大的实验时，要根据情况采取必要的安全措施，如戴防护眼镜、面罩、橡皮手套等。

5）使用易燃、易爆物品时应远离火源。不要用湿手、物接触电源。水、电、燃气用完后立即关闭。点燃的火柴用后立即熄灭，不得乱扔。使用煤气灯时，应先将空气孔调小，再点燃火柴，一边开煤气，一边点火，不可以先开煤气，再点燃火柴。

6）取用有毒试剂，如重铬酸钾、汞盐、砷化物、氰化物等应特别小心，不得吸入口内、接触伤口或混入其他试剂内。剩余的有毒废弃物不得倾入水槽，应倒入指定容器内，最后集中处理。实验剩余的有毒试剂应交还指导教师。

7）倾注试剂或加热液体时，不要俯视容器，以防溅出致伤，尤其是腐蚀性很强的浓酸、浓碱、强氧化剂等试剂，使用时切勿溅在衣服和皮肤上。稀释这些试剂时（尤其是浓硫酸），应将其慢慢倒入水中，而不能逆向进行，以避免迸溅。加热试管时，切记不要使试管口对着自己或他人。不要直接面对容器放出的气体，应用手将少量气体轻轻扇向鼻子再嗅。

8）严禁随意混合试剂，以免发生意外事故。实验室内严禁饮食、吸烟或把餐具带入。实验室的所有试剂不得带出室外。

8.2.2 化学意外事故处理

(1) 火灾 许多化学品是易燃的，着火是化学品最易发生的事故之一。一旦发生火灾，首先应保持镇静。一方面要防止火势扩展，立即熄灭所有火源，关闭总电源，搬开易燃物品，另一方面要立即灭火。无论使用何种灭火器材，都应从火的四周开始向中心扑灭，把灭火器的喷嘴对准火焰的底部。

失火时，应根据起火的原因和火场周围情况，采取不同的方法扑灭火焰。小器皿（如烧杯或烧瓶）内着火时，可盖上石棉板或瓷片等，使之隔绝空气而灭火，严禁用嘴吹。油类着火时，要用沙或灭火器灭火，或撒上干燥的固体碳酸氢钠粉末。电器着火时，应切断电源，再用二氧化碳灭火器灭火（注意四氯化碳高温时能生成剧毒的光气，不能在狭小、通风不良的空间使用）。衣服着火时，切勿奔跑，而应立即在地上打滚，用防火毯包住起火部位，使之隔绝空气而灭火。

（2）中毒　大多数化学试剂具有不同程度的毒性，主要通过皮肤接触或呼吸道吸入引起中毒。一旦发现中毒现象，可视情况采取各种急救措施。

溅入口中而未咽下的毒物，应立即吐出，并用大量水冲洗口腔；如已吞下，应根据毒物的性质采取不同的解毒方法。腐蚀性中毒，强酸、强碱中毒都要先饮大量的水，对于强酸中毒可服用氢氧化铝膏。酸碱中毒都需服牛奶，但不要吃呕吐剂。刺激性及神经性中毒，要先服牛奶或蛋清缓和，再服硫酸镁溶液催吐。吸入有毒气体时，应将中毒者搬到室外新鲜空气处，解开衣领纽扣。吸入少量氯气和溴气者，可用碳酸氢钠溶液漱口。对中毒引起呼吸、心跳停止者，应进行心肺复苏术，主要方法是口对口人工呼吸和胸外心脏按压术。

总之，若出现中毒症状，应立即采取急救措施，严重者应及时送往医院。

（3）玻璃割伤　玻璃割伤也是常见事故。一旦被玻璃割伤，首先要仔细检查伤口处有无玻璃碎片，若有应立即取出。如果伤口不大，可用双氧水洗净伤口，涂上红汞，再用纱布包扎好；若伤口较大，流血不止，可在伤口上方 10cm 处用带子扎紧，减缓流血，并立即送往医院就诊。

（4）灼伤、烫伤　灼伤、烫伤主要包括下面几种：

1）酸灼伤。应立即用大量水冲洗，再用 5% 碳酸氢钠溶液洗涤，涂上油膏，将伤口包扎好。眼睛受伤时应先抹去眼外部的酸，然后立即用水冲洗，可使用洗眼杯或水龙头上的橡胶管对着眼睛冲，再用稀碳酸氢钠洗，最后滴入少许蓖麻油。衣服溅上酸后应先用水冲洗，再用稀氨水洗，最后用水冲洗净；地上有酸时应先撒石灰粉，后用水冲刷。

2）碱灼伤。应先用大量水冲洗，再用饱和硼酸溶液或 1% 醋酸溶液洗涤，涂上油膏，包扎伤口。眼睛受伤时应先抹去眼外部的碱，用水冲洗，再用饱和硼酸溶液洗涤，最后滴入蓖麻油。衣服溅上碱液后先用水洗，然后用 10% 醋酸溶液洗涤，再用氨水中和多余的醋酸，最后用水洗净。

3）溴灼伤。皮肤被溴灼伤时应立即用水冲洗，也可用酒精洗涤或用 2% 硫代硫酸钠溶液洗至伤口呈白色，然后涂甘油加以按摩。如果眼睛被溴蒸气刺激，暂时不能睁开时，可以对着盛有卤仿或乙醇的瓶内注视片刻加以缓解。

4）烫伤。皮肤接触高温物体（火焰、蒸气）或低温物体（液氮、干冰等）时都会造成烫伤，轻伤者涂甘油、玉树油等，重伤者涂以烫伤油膏后速送医院治疗。

8.3　危险化学品

危险化学品是指具有爆炸、易燃、毒害、腐蚀、放射性等性质，在运输、装卸和储存保管过程中，易造成人身伤亡和财产损毁而需要特别防护的物品。危险化学品在发展生产力、改善生活和环境中发挥了重要作用，但其固有的危险性也对人类生命、物质财产和生态环境安全构成了极大威胁。危险化学品的破坏力和危害性已引起世界各国的高度重视和密切关注。

8.3.1 危险化学品的分类与特性

危险化学品的品种繁多，性质各异，危险性大小也不同，而且一种危险品常具有多重危险性。例如，二硝基苯酚同时具有爆炸性、易燃性和毒害性；一氧化碳既有易燃性又有毒害性。但是，对每一种危险化学品来说，在其多重危险性中必有一种是主要危险性，也就是对人类危害最大的危险性。因此，在对危险化学品进行分类时，应遵循"择重归类"的原则，即根据该危险化学品的主要危险性来进行分类。

国家质量监督检验检疫总局于 2012 年发布了国家标准《危险货物分类和品名编号》（GB 6944—2012）及《危险货物品名表》（GB 12268—2012），把危险化学品分为以下九类。

1. 爆炸品

爆炸品是指在外界作用下（如受热、受压、撞击等），能发生剧烈的化学反应，瞬时产生大量的气体和热量，发生爆炸，对周围环境造成破坏的物品。爆炸品化学反应迅速并在瞬间放出大量的热量，爆炸性强，如黑火药爆炸时火焰温度高达 2100℃。大多爆炸品敏感度高，外界条件很易使其爆炸，如雷汞在 165℃ 就会爆炸；还有很多爆炸品具有毒性，如 TNT、硝化甘油等。

根据爆炸品的危险性大小，可分为六类：

1）具有整体爆炸危险的物质和物品，如雷汞、硝化甘油、火药等。

2）具有迸射危险，但无整体爆炸危险的物质和物品，如烟幕弹、催泪弹、火箭弹头等。

3）具有燃烧危险和较小爆炸、抛射危险，或两者兼有，但无整体爆炸危险的物质和物品，如点火管、礼花弹、二硝基苯等。

4）不呈现重大危险的物质和物品，如导火索、烟花爆竹等。

5）有整体爆炸危险的非常不敏感物质，如 B 型、E 型爆破用炸药。

6）无整体爆炸危险的极端不敏感物品。

2. 气体

此类气体指满足下列条件之一的物质：

1）50℃ 时，蒸气压力大于 300kPa。

2）20℃ 时，标准压力下完全是气态的物质。此类气体分为易燃气体、非易燃无毒气体和毒性气体三项，主要包括压缩气体、液化气体、溶解气体和冷冻液化气体、一种或多种气体与一种或多种其他类别物质的蒸气混合物、充有气体的物品和气雾剂。

为了便于储运和使用，常将气体降温压缩储存于钢瓶内，压缩气体钢瓶如图 8-2 所示。在储运和使用时要特别注意以下两点：

1）储于钢瓶内的压缩气体、液化气体或加压溶解气体易受热膨胀，压力升高能使钢瓶爆裂。应严禁超量灌装，并防止钢瓶受热。

2）压缩气体和液化气体易泄漏。钢瓶应分别存

图 8-2　压缩气体钢瓶

放，防止气体相互接触后发生反应，引起燃烧爆炸。例如，氧气和氯气、氢气和氯气、乙炔和氧气均能发生爆炸。

3. 易燃液体

本类包括易燃液体和液态退敏爆炸品。易燃液体是指易燃的液体或液体混合物，或在溶液或悬浮液中有固体的液体，其闭杯试验闪点不高于60℃，或开杯实验闪点不高于65.6℃。液态退敏爆炸品是指为抑制爆炸性物质的爆炸性能，将爆炸性物质溶解或悬浮在水中或其他液态物质中，形成的均匀液态混合物。

4. 易燃固体、易于自燃的物质、遇水放出易燃气体的物质

易燃固体是指易于燃烧的固体和摩擦可能发生反应的物质，如镁粉、硫黄、二硝基苯酚等。易于自燃的物质包括发火物质和自热物质，如白磷等。遇水放出易燃气体的物质是指遇水放出易燃气体，且该气体与空气混合能够形成爆炸性混合物的物质，如金属钾、金属钠等。

5. 氧化性物质和有机过氧化物

此类物质指具有较强的氧化性能，分解温度较低，遇酸碱、潮湿、强热、摩擦、冲击或与易燃物、还原剂接触能发生分解反应，并引起着火或爆炸的物质。

此类物质的危险性是由于其他物质作用或自身发生化学反应引起的，其中有机过氧化物较其他氧化性物品具有更大的危险性。因此，这类物品按其典型的分子结构分为氧化性物质和有机过氧化物两类。氧化性物质是指处于高氧化态，具有强氧化性、易于分解，并放出氧和热量的物质，包括含过氧基的无机物，如过氧化钠、高锰酸钾、漂白粉等。有机过氧化物是指分子组成中含有过氧基的有机物，如过氧乙酸、过氧化甲乙酮、过蚁酸等。

6. 毒性物质和感染性物质

毒性物质是指经吞食、吸入或与皮肤接触后可能造成死亡、严重受伤或损害人类健康的物质。常见的毒害品有氰化钠、氰化氢、二硝基甲苯等。感染性物质是指已知或有理由认为含有病原体的物质。

7. 放射性物质

放射性物质是指含有放射性核素，且物品中总放射性核素含量、单位质量放射性核素含量均超过国家监管限制的物品。放射性物品的危害主要表现在对造血系统的破坏。

8. 腐蚀性物质

腐蚀性物质是指能灼伤人体组织并对金属等物品造成损坏的固体或液体。酸、碱、卤素及部分有机物（如苯酚）都有较强的腐蚀性。

腐蚀性物质具有强烈的腐蚀性，对人体有腐蚀作用，会造成化学灼伤，开始时往往不太痛，待发觉时，部分组织已经灼伤坏死，较难治愈。腐蚀性物质对金属也有腐蚀作用，腐蚀品中的酸、碱，甚至盐类都能引起金属不同程度的腐蚀，此外，它对有机物和建筑物也有腐蚀作用。

9. 杂项危险物质和物品，包括危害环境物质

此类危险品是指存在危险，但不属于其他类别定义的物质和物品，包括以微细粉尘吸入可危害健康的物质，会放出易燃气体的物质，锂电池组，救生设备发生火灾可形成二噁英的物质和物品，在高温下运输或提交运输的物质，危害环境的物质等。

8.3.2 危险化学品的储存和运输

由于危险化学品对人、畜及建筑物都有极大的威胁，因此对危险化学品的储存和运输必须高度重视，严格要求。应掌握以下原则：

1）危险化学品仓库必须选择建在人烟稀少的空旷地带，与周围的居民住宅、工厂企业等建筑物必须有一定的安全距离。库房应为单层建筑，周围必须装设避雷针。库房要阴凉通风，远离火种、热源，防止阳光直射，一般库温控制在15~30℃为宜，相对湿度一般控制在65%~75%，库房内部照明应采用防爆型灯具，开关应设在库房外面。物资储存期限应掌握先进先出原则，防止变质失效。

2）堆放各种危险化学品时，要牢固、稳妥、整齐、防止倒垛，不同危险化学品间应分开一定的距离，要有利于通风、防潮、降温。

3）为确保危险化学品储存和运输的安全，必须根据危险化学品的性能或敏感程度严格分类，专库储存、专人保管、专车运输。

4）危险化学品严禁与氧化剂、自燃物品、酸类、碱类、盐类、易燃可燃物、金属粉末和钢铁材料器具等混储、混运。

8.3.3 危险化学品事故的预防和处理

除了储存和运输危险化学品要按规定操作外，工作场所也要有规章制度，以预防危险化学品事故的发生及规范事故发生后的处理流程。图8-3所示为一些常用的防护标识。

图8-3 一些常用的防护标识

1. 危险化学品事故的预防

(1) 隔离 密闭、生产自动化，这是预防危险化学品事故的根本途径。将可能产生危害的全部加工过程进行封闭、隔离，以限制有毒气体扩散到工作区，同时也隔离了来自明火或燃料的热源。如屏蔽整个机器，封闭加工过程中的扬尘点等。

遥控隔离是隔离方法的一种提升，用机器代替工人进行一些简单的操作，而工人在远离危险的环境，用遥控器控制这些机器工作。通过安全储存危险化学品和严格限制危险化学品在工作场所的存放量，也可以获得相同的隔离效果。

(2) 不使用 减小危险化学品危害的最有效方法是不使用有毒、有害化学品，易燃、易爆化学物质，尽量参照相关工艺过程的特点和要求，寻找安全的替代品。

替代危险化学品的例子很多。例如，用水基涂料或水基胶黏剂代替有机溶剂基涂料或胶黏剂；用三氯甲烷脱脂剂代替三氯乙烯脱脂剂；在化工工艺过程中，改喷涂为电涂或浸涂，改手工分批装料为机械连续装料，改干法破碎为湿法破碎等。

(3) 通风 对于化学物质产生的飘尘，除替代和隔离的方法外，通风是最有效的控制方法。有效的通风和除尘装置，可直接捕集生产过程中释放的飘尘污染物，防止有害物质进入呼吸区。通过管道将收集到的污染物送到收集物器，不污染外部环境。

使用局部通风时，吸尘罩应尽可能接近污染源，以确保通风系统的高效率。全面通风，也称稀释通风，其原理是向作业场所提供新鲜空气，以达到降低污染物或易燃气体浓度的目的。提供新鲜空气的方式主要有自然通风和机械通风，因全面通风只是将污染物分散稀释，故其仅适用于低毒性、无腐蚀性污染物存在的场所。

（4）个体防护用品　当无法将工作场所的危险化学品降低到标准数量时，工人就必须使用防护用品。个体防护用品不能减少、排除工作场所的有害物质，只是阻止有害物质进入人体的最后屏障，故不能作为控制危险化学品危害的主要手段，只是对其他控制手段的补充。一些常用的个体防护用品如图8-4所示。

呼吸防护器通过覆盖口、鼻，防止有害化学物质通过呼吸道进入人体，如图8-4a所示。呼吸防护器主要分为自吸过滤式和送风隔离式两种。自吸过滤式呼吸防护器可以吸附或过滤空气，使空气通过而空气中的有害物（尘、毒气）不能通过，以保证进入呼吸系统的空气是净化的；送风隔离式呼吸防护器是使人的呼吸道与被污染的环境隔离，用空气压缩机通过导气管将干净场所的新鲜空气送进呼吸防护器，或通过导管将便携式气瓶内的压缩空气、液化空气或氧气送入呼吸防护器，对使用者提供更高水平的防护。

眼、面护具主要有安全眼镜、护目镜（图8-4b）以及用于防止腐蚀性液体、固体及蒸气对面部产生伤害的防毒半面罩（图8-4c）。用抗渗透材料制作的防护手套、围裙、鞋和工作服，能避免接触化学品对皮肤产生的伤害。护肤霜、护肤液也是一类皮肤防护用品。

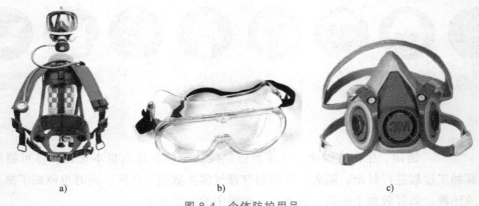

a)　　　　　　　　　　b)　　　　　　　　　　c)

图8-4　个体防护用品

a）呼吸防护器　b）护目镜　c）防毒半面罩

（5）保持个人卫生　保持个人卫生是为了保持身体洁净，避免有害物质附在皮肤上，通过皮肤渗透到体内。防止有害物质经皮肤被人体吸收与防止有害物质经呼吸道、食道被人体吸收同等重要。

2. 危险化学品事故的处理

危险化学品事故应急救援是指危险化学品造成或可能造成众多人员伤亡及其他较大社会危害时，为了及时控制危险源，抢救受害人员，指导人们防护和组织撤离，清除危害后果的救援活动。

（1）事故报警　在发生危险化学品事故时，时间是非常宝贵的，任何贻误时机的行为都可能带来灾难性的后果。当发生危险化学品事故时，若火灾探测报警系统监视、检测和识别出灾害特征，会报警或同时启动灭火系统。现场人员在保护好自身安全的情况下，应及时检查事故部位，按照应急分级原则报告有关人员，并按照事先制定的预案采取积极有效的抑制措施，同时向"119"报警。

（2）**紧急疏散**　根据危险化学品的泄漏性质、风速、风向等确定扩散情况或火焰辐射热所涉及的范围，建立警戒区；迅速将警戒区、污染区内与事故应急处理无关的人员撤离，并将相邻的危险化学品疏散到安全地点，以减少不必要的人员伤亡和财产损失。

（3）**泄漏处理**　如果易燃化学品的泄漏处理不当，随时可能发生火灾爆炸事故，而火灾爆炸事故又常因泄漏事故的蔓延而扩大，因此，要成功控制危险化学品泄漏，必须事先有计划，并且对危险化学品的化学性质有充分的了解。

泄漏控制是指在统一调度下，通过关闭有关阀门、停止作业或采取改变工艺流程、物料转走副线等方法控制泄漏；对于容器发生泄漏，应采取措施修补和堵塞裂口，制止化学品的进一步泄漏。泄漏处理是指在泄漏被控制后，要及时对现场泄漏物进行覆盖、收拢、稀释、处理，使泄漏物得到安全可靠的处置，防止二次事故的发生。

（4）**现场急救**　危险化学品对人体可能造成的伤害有中毒、窒息、冻伤、化学灼伤、烧伤等，根据事故现场情况，应对受伤害人员进行现场急救（详见8.2.2节），并及时送医院救治。

本 章 小 结

本章首先介绍了化学试剂，包括化学试剂的分类与贮存方法；之后介绍了化学实验的安全常识及火灾、中毒、玻璃割伤、灼伤、烫伤等意外事故的处理方法；最后，针对危险化学品，从危险化学品的分类、特性、储存、运输及危险化学品事故的预防和处理的角度进行了分析与总结。

思考与练习题

一、填空题

1. 固体试剂应装在＿＿＿＿中，液体试剂应盛在细口瓶或滴瓶中；见光易分解的试剂应放在＿＿＿＿中。

2. 对于酸灼伤，应立即用大量水冲洗，再用＿＿＿＿溶液洗涤，涂上油膏，包扎伤口；对于碱灼伤，应先用大量水冲洗，再用＿＿＿＿溶液或＿＿＿＿溶液洗涤，涂上油膏，包扎伤口。

3. 在对危险化学品进行分类时，因遵循"＿＿＿＿"的原则，即根据该危险化学品的＿＿＿＿来进行分类。

4. ＿＿＿＿是解决危险化学品危害的根本途径。

5. 对于化学物质产生的飘尘，除替代和隔离方法外，＿＿＿＿是最有效的控制方法。

6. 无论使用何种灭火器材，都应从火的＿＿＿＿开始向＿＿＿＿扑灭，把灭火器的喷出口对准火焰的＿＿＿＿。

7. 列入危险品管理的包装气体主要包括 _____、液化气体、_____ 和溶解气体四种；根据气体理化性质可分为 _____、不燃气体和 _____。

二、选择题

1. A R 是（　　）试剂的英文符号，标签是红色。

A. 优级纯　　　　　　　B. 分析纯　　　C. 化学纯　　　　　D. 生化

2. 冷却法降温灭火常用的物质是（　　）。

A. 乙醇　　　　　　　　B. 乙酸　　　　C. 水　　　　　　　D. 乙酸乙酯

3. 下列物质中能够自燃的是（　　）。

A. 油纸　　　　　　　　B. 钠汞齐　　　C. 碱金属、碱土金属　D. 金属碳化物

4. 下列（　　）项不是解决危险化学品危害的根本途径。

A. 隔离　　　　　　　　B. 密闭　　　　C. 生产自动化　　　D. 净化

5. 针对不同情况的吸入化学品中毒者，下列（　　）方法不是有效的方法。

A. 迅速脱离中毒现场　　B. 催吐　　　　C. 包扎　　　　　　D. 人工呼吸

6. 火灾与爆炸的主要预防对象是（　　）。

A. 可燃物质　　　　　　B. 助燃物质　　C. 点火源　　　　　D. 废气排气管

7. 常用的灭火方式有（　　）。

A. 隔离　　　　　　　　B. 冷却　　　　C. 化学抑制　　　　D. 抽打

8. 在（　　）情况下，可用水灭火。

A. 相对密度小于水的易燃液体　　　　　B. 不溶于水的易燃液体

C. 切断电源的高压电气装置　　　　　　D. 碱金属（钠、钾等）

三、简述题

1. 危险化学品可分为几类？它们的名称分别是什么？

2. 腐蚀品的强烈腐蚀性表现在哪几方面？

3. 预防危险化学品事故的主要原则方法有哪些？

4. 为什么个人防护用品不能作为控制危险化学品危害的主要手段？

5. 请指出以下案例中存在的错误做法和正确做法，并说明原因。

某化工厂有一批货物需要临时储存在仓库中，该仓库同时储有白磷和一些木箱，因存放地点狭小需要挪走仓库中的一些铁架。领导指派电焊工将一铁架割开，在切割过程中，火星溅到木箱上，引起木箱着火。厂消防队的消防员立刻用水枪灭火，为了防止相邻的白磷发生爆炸，厂领导要求同时对密封的白磷桶进行喷淋降温。

6. 常用的危险化学品事故，处理方法有哪些？

附 录

附录1　常见物质的标准摩尔生成焓、标准摩尔吉布斯函数、标准摩尔熵（298.15K，100kPa）

物质	$\Delta_f H_m^{\ominus}/kJ \cdot mol^{-1}$	$\Delta_f G_m^{\ominus}/kJ \cdot mol^{-1}$	$S_m^{\ominus}/J \cdot mol^{-1} \cdot K^{-1}$
Ag(s)	0	0	42.55
AgCl(s)	−127.07	−109.8	96.2
AgBr(s)	−100.4	−96.9	107.1
Ag_2CrO_4(s)	−731.74	−641.83	218
AgI(s)	−61.84	−66.19	115
Ag_2O(s)	−31.1	−11.2	121
$AgNO_3$(s)	−124.4	−33.47	140.9
Al(s)	0.0	0.0	28.33
$AlCl_3$(s)	704.2	−628.9	110.7
α-Al_2O_3(s)	−1676	−1582	50.92
B(s,β)	0	0	5.86
B_2O_3(s)	−1272.8	−1193.7	53.97
Ba(s)	0	0	62.8
$BaCl_2$(s)	−858.6	−810.4	123.7
BaO(s)	−548.10	−520.41	72.09
$Ba(OH)_2$(s)	−944.7	—	—
$BaCO_3$(s)	−1216	−1138	112
$BaSO_4$(s)	−1473	−1362	132
Br_2(l)	0	0	152.23
Br_2(g)	30.91	3.14	245.35
Ca(s)	0	0	41.2

（续）

物质	$\Delta_f H_m^{\ominus}/kJ \cdot mol^{-1}$	$\Delta_f G_m^{\ominus}/kJ \cdot mol^{-1}$	$S_m^{\ominus}/J \cdot mol^{-1} \cdot K^{-1}$
$CaF_2(s)$	−1220	−1167	68.87
$CaCl_2(s)$	−795.8	−748.1	105
$CaO(s)$	−635.09	−604.04	39.75
$Ca(OH)_2(s)$	−986.09	−898.56	83.39
$CaCO_3(s,方解石)$	−1206.92	−1128.8	92.88
$CaSO_4(s,无水石膏)$	−1434.1	−1321.9	107
$C(石墨)$	0	0	5.74
$C(金刚石)$	1.987	2.900	2.38
$CO(g)$	−110.53	−137.15	197.56
$CO_2(g)$	−393.51	−394.36	213.64
$CO_2(aq)$	−413.8	−386.0	118
$CCl_4(l)$	−135.4	−65.2	216.4
$CH_3OH(l)$	−238.7	−166.4	127
$C_2H_5OH(l)$	−277.7	−174.9	161
$HCOOH(l)$	−424.7	−361.4	129.0
$CH_3COOH(l)$	−484.5	−390	160
$CH_3CHO(l)$	−192.3	−128.2	160
$CH_4(g)$	−74.81	−50.75	186.15
$C_2H_2(g)$	226.75	209.20	200.82
$C_2H_4(g)$	52.26	68.12	219.5
$C_3H_8(g)$	−103.85	−23.49	269.9
$C_6H_6(g)$	82.93	129.66	269.2
C_6H_6	49.03	124.50	172.8
$Cl_2(g)$	0	0	222.96
$HCl(g)$	−92.31	−95.30	186.80
$Co(s)(a,六方)$	0	0	30.04
$Co(OH)_2(s,桃红)$	−539.7	−454.4	79
$Cr(s)$	0	0	23.8
$Cr_2O_3(s)$	−1140	−1058	81.2
$Cu(s)$	0	0	33.15
$Cu_2O(s)$	−169	−146	93.14
$CuO(s)$	−157	−130	42.63
$Cu_2S(s,a)$	−79.5	−86.2	121
$CuS(s)$	−53.1	−53.6	66.5
$CuSO_4(s)$	−771.36	−661.9	109
$CuSO_4 \cdot 5H_2O(s)$	−2279.70	−1880.06	300

（续）

物质	$\Delta_f H_m^{\ominus}/kJ \cdot mol^{-1}$	$\Delta_f G_m^{\ominus}/kJ \cdot mol^{-1}$	$S_m^{\ominus}/J \cdot mol^{-1} \cdot K^{-1}$
$F_2(g)$	0	0	202.7
$Fe(s)$	0	0	27.3
$Fe_2O_3(s,赤铁矿)$	−824.2	−742.2	87.40
$Fe_3O_4(s,磁铁矿)$	−1120.9	−1015.46	146.44
$H_2(g)$	0	0	130.57
$Hg(g)$	61.32	31.85	174.8
$HgO(s,红)$	−90.83	−58.56	70.29
$HgS(s,红)$	−58.2	−50.6	82.4
$HgCl_2$	−224	−179	146
Hg_2Cl_2	−265.2	−210.78	192
$I_2(s)$	0	0	116.14
$I_2(g)$	62.438	19.36	260.6
$HI(g)$	25.9	1.30	206.48
$K(s)$	0	0	64.18
$KCl(s)$	−436.75	−409.2	82.59
$KI(s)$	−327.90	−324.89	106.32
$KOH(s)$	−424.76	−379.1	78.87
$KClO_3(s)$	−397.7	−296.3	143
$KMnO_4(s)$	−837.2	−737.6	171.7
$Mg(s)$	0	0	32.68
$MgCl_2(s)$	−641.32	−591.83	89.62
$MgO(s,方镁石)$	−601.70	−569.44	26.9
$Mg(OH)_2(s)$	−924.54	−833.58	63.18
$MgCO_3(s)$	−1096	−1012	65.7
$MgSO_4(s)$	−1285	−1171	91.6
$Mn(s,\alpha)$	0	0	32.0
$MnO_2(s)$	−520.03	−465.18	53.05
$MnCl_2(s)$	−481.29	−440.53	118.2
$Na(s)$	0	0	51.21
$NaCl(s)$	−411.15	−384.15	72.13
$NaOH(s)$	−425.61	−379.53	64.45
$Na_2CO_3(s)$	−1130.7	−1044.5	135.0
$NaI(s)$	−287.8	−286.1	98.53
$Na_2O_2(s)$	−510.87	−447.69	94.98
$HNO_3(l)$	−174.1	−80.79	155.6
$NH_3(g)$	−46.11	−16.5	192.3

（续）

物质	$\Delta_f H_m^{\ominus}/kJ \cdot moL^{-1}$	$\Delta_f G_m^{\ominus}/kJ \cdot moL^{-1}$	$S_m^{\ominus}/J \cdot moL^{-1} \cdot K^{-1}$
$NH_4Cl(s)$	−314.4	−203.0	94.56
$NH_4NO_3(s)$	−365.6	−184.0	151.1
$(NH_4)_2SO_4(s)$	−901.90	—	187.5
$N_2(g)$	0	0	191.5
$NO(g)$	90.25	86.75	210.65
$NO_2(g)$	33.2	51.30	240.0
$N_2O(g)$	82.05	104.2	219.7
$N_2O_4(g)$	9.16	97.82	304.2
$O_3(g)$	143	163	238.8
$O_2(g)$	0	0	205.138
$H_2O(l)$	−285.54	−237.19	69.94
$H_2O(g)$	−241.82	−228.59	188.72
$H_2O_2(l)$	−187.8	−120.4	—
$H_2O_2(aq)$	−191.2	−134.1	144
$P(s,白)$	0	0	41.09
$P(红)(s,三斜)$	−17.6	−12.1	22.8
$PCl_3(g)$	−287	−268.0	311.7
$PCl_5(s)$	−443.5	—	—
$Pb(s)$	0	0	64.81
$PbO(s,黄)$	−215.33	−18.90	68.70
$PbO_2(s)$	−277.40	−217.36	68.62
$H_2S(g)$	−20.6	−33.6	205.7
$H_2S(aq)$	−40	−27.9	121
$H_2SO_4(l)$	−813.99	−690.10	156.90
$SO_2(g)$	−296.83	−300.19	248.22
$SO_3(g)$	−395.72	−371.1	256.76
$Si(s)$	0	0	18.8
$SiO_2(s,石英)$	−910.94	−856.67	41.84
$SiF_4(g)$	−1614.9	−1572.7	282.4
$Sn(s,白)$	0	0	51.55
$Sn(s,灰)$	−2.1	0.13	44.14
$SnCl_2(s)$	−325	—	—
$SnCl_4(s)$	−511.3	−440.2	259
$Zn(s)$	0	0	41.6

（续）

物质	$\Delta_f H_m^{\ominus}/kJ \cdot moL^{-1}$	$\Delta_f G_m^{\ominus}/kJ \cdot moL^{-1}$	$S_m^{\ominus}/J \cdot moL^{-1} \cdot K^{-1}$
$ZnO(s)$	−348.3	−318.3	43.64
$ZnCl_2(aq)$	−488.19	−409.5	0.8
$ZnS(s,闪锌矿)$	−206.0	−201.3	57.7
HBr	−36.40	−53.43	198.70

注：摘自 Robert C. West，CRC Handbook Chemistry and Physics，69ed.，1988~1989，D50~93，D96~97. 已换算成 SI 单位。

附录 2-1　酸在水溶液中的解离常数（298.15K）

名称	化学式	$K_a^{\ominus}$	$pK_a^{\ominus}$
偏铝酸	$HAlO_2$	6.3×10^{-13}	12.20
亚砷酸	H_3AsO_3	6.0×10^{-10}	9.22
砷酸	H_3AsO_4	$6.3 \times 10^{-3}(K_1)$	2.20
		$1.05 \times 10^{-7}(K_2)$	6.98
		$3.2 \times 10^{-12}(K_3)$	11.50
硼酸	H_3BO_3	$5.8 \times 10^{-10}(K_1)$	9.24
		$1.8 \times 10^{-13}(K_2)$	12.74
		$1.6 \times 10^{-14}(K_3)$	13.80
次溴酸	$HBrO$	2.4×10^{-9}	8.62
氢氰酸	HCN	6.2×10^{-10}	9.21
碳酸	H_2CO_3	$4.2 \times 10^{-7}(K_1)$	6.38
		$5.6 \times 10^{-11}(K_2)$	10.25
次氯酸	$HClO$	3.2×10^{-8}	7.50
氢氟酸	HF	6.61×10^{-4}	3.18
锗酸	H_2GeO_3	$1.7 \times 10^{-9}(K_1)$	8.78
		$1.9 \times 10^{-13}(K_2)$	12.72
高碘酸	HIO_4	2.8×10^{-2}	1.56
亚硝酸	HNO_2	5.1×10^{-4}	3.29
次磷酸	H_3PO_2	5.9×10^{-2}	1.23
亚磷酸	H_3PO_3	$5.0 \times 10^{-2}(K_1)$	1.30
		$2.5 \times 10^{-7}(K_2)$	6.60
磷酸	H_3PO_4	$7.52 \times 10^{-3}(K_1)$	2.12
		$6.31 \times 10^{-8}(K_2)$	7.20
		$4.4 \times 10^{-13}(K_3)$	12.36

（续）

名称	化学式	$K_a^{\ominus}$	$pK_a^{\ominus}$
焦磷酸	$H_4P_2O_7$	$3.0\times10^{-2}(K_1)$	1.52
		$4.4\times10^{-3}(K_2)$	2.36
		$2.5\times10^{-7}(K_3)$	6.60
		$5.6\times10^{-10}(K_4)$	9.25
氢硫酸	H_2S	$1.3\times10^{-7}(K_1)$	6.88
		$7.1\times10^{-15}(K_2)$	14.15
亚硫酸	H_2SO_3	$1.23\times10^{-2}(K_1)$	1.91
		$6.6\times10^{-8}(K_2)$	7.18
硫酸	H_2SO_4	$1.0\times10^{3}(K_1)$	-3.0
		$1.02\times10^{-2}(K_2)$	1.99
硫代硫酸	$H_2S_2O_3$	$2.52\times10^{-1}(K_1)$	0.60
		$1.9\times10^{-2}(K_2)$	1.72
氢硒酸	H_2Se	$1.3\times10^{-4}(K_1)$	3.89
		$1.0\times10^{-11}(K_2)$	11.0
亚硒酸	H_2SeO_3	$2.7\times10^{-3}(K_1)$	2.57
		$2.5\times10^{-7}(K_2)$	6.60
硒酸	H_2SeO_4	$1\times10^{3}(K_1)$	-3.0
		$1.2\times10^{-2}(K_2)$	1.92
硅酸	H_2SiO_3	$1.7\times10^{-10}(K_1)$	9.77
		$1.6\times10^{-12}(K_2)$	11.80
亚碲酸	H_2TeO_3	$2.7\times10^{-3}(K_1)$	2.57
		$1.8\times10^{-8}(K_2)$	7.74
甲酸	$HCOOH$	1.8×10^{-4}	3.75
乙酸	CH_3COOH	1.74×10^{-5}	4.76
乙醇酸	$CH_2(OH)COOH$	1.48×10^{-4}	3.83
草酸	$(COOH)_2$	$5.4\times10^{-2}(K_1)$	1.27
		$5.4\times10^{-5}(K_2)$	4.27
甘氨酸	$CH_2(NH_2)COOH$	1.7×10^{-10}	9.78
一氯乙酸	$CH_2ClCOOH$	1.4×10^{-3}	2.86
二氯乙酸	$CHCl_2COOH$	5.0×10^{-2}	1.30
三氯乙酸	CCl_3COOH	2.0×10^{-1}	0.70
丙酸	CH_3CH_2COOH	1.35×10^{-5}	4.87
丙烯酸	$CH_2=CHCOOH$	5.5×10^{-5}	4.26
乳酸(丙醇酸)	$CH_3CHOHCOOH$	1.4×10^{-4}	3.86
丙二酸	$HOCOCH_2COOH$	$1.4\times10^{-3}(K_1)$	2.85
		$2.2\times10^{-6}(K_2)$	5.66

（续）

名称	化学式	$K_a^{\ominus}$	$pK_a^{\ominus}$
2-丙炔酸	$HC \equiv CCOOH$	1.29×10^{-2}	1.89
甘油酸	$HOCH_2CHOHCOOH$	2.29×10^{-4}	3.64
丙酮酸	$CH_3COCOOH$	3.2×10^{-3}	2.49
α-丙氨酸	CH_3CHNH_2COOH	1.35×10^{-10}	9.87
β-丙氨酸	$CH_2NH_2CH_2COOH$	4.4×10^{-11}	10.36
正丁酸	$CH_3(CH_2)_2COOH$	1.52×10^{-5}	4.82
异丁酸	$(CH_3)_2CHCOOH$	1.41×10^{-5}	4.85
3-丁烯酸	$CH_2 \!=\! CHCH_2COOH$	2.1×10^{-5}	4.68
异丁烯酸	$CH_2 \!=\! C(CH_2)COOH$	2.2×10^{-5}	4.66
反丁烯二酸（富马酸）	$HOCOCH \!=\! CHCOOH$	$9.3 \times 10^{-4}(K_1)$	3.03
		$3.6 \times 10^{-5}(K_2)$	4.44
顺丁烯二酸（马来酸）	$HOCOCH \!=\! CHCOOH$	$1.2 \times 10^{-2}(K_1)$	1.92
		$5.9 \times 10^{-7}(K_2)$	6.23
酒石酸	$HOCOCH(OH)CH(OH)COOH$	$1.04 \times 10^{-3}(K_1)$	2.98
		$4.55 \times 10^{-5}(K_2)$	4.34
正戊酸	$CH_3(CH_2)_3COOH$	1.4×10^{-5}	4.86
异戊酸	$(CH_3)_2CHCH_2COOH$	1.67×10^{-5}	4.78
2-戊烯酸	$CH_3CH_2CH \!=\! CHCOOH$	2.0×10^{-5}	4.70
3-戊烯酸	$CH_3CH \!=\! CHCH_2COOH$	3.0×10^{-5}	4.52
4-戊烯酸	$CH_2 \!=\! CHCH_2CH_2COOH$	2.10×10^{-5}	4.677
戊二酸	$HOCO(CH_2)_3COOH$	$1.7 \times 10^{-4}(K_1)$	3.77
		$8.3 \times 10^{-7}(K_2)$	6.08
谷氨酸	$HOCOCH_2CH_2CH(NH_2)COOH$	$7.4 \times 10^{-3}(K_1)$	2.13
		$4.9 \times 10^{-5}(K_2)$	4.31
		$4.4 \times 10^{-10}(K_3)$	9.358
正己酸	$CH_3(CH_2)_4COOH$	1.39×10^{-5}	4.86
异己酸	$(CH_3)_2CH(CH_2)_3\!-\!COOH$	1.43×10^{-5}	4.85
(E)-2-己烯酸	$H(CH_2)_3CH \!=\! CHCOOH$	1.8×10^{-5}	4.74
(E)-3-己烯酸	$CH_3CH_2CH \!=\! CHCH_2COOH$	1.9×10^{-5}	4.72
己二酸	$HOCOCH_2CH_2CH_2CH_2COOH$	$3.8 \times 10^{-5}(K_1)$	4.42
		$3.9 \times 10^{-6}(K_2)$	5.41
柠檬酸	$HOCOCH_2C(OH)(COOH)CH_2COOH$	$7.4 \times 10^{-4}(K_1)$	3.13
		$1.7 \times 10^{-5}(K_2)$	4.76
		$4.0 \times 10^{-7}(K_3)$	6.40
苯酚	C_6H_5OH	1.1×10^{-10}	9.96
邻苯二酚	$(o)C_6H_4(OH)_2$	3.6×10^{-10}	9.45
		1.6×10^{-13}	12.8

（续）

名称	化学式	$K_a^{\ominus}$	$pK_a^{\ominus}$
间苯二酚	$(m)C_6H_4(OH)_2$	$3.6 \times 10^{-10}(K_1)$	9.30
		$8.71 \times 10^{-12}(K_2)$	11.06
对苯二酚	$(p)C_6H_4(OH)_2$	1.1×10^{-10}	9.96
2,4,6-三硝基苯酚	$2,4,6-(NO_2)_3C_6H_2OH$	5.1×10^{-1}	0.29
葡萄糖酸	$CH_2OH(CHOH)_4COOH$	1.4×10^{-4}	3.86
苯甲酸	C_6H_5COOH	6.3×10^{-5}	4.20
水杨酸	$C_6H_4(OH)COOH$	$1.05 \times 10^{-3}(K_1)$	2.98
		$4.17 \times 10^{-13}(K_2)$	12.38
邻硝基苯甲酸	$(o)NO_2C_6H_4COOH$	6.6×10^{-3}	2.18
间硝基苯甲酸	$(m)NO_2C_6H_4COOH$	3.5×10^{-4}	3.46
对硝基苯甲酸	$(p)NO_2C_6H_4COOH$	3.6×10^{-4}	3.44
邻苯二甲酸	$(o)C_6H_4(COOH)_2$	$1.1 \times 10^{-3}(K_1)$	2.96
		$4.0 \times 10^{-6}(K_2)$	5.40
间苯二甲酸	$(m)C_6H_4(COOH)_2$	$2.4 \times 10^{-4}(K_1)$	3.62
		$2.5 \times 10^{-5}(K_2)$	4.60
对苯二甲酸	$(p)C_6H_4(COOH)_2$	$2.9 \times 10^{-4}(K_1)$	3.54
		$3.5 \times 10^{-5}(K_2)$	4.46
1,3,5-苯三甲酸	$C_6H_3(COOH)_3$	$7.6 \times 10^{-3}(K_1)$	2.12
		$7.9 \times 10^{-5}(K_2)$	4.10
		$6.6 \times 10^{-6}(K_3)$	5.18
苯基六羧酸	$C_6(COOH)_6$	$2.1 \times 10^{-1}(K_1)$	0.68
		$6.2 \times 10^{-3}(K_2)$	2.21
		$3.0 \times 10^{-4}(K_3)$	3.52
		$8.1 \times 10^{-6}(K_4)$	5.09
		$4.8 \times 10^{-7}(K_5)$	6.32
		$3.2 \times 10^{-8}(K_6)$	7.49
癸二酸	$HOOC(CH_2)_8COOH$	$2.6 \times 10^{-5}(K_1)$	4.59
		$2.6 \times 10^{-6}(K_2)$	5.59
乙二胺四乙酸（EDTA）	$CH_2-N(CH_2COOH)_2$ $\mid$ $CH_2-N(CH_2COOH)_2$	$1.0 \times 10^{-2}(K_1)$	2.0
		$2.14 \times 10^{-3}(K_2)$	2.67
		$6.92 \times 10^{-7}(K_3)$	6.16
		$5.5 \times 10^{-11}(K_4)$	10.26

附录 2-2　碱在水溶液中的解离常数 (298.15K)

名称	化学式	$K_b^{\ominus}$	$pK_b^{\ominus}$
氢氧化铝	$Al(OH)_3$	$1.38 \times 10^{-9}(K_3)$	8.86
氢氧化银	$AgOH$	1.10×10^{-4}	3.96
氢氧化钙	$Ca(OH)_2$	3.72×10^{-3}	2.43
		3.98×10^{-2}	1.40
氨水	NH_3+H_2O	1.78×10^{-5}	4.75
肼(联氨)	$N_2H_4+H_2O$	$9.55 \times 10^{-7}(K_1)$	6.02
		$1.26 \times 10^{-15}(K_2)$	14.9
羟氨	NH_2OH+H_2O	9.12×10^{-9}	8.04
氢氧化铅	$Pb(OH)_2$	$9.55 \times 10^{-4}(K_1)$	3.02
		$3.0 \times 10^{-8}(K_2)$	7.52
氢氧化锌	$Zn(OH)_2$	9.55×10^{-4}	3.02
甲胺	CH_3NH_2	4.17×10^{-4}	3.38
尿素(脲)	$CO(NH_2)_2$	1.5×10^{-14}	13.82
乙胺	$CH_3CH_2NH_2$	4.27×10^{-4}	3.37
乙醇胺	$H_2N(CH_2)_2OH$	3.16×10^{-5}	4.50
乙二胺	$H_2N(CH_2)_2NH_2$	$8.51 \times 10^{-5}(K_1)$	4.07
		$7.08 \times 10^{-8}(K_2)$	7.15
二甲胺	$(CH_3)_2NH$	5.89×10^{-4}	3.23
三甲胺	$(CH_3)_3N$	6.31×10^{-5}	4.20
三乙胺	$(C_2H_5)_3N$	5.25×10^{-4}	3.28
丙胺	$C_3H_7NH_2$	3.70×10^{-4}	3.432
异丙胺	$i\text{-}C_3H_7NH_2$	4.37×10^{-4}	3.36
1,3-丙二胺	$NH_2(CH_2)_3NH_2$	$2.95 \times 10^{-4}(K_1)$	3.53
		$3.09 \times 10^{-6}(K_2)$	5.51
1,2-丙二胺	$CH_3CH(NH_2)CH_2NH_2$	$5.25 \times 10^{-5}(K_1)$	4.28
		$4.05 \times 10^{-8}(K_2)$	7.393

（续）

名称	化学式	$K_b^{\ominus}$	$pK_b^{\ominus}$
三丙胺	$(CH_3CH_2CH_2)_3N$	4.57×10^{-4}	3.34
三乙醇胺	$(HOCH_2CH_2)_3N$	5.75×10^{-7}	6.24
丁胺	$C_4H_9NH_2$	4.37×10^{-4}	3.36
异丁胺	$C_4H_9NH_2$	2.57×10^{-4}	3.59
叔丁胺	$C_4H_9NH_2$	4.84×10^{-4}	3.315
己胺	$H(CH_2)_6NH_2$	4.37×10^{-4}	3.36
辛胺	$H(CH_2)_8NH_2$	4.47×10^{-4}	3.35
苯胺	$C_6H_5NH_2$	3.98×10^{-10}	9.40
苄胺	C_7H_9N	2.24×10^{-5}	4.65
环己胺	$C_6H_{11}NH_2$	4.37×10^{-4}	3.36
吡啶	C_5H_5N	1.48×10^{-9}	8.83
六亚甲基四胺	$(CH_2)_6N_4$	1.35×10^{-9}	8.87
2-氯酚	C_6H_5ClO	3.55×10^{-6}	5.45
3-氯酚	C_6H_5ClO	1.26×10^{-5}	4.90
4-氯酚	C_6H_5ClO	2.69×10^{-5}	4.57
邻氨基苯酚	$(o)H_2NC_6H_4OH$	5.2×10^{-5}	4.28
		1.9×10^{-5}	4.72
间氨基苯酚	$(m)H_2NC_6H_4OH$	7.4×10^{-5}	4.13
		6.8×10^{-5}	4.17
对氨基苯酚	$(p)H_2NC_6H_4OH$	2.0×10^{-4}	3.70
		3.2×10^{-6}	5.50
邻甲苯胺	$(o)CH_3C_6H_4NH_2$	2.82×10^{-10}	9.55
间甲苯胺	$(m)CH_3C_6H_4NH_2$	5.13×10^{-10}	9.29
对甲苯胺	$(p)CH_3C_6H_4NH_2$	1.20×10^{-9}	8.92
8·羟基喹啉(20℃)	$8-HO-C_9H_6N$	6.5×10^{-5}	4.19
二苯胺	$(C_6H_5)_2NH$	7.94×10^{-14}	13.1
联苯胺	$H_2NC_6H_4C_6H_4NH_2$	$5.01 \times 10^{-10}(K_1)$	9.30
		$4.27 \times 10^{-11}(K_2)$	10.37

附录 3　难溶电解质的溶度积 $K_{sp}^{\ominus}$（298.15K）

难溶电解质	$K_{sp}^{\ominus}$	难溶电解质	$K_{sp}^{\ominus}$	难溶电解质	$K_{sp}^{\ominus}$
卤化物		氢氧化物		硫化物	
$AgBr$	5.0×10^{-13}	$AgOH$	2.0×10^{-8}	Ag_2S	6.3×10^{-50}
$AgCl$	1.8×10^{-10}	$Al(OH)_3$（无定形）	1.3×10^{-33}	CdS	8.0×10^{-27}
AgI	8.3×10^{-17}	$Be(OH)_2$（无定形）	1.6×10^{-22}	CoS（α-型）	4.0×10^{-21}
BaF_2	1.84×10^{-7}	$Ca(OH)_2$	5.5×10^{-6}	CoS（β-型）	2.0×10^{-25}
CaF_2	5.3×10^{-9}	$Cd(OH)_2$	5.27×10^{-15}	Cu_2S	2.5×10^{-48}
$CuBr$	5.3×10^{-9}	$Co(OH)_2$（粉红色）	1.09×10^{-15}	CuS	6.3×10^{-36}
$CuCl$	1.2×10^{-6}	$Co(OH)_2$（蓝色）	5.92×10^{-15}	FeS	6.3×10^{-18}
CuI	1.1×10^{-12}	$Co(OH)_3$	1.6×10^{-44}	HgS（黑色）	1.6×10^{-52}
Hg_2Cl_2	1.3×10^{-18}	$Cr(OH)_2$	2×10^{-16}	HgS（红色）	4×10^{-53}
Hg_2I_2	4.5×10^{-29}	$Cr(OH)_3$	6.3×10^{-31}	MnS（晶形）	2.5×10^{-13}
HgI_2	2.9×10^{-29}	$Cu(OH)_2$	2.2×10^{-20}	NiS	1.07×10^{-21}
$PbBr_2$	6.60×10^{-6}	$Fe(OH)_2$	8.0×10^{-16}	PbS	8.0×10^{-28}
$PbCl_2$	1.6×10^{-5}	$Fe(OH)_3$	4×10^{-38}	SnS	1×10^{-25}
PbF_2	3.3×10^{-8}	$Mg(OH)_2$	1.8×10^{-11}	SnS_2	2×10^{-27}
PbI_2	7.1×10^{-9}	$Mn(OH)_2$	1.9×10^{-13}	ZnS	2.93×10^{-25}
SrF_2	4.33×10^{-9}	$Ni(OH)_2$（新制备）	2.0×10^{-15}	磷酸盐	
碳酸盐		$Pb(OH)_2$	1.2×10^{-15}	Ag_3PO_4	1.4×10^{-16}
Ag_2CO_3	8.45×10^{-12}	$Sn(OH)_2$	1.4×10^{-28}	$AlPO_4$	6.3×10^{-19}
$BaCO_3$	5.1×10^{-9}	$Sr(OH)_2$	9×10^{-4}	$CaHPO_4$	1×10^{-7}
$CaCO_3$	3.36×10^{-9}	$Zn(OH)_2$	1.2×10^{-17}	$Ca_3(PO_4)_2$	2.0×10^{-29}
$CdCO_3$	1.0×10^{-12}	草酸盐		$Cd_3(PO_4)_2$	2.53×10^{-33}
$CuCO_3$	1.4×10^{-10}	$Ag_2C_2O_4$	5.4×10^{-12}	$Cu_3(PO_4)_2$	1.40×10^{-37}
$FeCO_3$	3.13×10^{-11}	BaC_2O_4	1.6×10^{-7}	$FePO_4\cdot2H_2O$	9.91×10^{-16}
Hg_2CO_3	3.6×10^{-17}	$CaC_2O_4\cdot H_2O$	4×10^{-9}	$MgNH_4PO_4$	2.5×10^{-13}
$MgCO_3$	6.82×10^{-6}	CuC_2O_4	4.43×10^{-10}	$Mg_3(PO_4)_2$	1.04×10^{-24}
$MnCO_3$	2.24×10^{-11}	$FeC_2O_4\cdot2H_2O$	3.2×10^{-7}	$Pb_3(PO_4)_2$	8.0×10^{-43}
$NiCO_3$	1.42×10^{-7}	$Hg_2C_2O_4$	1.75×10^{-13}	$Zn_3(PO_4)_2$	9.0×10^{-33}
*$PbCO_3$	7.4×10^{-14}	$MgC_2O_4\cdot2H_2O$	4.83×10^{-6}	其他盐	
$SrCO_3$	5.6×10^{-10}	$MnC_2O_4\cdot2H_2O$	1.70×10^{-7}	$AgSCN$	1.03×10^{-12}
$ZnCO_3$	1.46×10^{-10}	PbC_2O_4	8.51×10^{-10}	$CuSCN$	4.8×10^{-15}
酸盐		$SrC_2O_4\cdot H_2O$	1.6×10^{-7}	$AgBrO_3$	5.3×10^{-5}
Ag_2CrO_4	1.12×10^{-12}	$ZnC_2O_4\cdot2H_2O$	1.38×10^{-9}	$AgIO_3$	3.0×10^{-8}
$Ag_2Cr_2O_7$	2.0×10^{-7}	硫酸盐		$Cu(IO_3)_2\cdot H_2O$	7.4×10^{-8}
$BaCrO_4$	1.2×10^{-10}	Ag_2SO_4	1.4×10^{-5}	$KHC_4H_6O_6$（酒石酸氢钾）	3×10^{-4}
$CaCrO_4$	7.1×10^{-4}	$BaSO_4$	1.1×10^{-10}	Al（8-羟基喹啉）$_3$	5×10^{-33}
$CuCrO_4$	3.6×10^{-6}	$CaSO_4$	9.1×10^{-6}	$K_2Na[Co(NO_2)_6]\cdot H_2O$	2.2×10^{-11}
Hg_2CrO_4	2.0×10^{-9}	Hg_2SO_4	6.5×10^{-7}	$Na(NH_4)_2[Co(NO_2)_6]$	4×10^{-12}
$PbCrO_4$	2.8×10^{-13}	$PbSO_4$	1.6×10^{-8}	Ni（丁二酮肟）$_2$	4×10^{-24}
$SrCrO_4$	2.2×10^{-5}	$SrSO_4$	3.2×10^{-7}	Mg（8-羟基喹啉）$_2$	4×10^{-16}

附录4 配离子的稳定常数

配离子	$K_f^{\ominus}$	配离子	$K_f^{\ominus}$
$[AgCl_2]^-$	1.1×10^5	$[Cu(en)_2]^{2+}$	1.0×10^{20}
$[AgI_2]^-$	5.5×10^{11}	$[Cu(NH_3)_2]^+$	7.24×10^{10}
$[Ag(CN)_2]^-$	1.0×10^{21}	$[Cu(NH_3)_4]^{2+}$	2.09×10^{13}
$[Ag(NH_3)_2]^+$	1.12×10^7	$[Fe(NCS)_2]^+$	2.29×10^3
$[Ag(SCN)_2]^-$	3.72×10^7	$[Fe(CN)_6]^{4-}$	1.0×10^{35}
$[Ag(S_2O_3)_2]^{3-}$	2.88×10^{13}	$[Fe(CN)_6]^{3-}$	1.0×10^{42}
$[AlF_6]^{3-}$	6.9×10^{19}	$[FeF_6]^{3-}$	2.04×10^{14}
$[Au(CN)_2]^-$	1.99×10^{39}	$[HgCl_4]^{2-}$	1.17×10^{15}
$[Ca(EDTA)]^{2-}$	1.0×10^{11}	$[HgI_4]^{2-}$	6.76×10^{29}
$[Cd(en)_2]^{2+}$	1.23×10^{10}	$[Hg(CN)_4]^{2-}$	2.51×10^{41}
$[Cd(NH_3)_4]^{2+}$	1.32×10^7	$[Mg(EDTA)]^{2-}$	4.37×10^8
$[Co(NCS)_4]^{2-}$	1.0×10^3	$[Ni(CN)_4]^{2-}$	1.99×10^{31}
$[Co(NH_3)_6]^{2+}$	1.29×10^5	$[Ni(NH_3)_6]^{2+}$	5.50×10^8
$[Co(NH_3)_6]^{3+}$	1.58×10^{35}	$[Zn(CN)_4]^{2-}$	5.01×10^{16}
$[Cu(CN)_2]^-$	1.0×10^{24}	$[Zn(NH_3)_4]^{2+}$	2.88×10^9

附录5 氧化还原电对的标准电极电势 (298.15 K)

电对	电极反应	电极电势/V
Li^+/Li	$Li^++e^-\rightleftharpoons Li$	-3.0401
Cs^+/Cs	$Cs^++e^-\rightleftharpoons Cs$	-3.027
Rb^+/Rb	$Rb^++e^-\rightleftharpoons Rb$	-2.943
K^+/K	$K^++e^-\rightleftharpoons K$	-2.931
Ba^{2+}/Ba	$Ba^{2+}+2e^-\rightleftharpoons Ba$	-2.906
Sr^{2+}/Sr	$Sr^{2+}+2e^-\rightleftharpoons Sr$	-2.899
Ca^{2+}/Ca	$Ca^{2+}+2e^-\rightleftharpoons Ca$	-2.869
Na^+/Na	$Na^++e^-\rightleftharpoons Na$	-2.71
Mg^{2+}/Mg	$Mg^{2+}+2e^-\rightleftharpoons Mg$	-2.372
Be^{2+}/Be	$Be^{2+}+2e^-\rightleftharpoons Be$	-1.968
Al^{3+}/Al	$Al^{3+}+3e^-\rightleftharpoons Al(0.1mol\cdot L^{-1}NaOH)$	-1.662
Mn^{2+}/Mn	$Mn^{2+}+2e^-\rightleftharpoons Mn$	-1.185
$HSnO_2^-/Sn$	$HSnO_2^-+H_2O+2e^-\rightleftharpoons Sn+3OH^-$	-0.91
$Fe(OH)_2/Fe$	$Fe(OH)_2+2e^-\rightleftharpoons Fe+2OH^-$	-0.8914
H_2O/H_2	$H_2O+2e^-\rightleftharpoons H_2+2OH^-$	-0.8277
Zn^{2+}/Zn	$Zn^{2+}+2e^-\rightleftharpoons Zn$	-0.7618
Cr^{3+}/Cr	$Cr^{3+}+3e^-\rightleftharpoons Cr$	-0.74
$[Fe(OH)_4]^-/[Fe(OH)_4]^{2-}$	$[Fe(OH)_4]^-+e^-\rightleftharpoons[Fe(OH)_4]^{2-}$	-0.73

（续）

电对	电极反应	电极电势/V
$Ni(OH)_2/Ni$	$Ni(OH)_2+2e^-\rightleftharpoons Ni+2OH^-$	-0.72
AsO_2^-/As	$AsO_2^-+2H_2O+3e^-\rightleftharpoons As+4OH^-$	-0.68
AsO_4^{3-}/AsO_2^-	$AsO_4^{3-}+2H_2O+2e^-\rightleftharpoons AsO_2^-+4OH^-$	-0.67
SO_3^{2-}/S	$SO_3^{2-}+3H_2O+4e^-\rightleftharpoons S+6OH^-$	-0.59
$SO_3^{2-}/S_2O_3^{2-}$	$2SO_3^{2-}+3H_2O+4e^-\rightleftharpoons S_2O_3^{2-}+6OH^-$	-0.576
NO_2^-/NO	$NO_2^-+2H_2O+3e^-\rightleftharpoons NO+4OH^-$	-0.46
Fe^{2+}/Fe	$Fe^{2+}+2e^-\rightleftharpoons Fe$	-0.447
S/S^{2-}	$S+2e^-\rightleftharpoons S^{2-}$	-0.407
Cd^{2+}/Cd	$Cd^{2+}+2e^-\rightleftharpoons Cd$	-0.4030
PbI_2/Pb	$PbI_2+2e^-\rightleftharpoons Pb+2I^-$	-0.3653
$PbSO_4/Pb$	$PbSO_4+2e^-\rightleftharpoons Pb+SO_4^{2-}$	-0.3555
In^{3+}/In	$In^{3+}+3e^-\rightleftharpoons In$	-0.338
Co^{2+}/Co	$Co^{2+}+2e^-\rightleftharpoons Co$	-0.28
Ni^{2+}/Ni	$Ni^{2+}+2e^-\rightleftharpoons Ni$	-0.257
AgI/Ag	$AgI+e^-\rightleftharpoons Ag+I^-$	-0.1515
Sn^{2+}/Sn	$Sn^{2+}+2e^-\rightleftharpoons Sn$	-0.1375
$CrO_4^{2-}/[Cr(OH)_4]^-$	$CrO_4^{2-}+4H_2O+3e^-\rightleftharpoons[Cr(OH)_4]^-+4OH^-$	-0.13
Pb^{2+}/Pb	$Pb^{2+}+2e^-\rightleftharpoons Pb$	-0.1262
In^+/In	$In^++e^-\rightleftharpoons In$	-0.125
CrO_4^{2-}/CrO_2^-	$CrO_4^{2-}+2H_2O+3e^-\rightleftharpoons CrO_2^-+4OH^-$	-0.12
O_2/HO_2^-	$O_2+2H_2O+2e^-\rightleftharpoons HO_2^-+OH^-$	-0.076
$[HgI_4]^{2-}/Hg$	$[HgI_4]^{2-}+2e^-\rightleftharpoons Hg+4I^-$	-0.02809
H^+/H_2	$H^++2e^-\rightleftharpoons 1/2H_2$	0.0000
$AgBr/Ag$	$AgBr+e^-\rightleftharpoons Ag+Br^-$	$+0.0711$
$S_4O_6^{3-}/S_2O_3^{2-}$	$S_4O_6^{3-}+2e^-\rightleftharpoons 2S_2O_3^{2-}$	$+0.08$
S/H_2S	$S+2H^++2e^-\rightleftharpoons H_2S(aq)$	$+0.142$
Sn^{4+}/Sn^{2+}	$Sn^{4+}+2e^-\rightleftharpoons Sn^{2+}$	$+0.151$
SO_4^{2-}/H_2SO_3	$SO_4^{2-}+4H^++2e^-\rightleftharpoons H_2SO_3+H_2O$	$+0.158$
Cu^{2+}/Cu^+	$Cu^{2+}+e^-\rightleftharpoons Cu^+$	$+0.1607$
$Co(OH)_3/Co(OH)_2$	$Co(OH)_3+e^-\rightleftharpoons Co(OH)_2+OH^-$	$+0.17$
$AgCl/Ag$	$AgCl+e^-\rightleftharpoons Ag+Cl^-$	$+0.2222$
Hg_2Cl_2/Hg	$Hg_2Cl_2+2e^-\rightleftharpoons 2Hg+2Cl^-$	$+0.26808$
Cu^{2+}/Cu	$Cu^{2+}+2e^-\rightleftharpoons Cu$	$+0.3419$
$[Fe(CN)_6]^{3-}/[Fe(CN)_6]^{4-}$	$[Fe(CN)_6]^{3-}+e^-\rightleftharpoons[Fe(CN)_6]^{4-}$	$+0.3557$
$H_2SO_3/S_2O_3^{2-}$	$2H_2SO_3+2H^++4e^-\rightleftharpoons S_2O_3^{2-}+3H_2O$	$+0.400$
O_2/OH^-	$1/2O_2+H_2O+2e^-\rightleftharpoons 2OH^-$	$+0.401$
ClO^-/Cl_2	$2ClO^-+2H_2O+2e^-\rightleftharpoons Cl_2+4OH^-$	$+0.421$
Ag_2CrO_4/Ag	$Ag_2CrO_4+2e^-\rightleftharpoons 2Ag+CrO_4^{2-}$	$+0.4456$
H_2SO_3/S	$H_2SO_3+4H^++4e^-\rightleftharpoons S+3H_2O$	$+0.4497$
Cu^+/Cu	$Cu^++2e^-\rightleftharpoons Cu$	$+0.521$
I_2/I^-	$I_2+2e^-\rightleftharpoons 2I^-$	$+0.5355$
MnO_4^-/MnO_4^{2-}	$MnO_4^-+e^-\rightleftharpoons MnO_4^{2-}$	$+0.5545$
$Cu^+/CuCl$	$Cu^++Cl^-+e^-\rightleftharpoons CuCl$	$+0.559$

（续）

电对	电极反应	电极电势/V
$H_3AsO_4/HAsO_2$	$H_3AsO_4+2H^++2e^-\rightleftharpoons HAsO_2+2H_2O$	+0.560
MnO_4^-/MnO_2	$MnO_4^-+2H_2O+3e^-\rightleftharpoons MnO_2+4OH^-$	+0.60
MnO_4^{2-}/MnO_2	$MnO_4^{2-}+2H_2O+2e^-\rightleftharpoons MnO_2+4OH^-$	+0.62
$HgCl_2/Hg_2Cl_2$	$2HgCl_2+2e^-\rightleftharpoons Hg_2Cl_2+2Cl^-$	+0.63
O_2/H_2O_2	$O_2+2H^++2e^-\rightleftharpoons H_2O_2$	+0.695
Fe^{3+}/Fe^{2+}	$Fe^{3+}+e^-\rightleftharpoons Fe^{2+}$	+0.771
Hg_2^{2+}/Hg	$1/2Hg_2^{2+}+e^-\rightleftharpoons Hg$	+0.7973
Ag^+/Ag	$Ag^++e^-\rightleftharpoons Ag$	+0.7996
Hg^{2+}/Hg	$Hg^{2+}+2e^-\rightleftharpoons Hg$	+0.851
Cu^{2+}/CuI	$Cu^{2+}+I^-+e^-\rightleftharpoons CuI$	+0.86
HO_2^-/OH^-	$HO_2^-+H_2O+2e^-\rightleftharpoons 3OH^-$	+0.867
ClO^-/Cl^-	$ClO^-+H_2O+2e^-\rightleftharpoons Cl^-+3OH^-$	+0.890
Hg^{2+}/Hg_2^{2+}	$2Hg^{2+}+2e^-\rightleftharpoons Hg_2^{2+}$	+0.911
NO_3^-/HNO_2	$NO_3^-+3H^++2e^-\rightleftharpoons HNO_2+H_2O$	+0.94
NO_3^-/NO	$NO_3^-+4H^++3e^-\rightleftharpoons NO+2H_2O$	+0.957
HIO/I^-	$HIO+H^++2e^-\rightleftharpoons I^-+H_2O$	+0.985
HNO_2/NO	$HNO_2+H^++e^-\rightleftharpoons NO+H_2O$	+0.996
$Br_2(l)/Br^-$	$Br_2+2e^-\rightleftharpoons 2Br^-$	+1.066
IO_3^-/HIO	$IO_3^-+5H^++4e^-\rightleftharpoons HIO+2H_2O$	+1.14
IO_3^-/I_2	$2IO_3^-+12H^++10e^-\rightleftharpoons I_2+6H_2O$	+1.195
ClO_4^-/ClO_3^-	$ClO_4^-+2H^++2e^-\rightleftharpoons ClO_3^-+H_2O$	+1.201
MnO_2/Mn^{2+}	$MnO_2+4H^++2e^-\rightleftharpoons Mn^{2+}+2H_2O$	+1.224
O_2/H_2O	$O_2+4H^++4e^-\rightleftharpoons 2H_2O$	+1.229
O_3/OH^-	$O_3+H_2O+2e^-\rightleftharpoons O_2+2OH^-$	+1.246
HNO_2/N_2O	$2HNO_2+4H^++4e^-\rightleftharpoons N_2O+3H_2O$	+1.297
Cl_2/Cl^-	$Cl_2+2e^-\rightleftharpoons 2Cl^-$	+1.35827
$Cr_2O_7^{2-}/Cr^{3+}$	$Cr_2O_7^{2-}+14H^++6e^-\rightleftharpoons 2Cr^{3+}+2H_2O$	+1.36
ClO_4^-/Cl^-	$ClO_4^-+8H^++8e^-\rightleftharpoons Cl^-+4H_2O$	+1.389
ClO_4^-/Cl_2	$2ClO_4^-+16H^++14e^-\rightleftharpoons Cl_2+8H_2O$	+1.392
ClO_3^-/Cl^-	$ClO_3^-+6H^++6e^-\rightleftharpoons Cl^-+3H_2O$	+1.45
PbO_2/Pb^{2+}	$PbO_2+4H^++2e^-\rightleftharpoons Pb^{2+}+2H_2O$	+1.46
ClO_3^-/Cl_2	$2ClO_3^-+12H^++10e^-\rightleftharpoons Cl_2+6H_2O$	+1.468
BrO_3^-/Br^-	$BrO_3^-+6H^++6e^-\rightleftharpoons Br^-+3H_2O$	+1.478
$BrO_3^-/Br_2(l)$	$2BrO_3^-+12H^++10e^-\rightleftharpoons Br_2(l)+6H_2O$	+1.5
MnO_4^-/Mn^{2+}	$MnO_4^-+8H^++5e^-\rightleftharpoons Mn^{2+}+4H_2O$	+1.507
$HClO/Cl_2$	$2HClO+2H^++2e^-\rightleftharpoons Cl_2+2H_2O$	+1.630
MnO_4^-/MnO_2	$MnO_4^-+4H^++3e^-\rightleftharpoons MnO_2+4H_2O$	+1.70
H_2O_2/H_2O	$H_2O_2+2H^++2e^-\rightleftharpoons 2H_2O$	+1.776
Co^{3+}/Co^{2+}	$Co^{3+}+e^-\rightleftharpoons Co^{2+}$	+1.92
$S_2O_8^{2-}/SO_4^{2-}$	$S_2O_8^{2-}+2e^-\rightleftharpoons 2SO_4^{2-}$	+2.010
FeO_4^{2-}/Fe^{3+}	$FeO_4^{2-}+8H^++3e^-\rightleftharpoons Fe^{3+}+4H_2O$	+2.20
BaO_2/Ba^{2+}	$BaO_2+4H^++2e^-\rightleftharpoons Ba^{2+}+2H_2O$	+2.365
$XeF_2/Xe(g)$	$XeF_2+2H^++2e^-\rightleftharpoons Xe(g)+2HF$	+2.64
$F_2(g)/F^-$	$F_2(g)+2e^-\rightleftharpoons 2F^-$	+2.866
$TF_2(g)/HF(aq)$	$F_2(g)+2H^++2e^-\rightleftharpoons 2HF(aq)$	+3.053
$XeF/Xe(g)$	$XeF+e^-\rightleftharpoons Xe(g)+F^-$	+3.4

附录6 地表水环境质量标准（GB 3838—2002）

（单位：mg/L）

编号	参数		分类				
			Ⅰ	Ⅱ	Ⅲ	Ⅳ	Ⅴ
1	pH（量纲为1）				6~9		
2	溶解氧	≥	（饱和率）90%	6	5	3	2
3	高锰酸盐指数	≤	2	4	6	10	15
4	化学需氧量（COD）	≤	15	15	20	30	40
5	五日生化需氧量（BOD_5）	≤	3	3	4	6	10
6	氨氮（NH_3-N）	≤	0.15	0.5	1.0	1.5	2.0
7	总磷（以P计）	≤	0.02（湖、库0.01）	0.1（湖、库0.025）	0.2（湖、库0.05）	0.3（湖、库0.1）	0.4（湖、库0.2）
8	总氮（湖、库以N计）	≤	0.2	0.5	1.0	1.5	2.0
9	铜	≤	0.01	1.0	1.0	1.0	1.0
10	锌	≤	0.05	1.0	1.0	2.0	2.0
11	氟化物（以F^-计）	≤	1.0	1.0	1.0	1.5	1.5
12	硒	≤	0.01	0.01	0.01	0.02	0.02
13	砷	≤	0.05	0.05	0.05	0.1	0.1
14	汞	≤	0.00005	0.00005	0.0001	0.001	0.001
15	镉	≤	0.001	0.005	0.005	0.005	0.01
16	铬（六价）	≤	0.01	0.05	0.05	0.05	0.1
17	铅	≤	0.01	0.01	0.05	0.05	0.1
18	氰化物	≤	0.005	0.05	0.2	0.2	0.2
19	挥发酚	≤	0.002	0.002	0.005	0.01	0.1
20	石油类	≤	0.05	0.05	0.05	0.5	1.0
21	阴离子活化剂	≤	0.2	0.2	0.2	0.3	0.3
22	硫化物	≤	0.05	0.1	0.2	0.5	1.0
23	粪大肠菌群（个·L^{-1}）	≤	200	2000	10000	20000	40000

参 考 文 献

[1]   徐甲强，邢彦军，周义锋. 工程化学 [M]. 北京：科学出版社，2013.

[2]   周祖新，丁蕙. 工程化学 [M]. 北京：化学工业出版社，2009.

[3]   贾朝霞，尹忠，段文猛. 工程化学 [M]. 北京：化学工业出版社，2009.

[4]   童志平，方伊，单连海. 工程化学 [M]. 北京：高等教育出版社，2015.

[5]   宿辉，白青子，刘英等. 工程化学 [M]. 2版. 北京：北京大学出版社，2018.

[6]   傅献彩，沈文霞，姚天扬，等. 物理化学 [M]. 5版. 北京：高等教育出版社，2005.

[7]   杨永华. 物理化学 [M]. 北京：高等教育出版社，2012.

[8]   天津大学物理化学教研室. 物理化学 [M]. 6版. 北京：高等教育出版社，2017.

[9]   大连理工大学无机化学教研室. 无机化学 [M]. 5版. 北京：高等教育出版社，2006.

[10]   昂兰德，贝拉玛. 普通化学 [M]. 北京：机械工业出版社，2004.

[11]   杨娟，李横江，曾小华. 普通化学 [M]. 北京：化学工业出版社，2017.

[12]   罗洪君，许伟锋. 普通化学 [M]. 3版. 哈尔滨：哈尔滨工业大学出版社，2016.

[13]   ROBERT G M. Physical Chemistry [M]. 3rd ed. New York：Elsevier，2008.

[14]   曹锡章，宋天佑，王杏乔. 无机化学 [M]. 北京：高等教育出版社，1997.

[15]   宋天佑，程鹏，徐家宁，等. 无机化学 [M]. 4版. 北京：高等教育出版社，2019.

[16]   孟长功. 无机化学 [M]. 6版. 北京：高等教育出版社，2018.

[17]   胡忠鲠，胡显智，梁渠. 现代化学基础 [M]. 4版. 北京：高等教育出版社，2014.

[18]   徐家宁，宋晓伟，张丽荣，等. 无机化学例题与习题 [M]. 北京：高等教育出版社，2016.

[19]   迟玉兰，于永鲜，牟文生，等. 无机化学释疑与习题解析 [M]. 北京：高等教育出版社，2006.

[20]   THOMAS B R. Batteries [M]. 4th ed. New York：McGraw-Hill，2011.

[21]   孟长功，赵艳秋，宋志民，大学普通化学 [M]. 6版. 大连：大连理工大学出版社，2007.

[22]   李聚源，张耀君. 普通化学简明教程 [M]. 北京：化学工业出版社，2005.

[23]   卜平宇，夏泉. 普通化学 [M]. 北京：科学出版社，2006.

[24]   普通化学编写组. 普通化学 [M]. 2版. 西安：西北工业大学出版社，2003.

[25]   郭炳焜，李新海，杨松青. 化学电源——电池原理及制造技术 [M]. 长沙：中南大学出版社，2000.

[26]   许并社. 材料概论 [M]. 北京：机械工业出版社，2012.

[27]   周达飞. 材料概论 [M]. 2版. 北京：化学工业出版社，2009.

[28]   林玉珍，杨德钧. 腐蚀和腐蚀控制原理 [M]. 2版. 北京：中国石化出版社，2014.

[29]   龚敏主. 金属腐蚀理论及腐蚀控制 [M]. 北京：化学工业出版社，2009.

[30]   李宇春. 现代工业腐蚀与防护 [M]. 北京：化学工业出版社，2018.

[31]   刘家浚. 材料磨损原理及其耐磨性 [M]. 北京：清华大学出版社，1993.

[32]   宿辉，王国星，李春彦. 材料化学 [M]. 北京：北京大学出版社，2012.

[33]   吴金星，赖艳华，刘泉. 能源工程概论 [M]. 北京：机械工业出版社，2013.

[34]   牟文生，周硼，于永鲜，等. 大学化学基础教程 [M]. 2版. 大连：大连理工大学出版社，2015.

[35]   陈林根. 工程化学基础 [M]. 3版. 北京：高等教育出版社，2006.

[36]   天津大学无机化学教研室. 无机化学 [M]. 4版. 北京：高等教育出版社，2010.

[37]   北京师范大学无机化学教研室. 无机化学 [M]. 4版. 北京：高等教育出版社，2003.